系统架构设计师考试 32 小时通关
（第二版）

主　编　薛大龙　邹月平

副主编　胡　强　杨亚菲　朱　宇　张　珂

扫码激活视频课
智能题库免费刷

中国水利水电出版社
www.waterpub.com.cn

·北京·

内 容 提 要

系统架构设计师考试是全国计算机技术与软件专业技术资格（水平）考试（简称"软考"）中的高级资格考试，通过系统架构设计师考试可获得高级工程师职称资格。

本书基于 2022 年颁布的新考试大纲编写，在保证了知识的系统性与完整性的基础上，在易学性、学习有效性等方面进行了大幅度地改进和提高。

本书在全面分析知识点的基础上，对整个学习架构进行了科学重构，可以极大地提高学习的有效性。尤其是针对层次式架构设计、云原生架构设计、面向服务架构设计、嵌入式系统架构设计、通信系统架构设计、安全架构设计、大数据架构设计等核心考点，分别从理论与实践两个方面进行了重点梳理。考生可通过学习本书，掌握考试的重点，熟悉试题形式及解答问题的方法和技巧等。

本书可作为考生备考系统架构设计师考试的学习教材，也可作为各类培训班的教学用书。

图书在版编目（CIP）数据

系统架构设计师考试32小时通关 / 薛大龙，邹月平
主编. -- 2版. -- 北京：中国水利水电出版社，2023.6（2024.12 重印）
ISBN 978-7-5226-1544-8

Ⅰ．①系… Ⅱ．①薛… ②邹… Ⅲ．①计算机系统－资格考试－自学参考资料 Ⅳ．①TP303

中国国家版本馆CIP数据核字(2023)第104151号

责任编辑：周春元　　　加工编辑：刘铭茗　　　封面设计：李　佳

书　　名	系统架构设计师考试 32 小时通关（第二版） XITONG JIAGOU SHEJISHI KAOSHI 32 XIAOSHI TONGGUAN
作　　者	主　编　薛大龙　邹月平 副主编　胡　强　杨亚菲　朱　宇　张　珂
出版发行	中国水利水电出版社 （北京市海淀区玉渊潭南路 1 号 D 座　100038） 网址：www.waterpub.com.cn E-mail：mchannel@263.net（答疑） 　　　　sales@mwr.gov.cn 电话：(010) 68545888（营销中心）、82562819（组稿）
经　　售	北京科水图书销售有限公司 电话：(010) 68545874、63202643 全国各地新华书店和相关出版物销售网点
排　　版	北京万水电子信息有限公司
印　　刷	三河市鑫金马印装有限公司
规　　格	184mm×240mm　16 开本　18.5 印张　451 千字
版　　次	2018 年 9 月第 1 版　　2018 年 9 月第 1 版印刷 2023 年 6 月第 2 版　　2024 年 12 月第 6 次印刷
印　　数	15001—17000 册
定　　价	58.00 元

前　言

为什么选择本书

在计算机技术与软件专业技术资格（水平）考试中，高级资格考试涉及的知识范围较广，而考生一般又多忙于工作，仅靠官方教程，在有限的时间内很难领略及把握考试的重点和难点，历年全国平均通过率一般不超过 10%。

本书基于 2022 年颁布的新版考试大纲编写，在保证了知识的系统性与完整性的基础上，在易学性、学习有效性等方面有了大幅度地改进和提高。

本书在全面分析知识点的基础上，对整个学习架构进行了科学重构，可以极大地提高学习的有效性。尤其是针对层次式架构设计、云原生架构设计、面向服务架构设计、嵌入式系统架构设计、通信系统架构设计、安全架构设计、大数据架构设计等核心考点，分别从理论与实践两个方面进行了重点梳理。

通过学习本书，考生可掌握考试的重点，熟悉试题形式及解答问题的方法和技巧等。

本书作者不一般

本书由薛大龙、邹月平担任主编，胡强、杨亚菲、朱宇、张珂担任副主编。具体编写分工如下：胡强负责第 1～7、24 小时；杨亚菲负责第 8～13 小时、朱宇负责第 15、19～22 小时；张珂负责第 16～18、27～32 小时；薛大龙和邹月平负责第 14、23、25 小时；严洪翔负责第 26 小时，全书由邹月平统稿和初审，薛大龙终审。

薛大龙，全国计算机技术与软件专业技术资格（水平）考试辅导教材编委会主任，多所大学客座教授，北京市评标专家，财政部政府采购评审专家，曾多次参与全国软考的命题与阅卷，非常熟悉命题要求、命题形式、命题难度、命题深度、命题重点及判卷标准等。

邹月平，全国计算机技术与软件专业技术资格（水平）考试辅导教材编委会副主任、面授名师，以语言简练、逻辑清晰，善于在试题中把握要点、总结规律，帮助考生提纲挈领、快速掌握知识要点而深得学员好评。主要讲授系统分析师、系统架构设计师、软件设计师等课程。

胡强，高级工程师，系统架构设计师、系统分析师、信息系统项目管理师、信息安全工程师，具有大型国资企业信息化工程建设、信息化管理二十多年从业经验。

杨亚菲，信息系统项目管理师、系统架构设计师、系统规划与管理师、软件设计师、信息系统管理工程师，从事多年信息化工作，包括但不限于办公自动化系统、质量数据采集与分析系统、科研管理系统的开发、运维等，信息化项目建设经验丰富。

朱宇，高级工程师，系统架构设计师，财政部政府采购评标专家，大型国有冶金矿山企业信息化架构顾问，研究生校外导师。从业二十多年，具有大型国有集团企业信息化规划、建设、咨询和互联网企业规划、建设经验。

张珂，高级工程师、系统分析师、系统架构设计师、信息系统项目管理师，全国计算机技术与软件专业技术资格（水平）考试辅导用书编委会委员。曾在百度、腾讯等知名互联网公司作为架构师主导亿级大型项目的实施，在央行下属公司作为研发组长参与国家级重点金融项目的建设，具有丰富的项目管理经验和技术经验。

严洪翔，高级项目经理、系统分析师、系统架构设计师、信息系统项目管理师，浙江大学MBA，主持过数十个大型软件项目研发，具备丰富的软件研发管理和实战经验。

给读者的学习提示

苏轼曾说过："犯其至难而图其至远"，意思是"向最难之处攻坚，追求最远大的目标"。系统架构设计师是 IT 行业金字塔的顶端，考试虽然难，但是考过后，拿到证书的喜悦心情和获得高级职称的自豪感，会让自己感觉所有的努力都是值得的。

路虽远，行则将至；事虽难，做则必成。只要有愚公移山的志气、滴水穿石的毅力，脚踏实地去看书，认认真真地跟着编者学习，积跬步以至千里，积小流以成江海，我们就一定能够把宏伟目标变为美好现实，使自己成为践行中华民族伟大复兴的信息化高级人才。

致谢

感谢中国水利水电出版社周春元老师在本书策划、选题申报、写作大纲的确定以及编辑、出版等方面付出的辛勤劳动和智慧，以及他给予我们的很多帮助。

编　者
2023 年于北京

目　　录

第 3 篇　架构设计高级知识

第4篇 架构设计实践知识

第 5 篇　架构设计补充知识

第 6 篇　架构设计模拟试题

第 1 篇

架构设计基础

第**1**小时

计算机系统基础知识

1.0　章节考点分析

第 1 小时主要学习计算机硬件基础知识、计算机软件基础知识、计算机语言、多媒体技术等内容。

根据考试大纲，本小时知识点涉及单项选择题，按以往全国计算机技术与软件专业技术资格（水平）考试的出题规律约占 2～6 分。本小时内容属于基础知识范畴，一般不会在案例分析题中出现。本小时知识架构如图 1.1 所示。

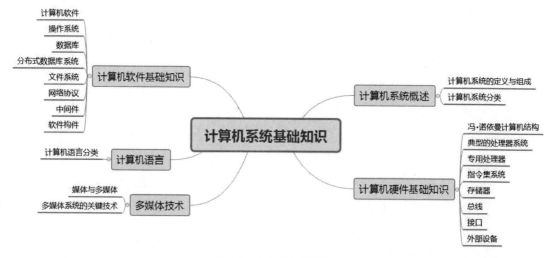

图 1.1　本小时知识架构

【导读小贴士】

想成为一名合格的高级架构师，需要在计算机领域中"上知天文，下知地理"，所谓"万丈高楼平地起"，本小时所要讲述的计算机系统基础知识，属于需要掌握的庞杂的知识域中的一小部分，都是入门的基础知识，教材上言简意赅，这里我们会对教材进行补充，加以整理，力求让不同阶段的读者都能有所收益。

1.1　计算机系统概述

【基础知识点】

1. 计算机系统的定义与组成

计算机系统（Computer System）是指用于数据管理的计算机硬件、软件及网络组成的系统。计算机系统可划分为硬件（子系统）和软件（子系统）两部分。硬件由机械、电子元器件、磁介质和光介质等物理实体构成；软件是一系列按照特定顺序组织的数据和指令，并控制硬件完成指定的功能。

2. 计算机系统分类

计算机系统的分类维度很多，也较为复杂，可以从硬件的结构、性能、规模上划分，亦可从软件的构成、特征上划分，或者从系统的整体用途、服务对象等进行分类。

1.2　计算机硬件基础知识

【基础知识点】

1. 冯·诺依曼计算机结构

冯·诺依曼计算机结构将计算机硬件划分为运算器、控制器、存储器、输入设备、输出设备 5 个部分。但在现实的硬件中，控制单元和运算单元被集成为一体，封装为通常意义上的中央处理器（Central Processing Unit，CPU）。

2. 典型的处理器系统

典型的处理器系统结构如图 1.2 所示。

3. 专用处理器

除了通用的处理器，用于专用目的的专用处理器芯片不断涌现，常见的有图形处理器（Graphics Processing Unit，GPU）、信号处理器（Digital Signal Processor，DSP）以及现场可编程逻辑门阵列（Field Programmable Gate Array，FPGA）等。GPU 常有数百个或数千个内核，经过优化可并行运行大量计算；DSP 专用于实时的数字信号处理，常采用哈佛体系结构。

4. 指令集系统

典型的处理器根据指令集的复杂程度可分为复杂指令集（Complex Instruction Set Computers，CISC）与精简指令集（Reduced Instruction Set Computers，RISC）两类。CISC 以 Intel、AMD 的 x86 CPU 为代表，RISC 以 ARM 和 Power 为代表。国产处理器目前有龙芯、飞腾、申威等品牌，常采用 RISC-V、MIPS、ARM 等精简指令集架构。

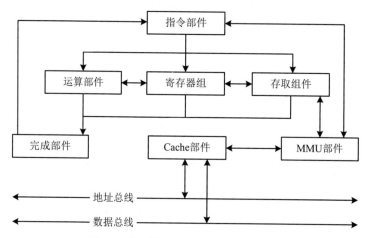

图 1.2　典型的处理器体系结构示意图

5. 存储器

存储器是利用半导体、磁、光等介质制成用于存储数据的电子设备。根据存储器的硬件结构可分为 SRAM、DRAM、NVRAM、Flash、EPROM、Disk 等。按照与处理器的物理距离可分为 4 个层次：片上缓存、片外缓存、主存（内存）、外存。其访问速度依次降低，而容量依次提高。

6. 总线

总线（Bus）是指计算机部件间遵循某一特定协议实现数据交换的形式，即以一种特定格式按照规定的控制逻辑实现部件间的数据传输。按照总线在计算机中所处的位置划分为内总线、系统总线和外部总线。目前，计算机总线存在许多种类，常见的有并行总线和串行总线。两者的区别见表 1.1。

表 1.1　并行总线与串行总线的区别

名称	数据线	特点	应用
并行总线	多条双向数据线	有传输延迟，适合近距离连接	系统总线（计算机各部件）
串行总线	一条双向数据线或两条单向数据线	速率不高，但适合长距离连接	通信总线（计算机之间或计算机与其他系统间

7. 接口

接口是指同一计算机不同功能层之间的通信规则。计算机接口有多种，常见的有输入输出接口如 HDMI、SATA、RS-232 等；网络接口如 RJ45、FC 等；以及 A/D 转换接口等非标准接口。

8. 外部设备

外部设备也称为外围设备，是计算机结构中的非必要设备，但从功能上又常常不可缺少，例如键盘、鼠标、显示器等。虽然种类多样，但都是通过接口实现与计算机主体的连接，并通过指令、数据实现预期的功能。

1.3 计算机软件基础知识

【基础知识点】

1. 计算机软件

计算机软件是指计算机系统中的程序及其文档，是计算任务的处理对象和处理规则的描述。软件系统是指在计算机硬件系统上运行的程序、相关的文档资料和数据的集合。计算机软件可用来扩充计算机系统的功能，提高计算机系统的效率。按照软件所起的作用和需要的运行环境不同，通常将计算机软件分为系统软件和应用软件两大类。

（1）系统软件。为整个计算机系统配置的不依赖特定应用领域的通用软件，对计算机系统的硬件和软件资源进行控制和管理，并提供运行服务支持。

（2）应用软件。是指为某类应用需要或解决某个特定问题而设计的软件，常与具体领域相关联，如教学软件。

2. 操作系统

操作系统是计算机系统的资源管理者，包含对系统软、硬件资源实施管理的一组程序。操作系统通常由操作系统的内核（Kernel）和其他许多附加的配套软件所组成，如用户界面、管理工具、开发工具和常用应用程序等。操作系统的重要作用如下：

（1）管理计算机中运行的程序和分配各种软、硬件资源。

（2）为用户提供友善的人机界面。

（3）为应用程序的开发和运行提供一个高效率的平台。

操作系统具有<u>并发性、共享性、虚拟性和不确定性</u>的特征。

操作系统的分类：

（1）批处理操作系统，根据同时执行的作业数又分为单道批处理和多道批处理。一个作业由用户程序、数据和作业说明书（作业控制语言）3 个部分组成。

（2）分时操作系统，将 CPU 的工作时间划分为许多很短的时间片，每个时间片分别为一个终端的用户提供服务或者执行一个作业。分时系统主要有 4 个特点：<u>多路性、独立性、交互性和及时性</u>。

（3）实时操作系统，对于外来信息能够以足够快的速度进行处理，并在被控对象允许的时间范围内快速做出反应，对可靠性要求很高，并且不强制要求用户交互。实时系统的应用非常广泛。

（4）网络操作系统，使联网计算机能有效地共享网络资源，为网络用户提供各种服务和接口。特征包括硬件独立性和多用户支持等。

（5）分布式操作系统，指为分布式计算机系统配置的操作系统。分布式操作系统是网络操作系统的更高级形式，它保持网络系统所拥有的全部功能，同时又有透明性、可靠性和高性能等特性。

（6）嵌入式操作系统，运行在嵌入式智能设备环境中，对整个智能硬件以及它所操作、控制的各种部件装置等资源进行统一协调、处理、指挥和控制，特点是微型化、可定制、可靠性和易移植性。常采用硬件抽象层（Hardware Abstraction Layer，HAL）和板级支撑包（Board Support Package，BSP）来提高易移植性，常见的嵌入式实时操作系统有 VxWorks、µClinux、PalmOS、WindowsCE、µC/OS-II 和 eCos 等。

3. 数据库

数据库（DataBase，DB）是指长期存储在计算机内、有组织的、统一管理的相关数据的集合。数据是按一定格式存放的，具有较小的冗余度、较高的数据独立性和易扩展性，可为多个用户共享。数据库可以分为：关系型数据库、键值（Key-Value）数据库、列存储数据库、文档数据库等。这里只做简单介绍，详细内容见第 8 小时。

4. 分布式数据库系统

分布式数据库系统（Distributed DataBase System，DDBS）是针对地理上分散，而管理上又需要不同程度集中的需求而提出的一种数据管理信息系统。满足分布性、逻辑相关性、场地透明性和场地自治性的数据库系统被称为完全分布式数据库系统。分布式数据库系统的特点是数据的集中控制性、数据独立性、数据冗余可控性、场地自治性和存取的有效性。

5. 文件系统

文件（File）是具有符号名的、在逻辑上具有完整意义的一组相关信息项的集合。文件系统是操作系统中实现文件统一管理的一组软件和相关数据的集合，是专门负责管理和存取文件信息的软件机构。

文件的类型如下：

（1）按性质和用途分类可将文件分为系统文件、库文件和用户文件。

（2）按信息保存期限分类可将文件分为临时文件、档案文件和永久文件。

（3）按保护方式分类可将文件分为只读文件、读/写文件、可执行文件和不保护文件。

（4）UNIX 系统将文件分为普通文件、目录文件和设备文件（特殊文件）。

文件的存取方法：通常有顺序存取和随机存取两种方法。

文件组织方法：有连续结构、链接结构和索引结构，还有多重索引方式。

文件存储空间的管理知道存储空间的使用情况，空间管理的数据结构通常称为磁盘分配表（Disk Allocation Table），有空闲区表、位示图和空闲块链 3 种。位示图用每一位的 0 和 1 表示一个区块空闲或被占用，如图 1.3 所示。

6. 网络协议

常用的网络协议包括局域网协议（Local Area Network，LAN）、广域网协议（Wide Area Network，WAN）、无线网协议和移动网协议。互联网使用的是 TCP/IP 协议簇。本知识点的详细内容将在第 3 小时中讲解。

	0	1	2	3	4	5	6	7	8	9	10	11	12	13	14	15
第1个字	1	1	0	0	0	1	1	1	0	0	0	0	1	1	1	0
第2个字	0	0	0	1	1	1	0	0	1	1	0	0	0	0	1	1
第3个字	0	1	1	0	0	1	1	1	0	0	0	0	0	1	1	1
第4个字																
⋮																
第15个字																

图1.3　位示图例

7. 中间件

中间件（Middleware）是应用软件与各种操作系统之间使用的标准化编程接口和协议，是基础中间件（分布式系统服务）软件的一大类，属于可复用软件的范畴。

常见中间件的分类如下：

（1）通信处理（消息）中间件，保证系统能在不同平台之间通信，例如 MQSeries。

（2）事务处理（交易）中间件，实现协调处理顺序、监视和调度、负载均衡等功能，例如 Tuxedo。

（3）数据存取管理中间件，为不同种类数据的读写和加解密提供统一的接口。

（4）Web 服务器中间件，提供 Web 程序执行的运行时容器，例如 Tomcat、JBOSS 等。

（5）安全中间件，用中间件屏蔽操作系统的缺陷，提升安全等级。

（6）跨平台和架构的中间件，用于开发大型应用软件。

（7）专用平台中间件，为解决特定应用领域的开发设计问题提供构件库。

（8）网络中间件，包括网管工具、接入工具等。

8. 软件构件

构件又称为组件，是一个自包容、可复用的程序集，这个集合整体向外提供统一的访问接口，构件外部只能通过接口来访问构件，而不能直接操作构件的内部。构件的两个最重要的特性是自包容与可重用，利用软件构件进行搭积木式地开发。优点：易扩展、可重用、并行开发。缺点：需要经验丰富的设计师、快速开发与质量属性之间需要妥协、构件质量影响软件整体的质量。

商用构件的标准规范有：

（1）OMG 的公共对象请求代理架构（Common Object Request Broker Architecture，CORBA）是一个纯粹的规范而不是产品，主要分为 3 个层次：对象请求代理（Object Request Broker，ORB）、公共对象服务和公共设施。采用 IDL 定义接口，并易于转化为具体语言实现。

（2）SUN 的 J2EE，定义了完整的基于 Java 语言开发面向企业分布的应用规范，其中 EJB 是 J2EE 的构件标准，EJB 中的构件称为 Bean，可以分为会话 Bean、实体 Bean 和消息驱动 Bean。

（3）Microsoft 的 DNA 2000，采用 DCOM/COM/COM+作为标准的构件。

1.4 计算机语言

【基础知识点】

计算机语言（Computer Language）是指人与计算机之间用于交流的一种语言，主要由一套指令组成，而这套指令一般包括<u>表达式、流程控制和集合</u>三大部分内容。

计算机语言的分类有：

（1）机器语言。机器语言是第一代计算机语言，是计算机自身具有的"本地语"，由计算机所能直接理解和执行的所有指令组成。指令格式由操作码和操作数两部分组成。

（2）汇编语言。汇编语言在机器语言的基础上采用英文字母和符号串来表达指令，是机器语言的符号化描述。每条语句均由<u>名字、操作符、操作数和注释</u> 4 个字段（Fields）组成。伪指令语句包括数据定义伪指令 DB、DW、DD，段定义伪指令 SEGMENT，过程定义伪指令 PROC 等，编译后不产生机器代码。

（3）高级语言。高级语言比汇编语言更贴近于人类使用的语言，易于理解、记忆和使用。常见的高级语言包括 C、C++、Java、Python 等。

（4）建模语言。建模语言主要指的是统一建模语言（Unified Modeling Language，UML），UML由 3 个要素构成：UML 的基本构造块（事物、关系）、图（支配基本构造块如何放置在一起的规则）和运用于整个语言的公用机制。

1）事物。UML 中有 4 种事物：结构事物、行为事物、分组事物和注释事物。

a. 结构事物：名词、静态部分，用于描述概念或物理元素。结构事物包括类（Class）、接口（Interface）、协作（Collaboration）、用例（UseCase）、主动类（Active Class）、构件（Component）、制品（Artifact）和节点（Node），如图 1.4 所示。

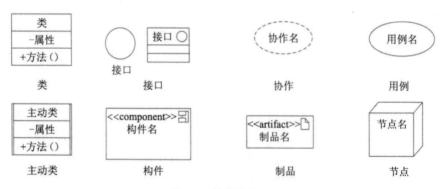

图 1.4 结构事物

b. 行为事物：动词，描述了跨越时间和空间的行为。行为事物包括交互（Interaction）、状态机（State Machine）和活动（Activity），如图 1.5 所示。

图 1.5　行为事物

c. 分组事物：包是最常用的分组事物，结构事物、行为事物甚至其他分组事物都可以放进包内，如图 1.6 所示。

d. 注释事物：注释即注解，用来描述、说明和标注模型的任何元素，如图 1.7 所示。

图 1.6　包　　　　　　　　　　　　　　　　　　　图 1.7　注释

2）关系。UML 中有 4 种关系：依赖、关联、泛化和实现。4 种关系如图 1.8 所示。

a. 依赖关系。其中一个事物（独立事物）发生变化会影响另一个事物。依赖关系是一种使用的关系。

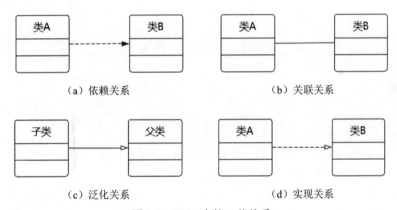

（a）依赖关系　　　　　　　　　　　　　（b）关联关系

（c）泛化关系　　　　　　　　　　　　　（d）实现关系

图 1.8　UML 中的 4 种关系

b. 关联关系。是一种拥有的关系，关联提供了不同类的对象之间的结构关系，它在一段时间内将多个类的实例连接在一起。一般认为关联关系有 2 个特例：一个是聚合关系，另一个是组合关系。聚合关系表示类之间的整体与部分的关系，其含义是"部分"可能同时属于多个"整体"，"部分"与"整体"的生命周期可以不相同。组合关系也是表示类之间的整体与部分的关系。与聚合关系的区别在于，组合关系中的"部分"只能属于一个"整体"，"部分"与"整体"的生命周期相同，"部分"随着"整体"的创建而创建，也随着"整体"的消亡而消亡。

c. 泛化关系。泛化是一种特殊/一般关系，特殊元素（子元素）的对象可替代一般元素（父元素）的对象。

d. 实现关系。在两种情况下会使用实现关系：一种是在接口和实现它们的类或构件之间；另一种是在用例和实现它们的协作之间。

3）图。图是一组元素的图形表示，大多数情况下把图画成顶点（代表事物）和弧（代表关系）的连通图。

UML 2.0 提供了 14 种图，分别是类图、对象图、用例图、序列图、通信图、状态图、活动图、构件图、部署图、制品图、组合结构图、包图、交互概览图和计时图（定时图）。序列图、通信图、交互概览图和计时图均被称为交互图。

类图如图 1.9 所示。类图展现了一组对象、接口、协作和它们之间的关系。

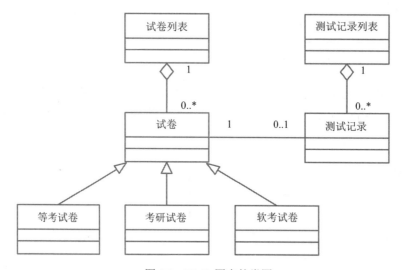

图 1.9　UML 图中的类图

用例图如图 1.10 所示。用例图（Use Case Diagram）展现了一组用例、参与者（Actor）以及它们之间的关系。用例之间有扩展关系（<<extend >>）和包含关系（<<include >>），参与者和用例之间有关联关系，用例与用例、参与者与参与者之间有泛化关系。包含关系的特点是当两个或多个用例中共用一组相同的动作时，可以将这组相同的动作抽出来作为一个独立的子用例，供多个基用例所共享；扩展关系则是对基用例的扩展，基用例是一个完整的用例，即使没有子用例的参与，也可以完成一个完整的功能。

UML 中有 5 种视图（View）：用例视图、逻辑视图、进程视图、实现视图、部署视图，其中的用例视图居于中心地位。

（5）形式化方法和形式化语言。形式化方法是把概念、判断、推理转化成特定的形式符号后，对形式符号表达系统进行研究的方法。形式化方法有不同的分类方法。根据描述方式分，有模型描述和性质描述两类；根据表达能力分，有模型方法、代数方法、进程代数方法、逻辑方法和网络模型方法 5 类。形式化方法的开发过程贯穿软件工程的整个生命周期。

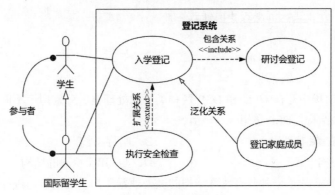

图 1.10　UML 用例图

　　Z 语言是一种形式化语言，具有“状态—操作”风格，借助模式来表达系统结构。建立于集合论和数理逻辑的基础上，是一个强类型系统，可以使用自然语言。

1.5　多媒体技术

　　1. 媒体与多媒体

　　媒体是承载信息的载体，即信息的表现形式（或者传播形式），如文字、声音、图像、动画和视频等。多媒体有 4 个重要的特征：

　　（1）多维化，即媒体的多样化。

　　（2）集成性，多媒体与设备集成，也与信息和表现集成。

　　（3）交互性，可向用户提供更有效的控制和使用信息的手段。

　　（4）实时性，音频和视频等信息具有很强的时间特性。

　　多媒体系统通常由硬件和软件组成，其中多媒体硬件主要包括计算机主要配置和外部设备以及与各种外部设备的控制接口；多媒体软件主要包括多媒体驱动软件、多媒体操作系统、多媒体数据处理软件、多媒体创作工具软件和多媒体应用软件等。

　　2. 多媒体系统的关键技术

　　（1）视、音频技术，视频技术包括视频数字化和视频编码技术两个方面；音频技术包括音频数字化、语音处理、语音合成及语音识别 4 个方面。

　　（2）通信技术，是多媒体系统中的一项关键技术，通常包括数据传输信道技术和数据传输技术。

　　（3）数据压缩技术，包括即时压缩和非即时压缩、数据压缩和文件压缩、无损压缩与有损压缩等。

　　（4）虚拟现实（Virtual Reality，VR）/增强现实（Augmented Reality，AR）技术，虚拟现实又称人工现实、临境等，是一种可以创建和体验虚拟世界的计算机仿真系统，采用计算机技术生成一个逼真的视觉、听觉、触觉、味觉及嗅觉的感知系统与用户交互；增强现实技术是指把原本在现实世界的一定时间和空间范围内很难体验到的实体信息（视觉信息、声音、味道和触觉等），通过模拟仿真后，再叠加到现实世界中被人类感官所感知，从而达到超越现实的感官体验。VR/AR 技术主要分为桌面式、分布式、沉浸式和增强式 4 种。

1.6 练习题

1. 目前处理器市场中存在 CPU 和 DSP 两种类型的处理器，分别用于不同的场景，这两种处理器具有不同的体系结构，DSP 采用（　　）。

    A．冯·诺依曼结构　　　　　　　　B．哈佛结构

    C．FPGA 结构　　　　　　　　　　D．与 GPU 相同的结构

解析： 编程 DSP 芯片是一种具有特殊结构的微处理器，为了达到快速进行数字信号处理的目的，DSP 芯片一般都采用特殊的软硬件结构：哈佛结构。

哈佛结构将存储器空间划分成两个，分别存储程序和数据。它们有两组总线连接到处理器核，允许同时对它们进行访问，每个存储器独立编址，独立访问。这种安排将处理器的数据吞吐率加倍，更重要的是同时为处理器核提供数据与指令。在这种布局下，DSP 得以实现单周期的 MAC 指令。

在哈佛结构中，由于程序和数据存储器在两个分开的空间中，因此取指和执行能完全重叠运行。

答案： B

2. （　　）是专用于实时的数字信号处理的处理器。

    A．DSP　　　　　　B．CUP　　　　　　C．GPU　　　　　　D．FPGA

解析： DSP 专用于实时的数字信号处理，常采用哈佛体系结构。

答案： A

3. 在线学习系统中，课程学习和课程考试都需要先检查学员的权限，"课程学习"与"检查权限"两个用例之间属于 __(1)__ 课程学习过程中，如果所缴纳学费不够，就需要补缴学费，"课程学习"与"缴纳学费"两个用例之间属于 __(2)__；课程学习前需要课程注册，可以采用电话注册或网络注册，"课程注册"与"网络注册"两个用例之间属于 __(3)__。

    （1）A．包含关系　　　B．扩展关系　　　C．泛化关系　　　D．关联关系

    （2）A．包含关系　　　B．扩展关系　　　C．泛化关系　　　D．关联关系

    （3）A．包含关系　　　B．扩展关系　　　C．泛化关系　　　D．关联关系

解析： 用例之间的关系主要有包含、扩展和泛化 3 类。

1）包含关系：当可以从两个或两个以上的用例中提取公共行为时，应该使用包含关系来表示它们。"课程学习"与"检查权限"是包含关系。

2）扩展关系：如果一个用例明显地混合了两种或两种以上的不同场景，即根据情况可能发生多种分支，则可以将这个用例分为一个基本用例和一个或多个扩展用例，这样使描述可能更加清晰。"课程学习"与"缴纳学费"是扩展关系。

3）泛化关系：当多个用例共同拥有一种类似的结构和行为的时候，可以将它们的共性抽象成为父用例，其他的用例作为泛化关系中的子用例。"课程注册"与"网络注册"是泛化关系。

答案： A　B　C

第**2**小时
嵌入式基础知识

2.0 章节考点分析

第 2 小时主要学习嵌入式系统的组成及特点、嵌入式系统的分类、嵌入式软件的组成及特点、嵌入式系统硬件体系结构、安全攸关软件的安全性设计等内容。根据考试大纲，本小时知识点会涉及单项选择题和案例分析题，本小时只关注选择题部分。按以往全国计算机技术与软件专业技术资格（水平）考试的出题规律约占 5 分。本小时内容属于基础知识范畴，除了书本上的知识以外，也涉及一些专业知识。本小时知识架构如图 2.1 所示。

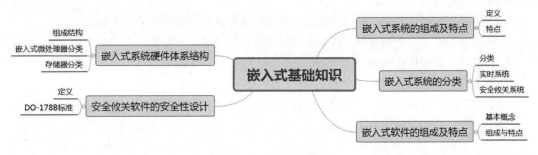

图 2.1 本小时知识架构

 【导读小贴士】

随着计算机技术、微电子技术、通信技术以及集成电路技术的发展，嵌入式技术逐渐发展和成熟起来。嵌入式系统的应用日益广泛，有很多技术特性与通用计算机系统不同，并在数量上远远超

越了通用计算机系统，成为计算机技术和计算机应用领域的一个重要组成部分。嵌入式知识点属于比较"偏"的考点，属于拔高内容，案例部分属于选答题，不强制要求掌握。

2.1 嵌入式系统的组成及特点

【基础知识点】

1. 定义

嵌入式系统（Embedded System）是以特定应用为中心、以计算机技术为基础，并将可配置与可裁剪的软、硬件集成于一体的专用计算机系统。嵌入式系统的组成结构是：

（1）嵌入式处理器，除满足低功耗、体积小等需求外，工艺可分为<u>民用、工业和军用</u>等三个档次，民用级器件的工作温度范围是 0～70℃、工业级的是-40～85℃、军用级的是-55～150℃。其应用环境常常非常恶劣，比如有高温、寒冷、电磁、震动、烟尘等环境因素。

（2）相关支撑硬件，指除处理器以外的其他硬件，如存储器、定时器、总线等。

（3）嵌入式操作系统，与通用操作系统不同，嵌入式操作系统应具备<u>实时性、可裁剪性和安全性</u>等特征。

（4）支撑软件，其中的公共服务通常运行在操作系统之上，以库的方式被应用软件所引用。

（5）应用软件，是指为完成嵌入式系统的某一专用目标所开发的软件。

2. 嵌入式系统的特点

（1）专用性强，常常面向特定应用需求，配备多种传感器。

（2）技术融合，将先进的计算机技术、通信技术、半导体技术和电子技术与各个行业的具体应用紧密结合难以拆分。

（3）软硬一体软件为主，在通用的嵌入式系统版本基础上裁剪冗余，高效设计。

（4）资源受限，由于低功耗、体积小和集成度高等要求，系统的资源非常少。

（5）程序代码固化在 ROM 中，以提高执行速度和系统可靠性。

（6）需专门开发工具和环境，见 2.3 节。

（7）体积小、价格低、工艺先进、性能价格比高、系统配置要求低、实时性强。

（8）对安全性和可靠性的要求高。

2.2 嵌入式系统的分类

【基础知识点】

1. 分类

根据不同用途可将嵌入式系统划分为嵌入式实时系统和嵌入式非实时系统两种。而实时系统又可分为强实时（Hard Real-Time）系统和弱实时（Weak Real-Time）系统。从安全性要求看，嵌入式系统还可分为安全攸关（Safety-Critical 或 Life-Critical）系统和非安全攸关系统。

2. 实时系统

实时系统（Real-Time System，RTS）是指能够在规定的时间内完成系统功能和做出响应的系统。

3. 安全攸关系统

安全攸关系统（Safety-Critical System）是指其不正确的功能或者失效会导致人员伤亡、财产损失等严重后果的计算机系统。

2.3　嵌入式软件的组成及特点

【基础知识点】

1. 基本概念

大多数嵌入式系统都具备实时特征，这种嵌入式系统的典型架构可概括为两种模式，即层次化模式架构和递归模式架构。嵌入式系统的最大特点就是系统的运行和开发是在不同环境中进行的，通常将运行环境称为"目标机"环境，称开发环境为"宿主机"环境，宿主机与目标机之间通过串口、网络或 JTAG 接口连接。由于宿主机和目标机的指令往往是不同的，嵌入式系统的开发通常需要交叉平台开发环境支持，基本开发工具是交叉编译器、交叉链接器和源代码调试器。还需要注意实时性、安全性和可靠性、代码规模、软/硬件协同工作的效率和稳定性、特定领域的需求等。

2. 嵌入式系统的组成与特点

从细节上看，嵌入式系统可以分为：

（1）硬件层，包括处理器、存储器、总线、I/O 接口及电源、时钟等。

（2）抽象层，包括硬件抽象层（HAL），为上层应用（操作系统）提供虚拟的硬件资源；板级支持包（BSP），是一种硬件驱动软件，为上层操作系统提供对硬件进行管理的支持。

（3）操作系统层，由嵌入式操作系统、文件系统、图形用户接口、网络系统和通用组件等可配置模块组成。

（4）中间件层，是连接两个独立应用的桥梁，常用的有嵌入式数据库、OpenGL、消息中间件、Java 中间件、虚拟机（VM）、DDS/CORBA 和 Hadoop 等。

（5）应用层，包括不同的应用软件。

嵌入式软件的主要特点有：

（1）可剪裁性：设计方法包括静态编译、动态库和控制函数流程实现功能控制等。

（2）可配置性：设计方法包括数据驱动、静态编译和配置表等。

（3）强实时性：设计方法包括表驱动、配置、静/动态结合、汇编语言等。

（4）安全性（Safety）：设计方法包括编码标准、安全保障机制、FMECA（故障模式、影响及危害性分析）。

（5）可靠性：设计方法包括容错技术、余度技术和鲁棒性设计等。

（6）高确定性：设计方法包括静态分配资源、越界检查、状态机、静态任务调度等。

综上所述，嵌入式软件的开发也与传统的软件开发方法差异较大。在嵌入式系统设计时，要进行低功耗设计。主要技术有编译优化技术、软硬件协同设计、算法优化。

2.4 嵌入式系统硬件体系结构

【基础知识点】

1. 组成结构

传统的嵌入式系统主要由嵌入式微处理器、存储器、总线逻辑、定时/计数器、看门狗电路、I/O 接口和外部设备等部件组成。

2. 嵌入式微处理器分类

（1）微处理器（Microprocessor Unit，MPU）：微处理器+专门设计的电路板，集成度低、可靠性高，主要有：Am186/88、386EX、SC-400、PowerPC、68000、MIPS、ARM 系列等。

（2）微控制器（Microcontroller Unit，MCU）：又称单片机，把核心存储器和部分外设封装在片内。优点是单片化、体积小、功耗和成本下降，可靠性提高。包括 8501，P5IXA，MCS-251，MCS-96/196/296，C166/167，MC68HC05/11/12/16，68300 和数目众多的 ARM 系列。

（3）数字信号处理器（Digital Signal Processing，DSP）：采用哈佛结构，对系统结构和指令进行了特殊设计，适合执行大量数据处理。包括 TMS320 系列（含 C2000、C5000、C6000、C8000 系列）、DSP56000 系列、实时 DSP 处理器等。

（4）图形处理器（Graphics Processing Unit，GPU）：与 CPU 相比大幅加强了浮点运算能力和多核并行计算能力，因此常用于 AI 技术的深度学习的数据运算。

（5）片上系统（System on Chip，SoC）：由多个具有特定功能的集成电路组合在一个芯片上形成的系统或产品，其中包含完整的硬件系统，如处理器、IP（Intellectual Property）核、存储器等及其承载的嵌入式软件，如操作系统和定制的用户软件。

3. 存储器分类

（1）随机存取存储器（Random Access Memory，RAM）。工作需要持续电力提供，可随机读写。

1）动态随机存取存储器（Dynamic RAM，DRAM），采用电容存储信息，优点是集成度高、容量大、成本低，缺点是访问速度较慢、需要定期刷新。常作主存。

2）静态随机存取存储器（Static RAM，SRAM），采用多个晶体管自锁的方式保存状态，优点是访问速度快、不需要刷新，缺点是集成度低、容量小、成本高。常用作高速缓存。

（2）只读存储器（Read Only Memory，ROM），存储的数据不会因掉电而丢失，读取的速度比 RAM 快，常见的有以下几种：

1）掩膜型只读存储器（Mask Programmed ROM，MROM），优点是通过掩膜大批量制造、成本低，缺点是同批数据全部一致且不可修改，只适合大批量生产。

2）可编程只读存储器（Programmable ROM，PROM），可以用专用编程设备一次性烧录数据，适合少量制造。

3）可擦可编程只读存储器（Erasable Programmable ROM，EPROM），优点是写入的数据可以通过紫外线擦除重写。

4）电可擦可编程只读存储器（Electrically Erasable Programmable ROM，EEPROM），优点是写入的数据可以通过电压来清除，但是清除的速度很慢。

5）快闪存储器（Flash Memory），优点是可以联机擦写数据且擦写的次数多、速度快，缺点是读取的速度慢（相对其他 ROM 的速度而言）。

（3）内（外）总线逻辑。

1）根据传输的信息种类分类，可分为以下几种。

①数据总线，用于传送需要处理或者需要存储的数据。

②地址总线，用于指定在 RAM 之中存储的数据的地址。

③控制总线，将微处理器控制单元的信号传送到周边设备。

2）根据连接部件分类，可分为以下几种。

①片内总线，连接芯片内部各元件。

②系统总线或板级总线，连接计算机系统的核心组件。

③局部总线，连接局部少数组件。

④通信总线，主机连接外设的总线。

各类总线在嵌入式系统的位置如图 2.2 所示。

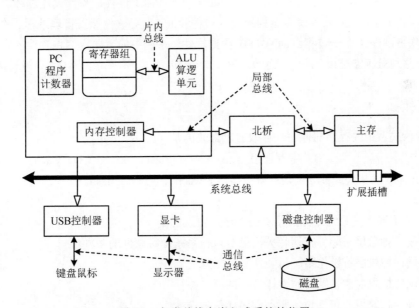

图 2.2　各类总线在嵌入式系统的位置

3）按照数据传输的方向，总线可以分为单工总线和双工总线。单工总线只能从一端向另一端传输而不能反向；双工总线能在两个方向传输。双工总线又分为半双工总线和全双工总线。半双工总线只能轮流向两个方向传输；全双工总线可以同时在两个方向传输。

4）按照总线使用的信号类型，总线可以分为并行总线和串行总线。并行总线包含多位传输线，在同一时刻可以传输多位数据，但一致性要求高，传输距离较近；而串行总线只使用一位传输线，同一时刻只传输一位数据，但距离可以较远。

（4）看门狗电路，是嵌入式系统必须具备的一种系统恢复能力，可防止程序出错或者死锁。主要由输入端、寄存器、计数器和狗叫模块构成。通过寄存器对看门狗进行基本设置，计数器计算狗叫时间，狗叫模块决定看门狗超时后发出的中断或复位方式。程序正常运行时 MCU 会在输入端定期"喂狗"，超时不"喂狗"就会触发狗叫模块，一般是重启 MCU。

2.5　安全攸关软件的安全性设计

【基础知识点】

1. 定义

IEEE 定义安全攸关软件是"用于一个系统中，可能导致不可接受的风险的软件"。

2. DO-178B 标准

该标准的目的是为制造机载系统和设备的机载软件提供指导，使其能够提供在满足符合适航要求的安全性水平下完成预期功能。DO-178B 标准将软件生命周期分为"软件计划过程""软件开发过程"和"软件综合过程"，其中软件开发过程细分为软件需求过程、软件设计过程、软件编码过程和集成过程 4 个子过程；软件综合过程细分为软件验证过程、软件配置管理过程、软件质量保证过程、审定联络过程 4 个子过程。DO-178B 根据软件在系统中的重要程度将软件的安全等级分为 A～E 五级，分别对应灾难级（A）、危害级（B）、严重级（C）、不严重级（D）和没有影响级（E）。

2.6　练习题

1. 在嵌入式系统的存储部件中，存取速度最快的是（　　）。

　　A．内存　　　　　　B．寄存器组　　　　　C．Flash　　　　　D．Cache

解析：存储速度从快到慢分别是：寄存器组、Cache、内存、Flash。

答案：B

2. 以下关于嵌入式系统硬件抽象层的叙述，错误的是（　　）。

　　A．硬件抽象层与硬件密切相关，可对操作系统隐藏硬件的多样性

　　B．硬件抽象层将操作系统与硬件平台隔开

　　C．硬件抽象层使软硬件的设计与调试可以并行

　　D．硬件抽象层应包括设备驱动程序和任务调度

解析：硬件抽象层是位于操作系统内核与硬件电路之间的接口层，其目的在于将硬件抽象化。它隐藏了特定平台的硬件接口细节，为操作系统提供虚拟硬件平台，使其具有硬件无关性，可在多种平台上进行移植。在基于硬件抽象层的开发中，软硬件的设计和调试具有无关性，并可完全地并行进行。硬件的错误不会影响到系统软件的调试，同样，软件设计的错误也不会影响硬件。

答案：D

3．以下描述中，（　　）不是嵌入式操作系统的特点。

　　A．面向应用，可以进行裁剪和移植

　　B．用于特定领域，不需要支持多任务

　　C．可靠性高，无须人工干预独立运行，并处理各类事件和故障

　　D．要求编码体积小，能够在嵌入式系统的有效存储空间内运行

解析：嵌入式操作系统是应用于嵌入式系统，实现软硬件资源的分配，任务调度，控制、协调并发活动等的操作系统软件。它除了具有一般操作系统最基本的功能如多任务调度、同步机制等之外，通常还会具备以下适用于嵌入式系统的特性：面向应用，可以进行检查和移植，以支持开放性和可伸缩性的体系结构；强实时性，以适应各种控制设备及系统；硬件适用性，对于不同硬件平台提供有效的支持并实现统一的设备驱动接口；高可靠性，运行时无须用户过多干预，并处理各类事件和故障；编码体积小，通常会固化在嵌入式系统有限的存储单元中。

答案：B

4．嵌入式系统设计一般要考虑低功耗，软件设计也要考虑低功耗设计，软件低功耗设计一般采用（　　）。

　　A．结构优化、编译优化和代码优化

　　B．软硬件协同设计、开发过程优化和环境设计优化

　　C．轻量级操作系统、算法优化和仿真实验

　　D．编译优化技术、软硬件协同设计和算法优化

解析：软件设计层面的功耗控制可以从以下几个方面展开：

（1）软硬件协同设计，即软件的设计要与硬件的匹配，考虑硬件因素。

（2）编译优化，采用低功耗优化的编译技术。

（3）减少系统的持续运行时间，可从算法角度进行优化。

（4）用"中断"代替"查询"。

（5）进行电源的有效管理。

答案：D

5．以下关于嵌入式系统开发的叙述，正确的是（　　）。

　　A．宿主机与目标机之间只需要建立逻辑连接

　　B．宿主机与目标机之间只能采用串口通信方式

　　C．在宿主机上必须采用交叉编译器来生成目标机的可执行代码

　　D．调试器与被调试程序必须安装在同一台机器上

解析：在嵌入式系统开发中，由于嵌入式设备不具备足够的处理器能力和存储空间，程序开发一般用 PC（宿主机）来完成，然后将可执行文件下载到嵌入式系统（目标机）中运行。

当宿主机与目标机的机器指令不同时，就需要交叉工具链（指编译、汇编、链接等一整套工具）。

答案：C

第**3**小时
计算机网络基础知识

3.0 章节考点分析

　　第 3 小时主要学习计算机网络的基本概念、通信技术、网络技术、组网技术和网络工程等内容。根据考试大纲，本小时知识点会涉及单项选择题，按出题规律约占 5 分。本小时内容属于基础知识范畴，除了书本上的知识以外，也有一些扩展知识。本小时知识架构如图 3.1 所示。

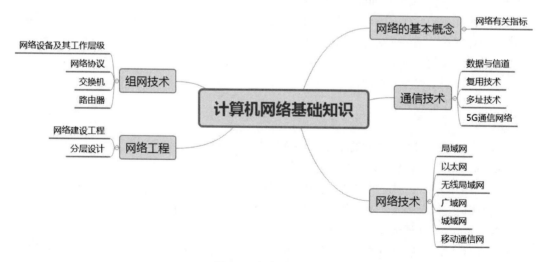

图 3.1　本小时知识架构

【导读小贴士】

尽管计算机网络是计算机系统信息共享和信息传输必不可少的重要组成部分,大量的高级架构知识如分布式、高并发、面向服务、微服务、云原生等均与网络密不可分,但是这一小时的内容不作为考试学习研究的重点。计算机网络有独立的考试科目,就系统架构设计师考试来说范围过于广泛,重点很难把握,因此本章只对必要考点进行梳理,希望广大考生能有的放矢地复习。

3.1 网络的基本概念

【基础知识点】

跟网络有关的指标分为:

(1)性能指标:从速率、带宽、吞吐量和时延等不同方面来度量计算机网络的性能。

(2)非性能指标:从费用、质量、标准化、可靠性、可扩展性、可升级性、易管理性和可维护性等来度量。

3.2 通信技术

【基础知识点】

(1)数据与信道:在通信中的数据包括模拟信号和数字信号,通过信道来传输,信息传输就是信源和信宿通过信道收发信息的过程。信道可分为逻辑信道和物理信道。逻辑信道是指在数据发送端和接收端之间存在的一条虚拟线路,可以是有连接的或无连接的,以物理信道为载体。信号在信源端和信宿端都需要经过信号变换,中间经过编码、交织、调制和解码等过程。

(2)复用技术:是指在一条信道上同时传输多路数据的技术,如 TDM 时分复用、FDM 频分复用和 CDM 码分复用等。即一条路上行驶多辆货车。

(3)多址技术:是指在一条线上同时传输多个用户数据的技术,在接收端把多个用户的数据分离,如 TDMA 时分多址、FDMA 频分多址和 CDMA 码分多址等。即一辆车上的货物属于不同用户。

(4)5G 通信网络。作为新一代的移动通信技术,网络结构、网络能力和应用场景等都与过去有很大不同,具有高速率、低时延、接入用户数高等优点。

3.3 网络技术

【基础知识点】

(1)局域网(LAN)。是指在有限地理范围内将若干计算机通过传输介质互联成的封闭型的计算机网络。局域网有<u>总线型、星型、树型、环型、网状</u>五种拓扑结构，如图 3.2 所示。

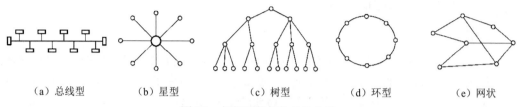

（a）总线型　　　　（b）星型　　　　（c）树型　　　　（d）环型　　　　（e）网状

图 3.2　根据网络拓扑结构分类

（2）以太网（Ethernet）。是一种计算机局域网组网技术，由 IEEE 802.3 定义。以太网数据帧的最小长度必须不小于 64 字节，最大长度一般是 1518 字节。设置最小帧长是为了避免冲突，最小帧长是根据网络中检测冲突的最长时间来定的。

（3）无线局域网（Wireless Local Area Networks，WLAN）。利用无线技术在空中传输数据、话音和视频信号。WLAN 采用 IEEE 802.11 标准，有 a、b、g、n、ac 等子标准，802.11n 传输速率可达 200Mb/s，802.11ac 则可达 1Gb/s。WLAN 拓扑结构有<u>点对点型、Hub 型和完全分布型</u>。点对点型用于网络互联和延长；HUB 型用于终端接入；完全分布型则处于理论探讨阶段无具体应用。

（4）广域网（WAN）。是一种将分布于更广区域的计算机设备联接起来的网络，需要使用路由器和网关设备。广域网由<u>通信子网与资源子网</u>组成。广域网可以分为<u>公共传输网络、专用传输网络和无线传输网络 3</u> 类。广域网相关技术有<u>同步光网络（SONET）、同步数字体系（SDH）、数字数据网（DDN）、帧中继（FR）和异步传输技术（ATM）</u>。

（5）城域网（Metropolitan Area Network，MAN）。是在单个城市范围内所建立的计算机通信网，采用 IEEE 802.6 标准。通常分为 3 个层次：<u>核心层、汇聚层和接入层</u>。

（6）移动通信网。其发展经历了 1G 模拟信号传输、2G 数字通信技术、3G 扩展频谱、4G 快速发展繁荣、5G 多业务、多技术融合等 5 代。5G 网络的主要特征为<u>服务化架构和网络切片</u>。

1）服务化架构（Service-Based Architecture，SBA）可以实现网络功能的灵活定制和按需组合，以及软件快速迭代和升级。

2）网络切片技术可以在单个物理网络中切分出多个分离的逻辑网络用于不同业务。5G 还引入了基于灵活以太网（Flexible Ethernet，FlexE）的硬切片技术。

3.4　组网技术

【基础知识点】

1. 网络设备及其工作层级

（1）集线器（Hub）和中继器（Repeater）工作在物理层。

（2）网桥（Bridge）和交换机（Switcher）工作在数据链路层。

（3）路由器（Router）和防火墙（Firewall）主要工作在网络层。防火墙是网络中一种重要的安全设备，作为网络对外的门户。

2. 网络协议

OSI/RM 七层模型见表 3.1。

表 3.1　OSI/RM 七层模型的主要功能和详细说明

层的名称	主要功能	详细说明
应用层	处理网络应用	直接为终端用户服务，提供各类应用过程的接口和用户接口
表示层	管理数据表示方式	使应用层可以根据其服务解释数据的含义。通常包括数据编码的约定、本地句法的转换，使不同类型的终端可以互相通信
会话层	建立和维护会话连接	负责管理远程用户或进程间的通信，通过安全验证和退出机制确保上下文环境的安全，重建中断的会话场景，维持双方的同步
传输层	端到端传输	实现发送端和接收端的端到端的数据透明传送，TCP 协议保证数据包无差错、按顺序、无丢失和无冗余地传输。其服务访问点为端口
网络层	在源节点和目的节点之间传输	虚电路分组交换和数据报分组交换、路由选择算法、阻塞控制方法，网络互连，以及对网络的诊断等
数据链路层	提供点到点的帧传输	将网络层报文数据封装成帧，建立、维持和释放网络实体之间的数据链路，在链路上传输帧并进行差错控制、流量控制等
物理层	在物理链路上传输比特流	通过一系列协议定义了物理链路所具备的机械特性、电气特性、功能特性以及规程特性

Internet 协议的主要协议及其层次关系见表 3.2。

表 3.2　Internet 协议的主要协议及其层次关系

ISO/OSI 模型	TCP/IP 协议					TCP/IP 模型
应用层	文件传输协议（FTP）	远程登录协议（Telnet）	电子邮件协议（SMTP）	网络文件服务协议（NFS）	网络管理协议（SNMP）	应用层
表示层						
会话层						
传输层	TCP			UDP		传输层
网络层	IP		ICMP		ARP RARP	网际层
数据链路层	Ethernet IEEE 802.3		FDDI	Token-Ring/IEEE 802.3 硬件层	ARCnet	网络接口层
物理层						硬件层

这里根据考试大纲，列举一些常见的协议供广大考生学习。

（1）应用层协议。

1）文件传输协议（File Transport Protocol，FTP）：是网络上两台计算机传送文件的协议，运行在 TCP 之上，是通过 Internet 将文件从一台计算机传输到另一台计算机的一种途径。FTP 在客户机和服务器之间需建立两条 TCP 连接，一条用于传送控制信息（使用 21 号端口），另一条用于传送文件内容（使用 20 号端口）。

2）简单文件传输协议（Trivial File Transfer Protocol，TFTP）：是用来在客户机与服务器之间进行简单文件传输的协议，提供不复杂、开销不大的文件传输服务。TFTP 建立在 UDP 之上，69 号端口；提供不可靠的数据流传输服务，不提供存取授权与认证机制，使用超时重传方式来保证数据的到达。

3）超文本传输协议（Hypertext Transfer Protocol，HTTP）：是用于从 WWW 服务器传输超文本到本地浏览器的传送协议。HTTP 建立在 TCP 之上，使用 80 号端口。

4）安全超文本传输协议（Hypertext Transfer Protocol Secure，HTTPS）：是以安全为目标的 HTTP 通道，在 HTTP 的基础上通过传输加密和身份认证保证了传输过程的安全性。HTTPS 在 HTTP 的基础下加入安全套接层（Secure Socket Layer，SSL）或 TLS，HTTPS 使用的 443 号端口。

5）动态主机配置协议（Dynamic Host Configuration Protocol，DHCP）：通常被应用在大型的局域网络环境中，主要作用是集中地管理、分配 IP 地址，使网络环境中的主机动态地获得 IP 地址、网关地址、DNS 服务器地址等信息，并能够提升地址的使用率。在网络范围内可能存在多个 DHCP 服务器，各自负责不同的网段，也可能由同一个 DHCP 服务器，负责多个不同网段的地址分配。如果网络中有多个 DHCP 服务器发送 OFFER 报文，客户端只根据第一个收到的 OFFER 报文，返回 REQUEST 报文。

6）域名系统（Domain Name System，DNS）：DNS 把主机域名解析为 IP 地址的系统，而 PTR（Pointer Record）负责将 IP 地址映射到域名的解析。

DNS 查询过程有两种方法，见表 3.3。

表 3.3 DNS 查询过程的两种方法

迭代查询	递归查询
查询得到的是其他服务器的引用，本地服务器就要访问被引用的服务器，做进一步的查询	查询方式要求服务器彻底地进行名字解析，并返回最后的结果

（2）传输层协议。

1）传输控制协议（Transmission Control Protocol，TCP）。TCP 是可靠的、面向连接的网络协议。具有差错校验和重传、流量控制、拥塞控制等功能。适用于数据量比较少，且对可靠性要求高的场合。

2）用户数据报协议（User Datagram Protocol，UDP）。UDP 是不可靠的、无连接的网络协议。UDP 适合数据量大，对可靠性要求不是很高，但要求速度快的场合。

（3）网络层协议。

IPv6 被称为"下一代互联网协议"，IP 数据报的目的地址有单播、多播/组播、任播。IPv4 to IPv6 过渡技术主要有：双协议栈技术、隧道技术、NAT-PT 技术。

3. 交换机

交换机功能包括集线功能、中继功能、桥接功能、隔离冲突域功能。交换机协议有：

（1）生成树协议（STP），可以很好地解决链路环路问题。

（2）链路聚合协议，可以提升与邻接交换设备之间的端口带宽和提高链路可靠性。

4. 路由器

路由功能由路由器（Router）来提供，包括异种网络互连、子网协议转换、数据路由、速率适配、隔离网络、报文分片和重组、备份和流量控制。路由器协议主要有：

（1）内部网关协议（Interior Gateway Protocol，IGP）：指在一个自治系统（Autonomous System，AS）内运行的路由协议。

（2）外部网关协议（Exterior Gateway Protocol，EGP）：指在 AS 之间的路由协议。EGP 是为简单的树型拓扑结构设计的。

（3）边界网关协议（Border Gateway Protocol，BGP）：Internet 的网络规模庞大，网络情况复杂，EGP 已不适用，在 EGP 的经验之上制定了新的网关协议即 BGP，也是 Internet 上唯一的网关协议。

3.5 网络工程

【基础知识点】

1. 网络建设工程

可分为网络规划、网络设计和网络实施 3 个环节。

（1）网络规划以需求为导向，兼顾技术和工程可行性。

（2）网络设计包括逻辑设计和物理设计，逻辑设计指网络结构设计、网络技术选型、IP 地址和路由设计、网络冗余设计以及网络安全设计等；物理设计指布线设计、机房设计、设备选型等。网络冗余设计的目的就是避免网络组件单点失效造成应用失效；备用路径是在主路径失效时启用，其和主路径承担不同的网络负载；负载分担是网络冗余设计中的一种设计方式，其通过并行链路提供流量分担来提高性能；网络中存在备用链路时，可以考虑加入负载分担设计来减轻主路径负担。

（3）网络实施包括工程实施计划、网络设备验收、设备安装和调试、系统试运行和切换、用户培训等。

2. 分层设计

网络设计一般采用分层的方式，分为接入层、汇聚层、核心层。

（1）接入层：直接面向用户连接或访问网络的部分，主要解决相邻用户之间的互访需求，并且为这些访问提供足够的带宽，接入层还应当适当负责一些用户管理功能（如地址认证、用户认证、计费管理等），以及用户信息收集工作（如用户的 IP 地址、MAC 地址、访问日志等）。

（2）汇聚层：是核心层和接入层的分界面，完成网络访问策略控制、数据包处理、过滤、寻址，以及其他数据处理的任务。汇聚层的存在与否要视网络规模大小而定。

（3）核心层：网络主干部分称为核心层，核心层的主要目的在于通过高速转发通信，提供优化、可靠的骨干传输结构，因此，核心层交换机应拥有更高的可靠性、性能和吞吐量。核心层的设备采用双机冗余热备份是非常必要的，也可以使用负载均衡功能来改善网络性能。

3.6　练习题

1．在以太网标准中规定的最小帧长是 ＿＿(1)＿＿ 字节。最小帧长是根据 ＿＿(2)＿＿ 来定的。

（1）A．20　　　　　　B．64　　　　　　C．128　　　　　　D．1518

（2）A．网络中传送的最小信息单位　　　B．物理层可以区分的信息长度

　　 C．网络中发生冲突的最短时间　　　D．网络中检测冲突的最长时间

解析：以太网规定最小帧长为 64 字节，最大帧长为 1518 字节。设置最小帧长是为了避免冲突，最小帧长是根据网络中检测冲突的最长时间来定的。

答案：B　D

2．TCP 和 UDP 协议均提供了（　　）能力。

　　A．连接管理　　　B．差错校验和重传　　C．流量控制　　　D．端口寻址

解析：TCP 与 UDP 均有端口号的概念。

TCP 采用连接管理、差错校验和重传、流量控制等方式来确保数据按序、无差错、无重复、没有部分丢失地传输。

UDP 是一种无连接的协议，适用于传输数据量大，对可靠性要求不高，传输速度快的场合。

答案：D

3．下列无线网络技术中，覆盖范围最小的是（　　）。

　　A．802.15.1 蓝牙　　　　　　　　B．802.11n 无线局域网

　　C．802.15.4 ZigBee　　　　　　　D．802.16m 无线城域网

解析：蓝牙的覆盖范围大约在 10 米以内，802.11n 无线局域网的覆盖范围在 100 米以内，ZigBee 的覆盖范围在 10～100 米之间，802.16m 无线城域网的覆盖范围在 2～10km。4 个选项中，蓝牙覆盖范围最小。

答案：A

4．以下关于网络冗余设计的叙述中，错误的是（　　）。

　　A．网络冗余设计避免网络组件单点失效造成应用失效

　　B．备用路径与主路径同时投入使用，分担主路径流量

　　C．负载分担是通过并行链路提供流量分担来提高性能的

　　D．网络中存在备用链路时，可以考虑加入负载分担设计

解析：网络冗余设计的目的就是避免网络组件单点失效造成应用失效；备用路径是在主路径失效时启用，其和主路径承担不同的网络负载；负载分担是网络冗余设计中的一种设计方式，其通过并行链路提供流量分担来提高性能；网络中存在备用链路时，可以考虑加入负载分担设计来减轻主路径负担。

答案：B

第 2 篇

架构设计专业知识

第**4**小时
信息系统基础知识

4.0　章节考点分析

　　第 4 小时主要学习信息系统概述、信息化的典型应用、典型信息系统架构模型等内容。

　　本小时内容属于基础知识范畴，根据考试大纲及以往全国计算机技术与软件专业技术资格（水平）考试的出题规律，本小时知识点会涉及单项选择题，约占 2～6 分，本小时知识架构如图 4.1 所示。

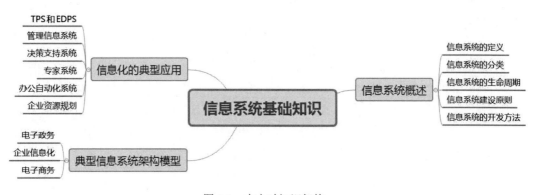

图 4.1　本小时知识架构

【导读小贴士】

　　在系统架构设计师考试中，信息化和信息系统的基础知识也是必不可少的。本小时的知识通用性强，掌握了这些知识，对学习其他软考科目也是有益处的，难度不大，充分理解记忆即可。

4.1 信息系统概述

【基础知识点】

1. 信息系统的定义

信息系统是由计算机软硬件、网络和通信设备、信息资源、用户和规章制度组成的以处理信息流为目的的人机一体化系统。信息系统的功能有：输入、存储、处理、输出和控制。理查德·诺兰（Richard L. Nolan）将信息系统的发展道路划分为初始、传播、控制、集成、数据管理和成熟 6 个阶段。

2. 信息系统的分类

信息系统分为业务（数据）处理系统、管理信息系统、决策支持系统、专家系统、办公自动化系统、综合性信息系统等 6 类。

3. 信息系统的生命周期

信息系统的生命周期分为产生、开发、运行和消亡 4 个阶段。

4. 信息系统建设原则

信息系统建设原则可以分为高层管理人员介入原则、用户参与开发原则、自顶向下规划原则、工程化原则等。

5. 信息系统的开发方法

信息系统的开发方法主要有：结构化方法、原型法、面向对象方法、面向服务的方法、敏捷方法、构件化开发方法等。结构化方法、面向对象方法详见第 7 小时，这里介绍其他几种开发方法。

（1）原型法。原型法也称快速原型法，可以根据用户的初步需求利用系统工具快速建立一个系统模型，与用户交流。

原型法按照实现功能划分可以分为：

1）水平原型：行为原型，用于界面。细化需求但并未实现功能。

2）垂直原型：结构化原型，用于复杂算法的实现，实现了部分功能。

原型法按照最终结果划分可以分为：

1）抛弃式：探索式原型，解决需求不确定性、二义性、不完整性、含糊性等。

2）演化式：逐步演化为最终系统，用于易于升级和优化的场合，适用于 Web 项目。

（2）构件化开发方法。基于构件/组件（Component）的软件开发是解决复杂环境下软件规模与复杂性的一种手段。构件并非一定包含类，一个类元素只能属于一个构件。构件的获取方式有：

1）从现有构件中获得符合要求的构件，直接使用或作适应性修改，得到可复用的构件。

2）通过遗留工程（Legacy Engineering），将具有潜在复用价值的构件提取出来，得到可复用的构件。

3）从市场上购买现成的商业构件。

4）开发新的符合要求的构件。

获取到的构件可以存放到构件库中，根据需求裁剪使用。构件的分类方式见表 4.1。

表 4.1　构件的分类方式

分类	具体描述
关键字分类法	关键字分类法将应用领域的概念按照从抽象到具体的顺序逐次分解为树型或有向无回路图结构，每个概念用一个描述性的关键字表示
刻面分类法	刻面分类法定义若干用于刻画构件特征的"刻面"，每个面包含若干概念，这些概念描述构件在刻面上的特征。刻面可以描述构件执行的功能、被操作的数据、构件应用的语境或其他特征
超文本方法	所有构件必须辅以详尽的功能或行为说明文档；说明中出现的重要概念或构件以网状链接方式相互连接；检索者在阅读文档的过程中可按照人类的联想思维方式任意跳转到包含相关概念或构件的文档；全文检索系统将用户给出的关键字与说明文档中的文字进行匹配，实现构件的浏览式检索

构件检索的方式也可以分为：基于关键字的检索、刻面检索法、超文本检索法。

（3）面向服务的方法。面向服务的方法是在面向对象方法的基础上发展起来的，对于跨构件的功能调用，则采用接口的形式暴露出来。进一步将接口的定义与实现进行解耦，则催生了服务和面向服务（Service-Oriented，SO）的开发方法。对于系统架构设计师考试我们重点关注的是面向服务的架构（SOA），这部分内容将在第 18 小时中介绍。

（4）敏捷方法。敏捷方法是一种以人为核心、迭代、循序渐进的开发方法。敏捷方法主要有两个特点，这也是其区别于其他方法，尤其是重型方法的最主要的特征。

1）敏捷方法是"适应型"而非"预设型"。重型方法试图对一个软件开发项目在很长的时间跨度内做出详细的计划，然后依计划进行开发。这类方法在计划制定完成后拒绝变化。而敏捷方法则欢迎变化。

2）敏捷方法是"面向人的"而非"面向过程的"。它们试图使软件开发工作能够利用人的特点，充分发挥人的创造能力，强调软件开发应当是一项愉快的活动。

敏捷方法的核心思想主要有以下 3 点：

1）敏捷方法是适应型，而非可预测型。

2）敏捷方法以人为本，而非以过程为本。

3）属于迭代增量式的开发过程。

4.2　信息化的典型应用

【基础知识点】

1. TPS 和 EDPS

业务处理系统（Transaction Processing System，TPS）或电子数据处理系统（Electronic Data Processing System，EDPS）是信息化的典型应用。业务处理系统可以实现计算机自动化、减轻处理数据的负担、提高处理效率。它既是信息系统发展的最初级形式，也是基础和桥梁。因其简单和成熟常用结构化生命周期法开发。对事务所发生的数据进行输入、处理和输出（即 IPO）。业务系统数据处理周期分为数据输入、数据处理、数据库的维护、文件报表的生成和查询处理 5 个阶段（对功能的进一步阐述）。数据处理方式包括批处理（Batch Processing）方式和联机事务处理（OnLine Transaction Processing，OLTP）方式。

2. 管理信息系统

管理信息系统（Manage Information System，MIS）是在 TPS 基础上发展的高度集成化的人机信息系统，用于企业整体的某些管理和业务层面的管理决策。MIS 系统的上层是子系统和功能，底层是各个过程，功能由过程组合实现。一个 MIS 系统可以用一个功能/层次矩阵表示。共有销售市场子系统、生产子系统、后勤子系统、人事子系统、财务和会计子系统、信息处理子系统和高层管理子系统 7 个子系统。

3. 决策支持系统

决策支持系统（Decision Support System，DSS）有两种定义：

（1）定义一：DSS 是一个由语言系统、知识系统和问题处理系统 3 个互相关联的部分组成的，基于计算机的系统。特征如下：

1）数据和模型是 DSS 的主要资源。

2）用来支援用户作决策。

3）主要用于解决半结构化及非结构化问题。

4）作用在于提高决策的有效性而不是提高决策的效率。

（2）定义二：DSS 是一个交互式的、灵活的、适应性强的基于计算机的信息系统。特征如下：

1）针对上层管理人员。

2）界面友好。

3）将模型、分析技术与传统的数据存取与检索技术结合起来。

4）对环境及决策方法改变的灵活性与适应性。

5）支持但不是代替决策。

6）利用先进信息技术快速传递和处理信息。

DSS 系统的管理者处于核心地位，结合 DSS 的支持进行决策。DSS 有两种级别结构形式：两库结构和基于知识的结构。

DSS 支撑九项基本功能：①多层决策，为决策整理和提供数据；②收集、存储和提供外部信息；③收集和提供活动的反馈信息；④具有模型的存储和管理能力；⑤对常用的各种方法的存储和管理；⑥对各种数据、模型、方法进行管理；⑦数据加工；⑧具有人—机接口和图形加工；⑨支持分布使用方式。特点是面向决策者、支持半结构化问题、辅助支持、过程动态、交互。组建过程是：数据重组、建立数据仓库、建立数据字典、数据挖掘、建立模型。

4. 专家系统

基于知识的专家系统（Expert System，ES）是一种智能的计算机程序，该程序使用知识与推理过程，求解那些需要资深专家的专门知识才能解决的高难度问题。ES 属于人工智能，用于求解半结构化或非结构化问题。专家系统包括：机器人技术、视觉系统、自然语言处理、学习系统和神经网络等分支。专家系统与一般计算机系统的比较见表 4.2。

表 4.2　专家系统与一般计算机系统的比较

比较项	专家系统	一般计算机系统
功能	解决问题、解释结果、进行判断与决策	解决问题
处理能力	处理数字与符号	处理数字
处理问题种类	多属准结构性或非结构性，可处理不确定的知识，使用于特定的领域	多属结构性，处理确定的知识

具体来说 ES 具有超越时间限制、操作成本低廉、易于传递与复制、处理手段一致、善于克服难题、适用特定领域等特点。ES 由知识库、综合数据库、推理机、知识获取、解释程序、人—机接口组成。其中，推理机和知识库一起构成专家系统的核心。一般的专家系统通过推理机与知识库和综合数据库的交互作用来求解领域问题。

5. 办公自动化系统

办公自动化系统（Office Automatic System，OAS）可以解决包括数据、文字、声音、图像等信息的一体化处理问题，是一个集文字、数据、语言、图像为一体的综合性、跨学科的人机信息处理系统，可以进行事务处理、信息管理和辅助决策。OAS 由计算机设备、办公设备、数据通信及网络设备、软件系统构成。

6. 企业资源规划

企业资源规划（Enterprise Resource Planning，ERP）中的企业的所有资源包括三大流：物流、资金流和信息流。ERP 是在信息技术基础上集成了企业的所有资源信息，为企业提供决策、计划、控制与经营业绩评估的全方位和系统化的管理平台。ERP 的管理范围涉及企业的所有供需过程，是对供应链的全面管理，还与人事系统和 CRM 等关联。ERP 包括生产预测、销售管理、经营计划、主生产计划、物料需求计划、能力需求计划、车间作业计划、采购与库存管理、质量与设备管理和财务管理共 11 个基本模块。ERP 的功能有：支持决策、不同行业的针对性 IT 解决方案、提供全行业和跨行业的供应链。

4.3　典型信息系统架构模型

【基础知识点】

（1）电子政务（Electronic Government，EG）。电子政务是利用信息技术和其他相关技术，实现公务、政务、商务、事务的一体化管理与运行的政府形态改造的系统工程。行为主体是：政府（Government）、企（事）业单位（Business）及居民（Citizen）。具体分类见表 4.3。

表 4.3　电子政务分类

名称	解释
政府对政府（G2G）	政府内部的政务活动，包括国家和地方基础信息的采集、处理和利用，如人口信息；政府之间各种业务流所需要采集和处理的信息，如计划管理；政府之间的通信系统，如网络系统；政府内部的各种管理信息系统，如财务管理；以及各级政府的决策支持系统和执行信息系统等
政府对企业（G2B）	政府面向企业的活动主要包括政府向企（事）业单位发布的各种方针、政策、法规、行政规定，即企（事）业单位从事合法业务活动的环境，政府向企（事）业单位颁发的各种营业执照、许可证、合格证和质量认证等
政府对居民（G2C）	政府面向居民所提供的服务，以及各种关于社区公安和水、火、天灾等与公共安全有关的信息。户口、各种证件和牌照的管理等，还包括各公共部门，如学校、医院、图书馆和公园等
企业对政府（B2G）	企业面向政府的活动包括企业应向政府缴纳的各种税款，按政府要求应该填报的各种统计信息和报表，参加政府各项工程的竞、投标，向政府供应各种商品和服务，以及申请的援助
居民对政府（C2G）	包括个人应向政府缴纳的各种税款和费用，按政府要求应该填报的各种信息和表格，以及缴纳各种罚款等。此外，报警服务（盗贼、医疗、急救、火警等）即在紧急情况下居民需要向政府报告并要求政府提供的服务，也属于这个范围

（2）企业信息化（Enterprise Informatization，EI）。企业信息化是企业利用现代信息技术，实现经营活动的自动化、便捷化、网络化和智能化，以加强企业核心竞争力的过程。企业信息化是技术和业务的融合，从企业战略、业务运作和管理运作 3 个层面去实现。企业信息化的方法有：业务流程重构方法、核心业务应用方法、信息系统建设方法、主题数据库方法、资源管理方法、人力资本投资方法。

（3）电子商务（Electronic Commerce，EC）。电子商务指利用 Web 提供的通信手段在网上买卖产品或提供服务，及其衍生行为。主要模式有：B2B、B2C、C2C、O2O（线上购买线下的服务）。

4.4　练习题

1．ERP 中的企业资源包括（　　）。

　　A．物流、资金流和信息流　　　　B．物流、工作流和信息流

　　C．物流、资金流和工作流　　　　D．资金流、工作流和信息流

　　解析：企业的所有资源包括三大流：物流、资金流和信息流。ERP 是对这 3 种资源进行全面集成管理的管理信息系统。

　　答案：A

2．ERP（Enterprise Resource Planning）是建立在信息技术的基础上，利用现代企业的先进管理思想，对企业的物流、资金流和　(1)　流进行全面集成管理的管理信息系统，为企业提供决策、计划、控制与经营业绩评估的全方位和系统化的管理平台。在 ERP 系统中，　(2)　管理模块主要

是对企业物料的进、出、存进行管理。

（1）A．产品　　　　B．人力资源　　　C．信息　　　　D．加工

（2）A．库存　　　　B．物料　　　　　C．采购　　　　D．销售

解析：ERP 是建立在信息技术的基础上，利用现代企业的先进管理思想，对企业的物流、资金流和信息流进行全面集成管理的管理信息系统，为企业提供决策、计划、控制与经营业绩评估的全方位和系统化的管理平台。

ERP 系统主要包括：生产预测、销售管理、经营计划、主生产计划、物料需求计划、能力需求计划、车间作业计划、采购与库存管理、质量与设备管理、财务管理、有关扩展应用模块等内容。显然对企业物料的进、出、存进行管理的模块是库存管理模块。

答案：C　A

3．电子政务是对现有的政府形态的一种改造，利用信息技术和其他相关技术，将其管理和服务职能进行集成，在网络上实现政府组织结构和工作流程优化重组。与电子政务相关的行为主体有三个，即政府、__(1)__及居民。国家和地方人口信息的采集、处理和利用，属于__(2)__的电子政务活动。

（1）A．部门　　　B．企（事）业单位　　C．管理机构　　　D．行政机关

（2）A．政府对政府　　B．政府对居民　　　C．居民对居民　　　D．居民对政府

解析：电子政务是对现有的政府形态的一种改造，利用信息技术和其他相关技术，将其管理和服务职能进行集成，在网络上实现政府组织结构和工作流程优化重组。与电子政务相关的行为主体有三个，即政府、企（事）业单位及居民。国家和地方人口信息的采集、处理和利用，属于政府对政府的电子政务活动。

答案：B　A

信息安全技术基础知识

5.0 章节考点分析

第5小时主要学习信息安全基础知识、信息安全系统的组成框架、信息加解密技术、密钥管理技术、访问控制及数字签名技术、信息安全的抗攻击技术、信息安全的保障体系与评估方法等内容。

根据考试大纲，本小时知识点会涉及单项选择题，约占5分。本小时内容侧重于概念知识，根据以往全国计算机技术与软件专业技术资格（水平）考试的出题规律，考查的知识点多来源于教材，扩展内容较少。本小时知识架构如图5.1所示。

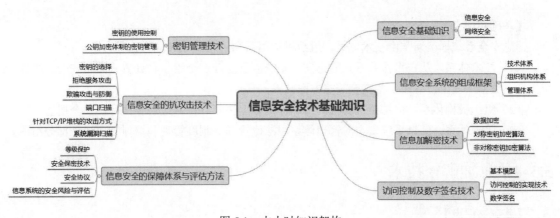

图 5.1　本小时知识架构

【导读小贴士】

信息安全事关国家安全和社会稳定，在新版教材中，信息安全的内容大幅增加了，知识点也得到了更新，与信息安全工程师的某些内容同步。所以掌握本小时知识点非常重要，不仅可以在考试中拿到分数，也会给日常生活带来帮助。

5.1 信息安全基础知识

【基础知识点】

（1）信息安全（Information Security）。信息安全是指为数据处理系统而采取的技术的和管理的安全保护，保护计算机硬件、软件、数据不因偶然的或恶意的原因而遭到破坏、更改和泄露。信息安全的基本要素有机密性、完整性、可用性、可控性与可审查性。信息安全的范围包括设备安全、数据安全、内容安全和行为安全。其中数据安全即采取措施确保数据免受未授权的泄露、篡改和毁坏，包括秘密性、完整性和可用性 3 个方面。信息存储安全的范围：信息使用的安全、系统安全监控、计算机病毒防治、数据的加密和防止非法的攻击等。

（2）网络安全。网络安全漏洞和隐患表现在物理安全性、软件安全漏洞、不兼容使用安全漏洞等方面。网络安全威胁表现在非授权访问、信息泄露或丢失、破坏数据完整性、拒绝服务攻击、利用网络传播病毒等方面。安全措施的目标包括访问控制、认证、完整性、审计和保密等 5 个方面。

5.2 信息安全系统的组成框架

【基础知识点】

信息安全系统框架通常由技术体系、组织机构体系和管理体系共同构建。

（1）技术体系。从技术体系看，信息安全系统涉及基础安全设备、计算机网络安全、操作系统安全、数据库安全、终端设备安全等多方面技术。

（2）组织机构体系。信息系统安全的组织机构分为决策层、管理层和执行层 3 个层次。

（3）管理体系。信息系统安全的管理体系由法律管理、制度管理和培训管理 3 个部分组成。

5.3 信息加解密技术

【基础知识点】

1. 数据加密

数据加密是防止未经授权的用户访问敏感信息的手段，保障系统的机密性要素。数据加密有对称加密算法、非对称加密算法两种。

2．对称密钥加密算法

对称密钥算法的加密密钥和解密密钥相同，又称为共享密钥算法。对称加密算法主要有：

（1）使用密钥加密的块算法（Data Encryption Standard，DES），明文切分为 64 位的块（即分组），由 56 位的密钥控制变换成 64 位的密文。

（2）三重 DES（Triple-DES）是 DES 的改进算法，使用两把 56 位的密钥对明文做三次 DES 加解密，密钥长度为 112 位。

（3）国际数据加密算法（International Data Encryption Algorithm，IDEA），分组长度 64 位，密钥长度 128 位，已经成为全球通用的加密标准。

（4）高级加密标准（Advanced Encryption Standard，AES），分组长度 128 位，支持 128 位、192 位和 256 位 3 种密钥长度，用于替换脆弱的 DES 算法，且可以通过软件或硬件实现高速加解密。

（5）SM4 国密算法，分组长度和密钥长度都是 128 位。

3．非对称密钥加密算法

非对称密钥加密算法的加密密钥和解密密钥不相同，又称为不共享密钥算法或公钥加密算法。在非对称加密算法中用公钥加密，私钥解密，可实现保密通信；用私钥加密，公钥解密，可实现数字签名。非对称加密算法可以分为：

（1）RSA（Rivest，Shamir and Adleman）是一种国际通用的公钥加密算法，安全性基于大素数分解的困难性，密钥的长度可以选择，但目前安全的密钥长度已经高达 2048 位。RSA 的计算速度比同样安全级别的对称加密算法慢 1000 倍左右。

（2）SM2 国密算法，基于椭圆曲线离散对数问题，在相同安全程度的要求下，密钥长度和计算规模都比 RSA 小得多。

5.4　密钥管理技术

【基础知识点】

（1）密钥的使用控制。控制密钥的安全性主要有密钥标签和控制矢量两种技术。密钥的分配发送有物理方式、加密方式和第三方加密方式。该第三方即密钥分配中心（Key Distribution Center，KDC）。

（2）公钥加密体制的密钥管理。有直接公开发布（如 PGP）、公用目录表、公钥管理机构和公钥证书 4 种方式。公钥证书可以由个人下载后保存和传递，证书管理机构为 CA（Certificate Authority）。

5.5 访问控制及数字签名技术

【基础知识点】

1. 基本模型

访问控制技术包括 3 个要素，即<u>主体、客体和控制策略</u>。访问控制包括<u>认证、控制策略实现和审计</u> 3 方面的内容。审计的目的是防止滥用权力。

2. 访问控制的实现技术

（1）访问控制矩阵（Access Control Matrix，ACM），以主体为行索引，以客体为列索引的矩阵，该技术是后面三个技术的基础，当主客体元素很多的时候实现困难。

（2）访问控制表（Access Control Lists，ACL），按列（即客体）保存访问矩阵，是目前最流行、使用最多的访问控制实现技术。

（3）能力表（Capabilities），按行（即主体）保存访问矩阵。

（4）授权关系表（Authorization Relations），抽取访问矩阵中的非空元素保存，当矩阵是稀疏矩阵的时候很有效，常用于安全数据库系统。

3. 数字签名

数字签名是<u>公钥加密技术与数字摘要技术</u>的应用。数字签名的条件是：<u>可信、不可伪造、不可重用、不可改变和不可抵赖</u>。基于对称密钥的签名只能在两方间实现，而且需要双方共同信赖的仲裁人。利用公钥加密算法的数字签名则可以在任意多方间实现，不需要仲裁且可重复多次验证。实际应用时先对文件做摘要，再对摘要签名，这样可以大大提升数字签名的速度。同时摘要的泄露不影响文件保密。

5.6 信息安全的抗攻击技术

【基础知识点】

1. 密钥的选择

密钥在概念上被分成<u>数据加密密钥（DK）</u>和<u>密钥加密密钥（KK）</u>两大类。后者用于保护密钥。加密的算法通常是公开的，加密的安全性在于密钥。为对抗攻击，密钥生成需要考虑<u>增大密钥空间、选择强钥和密钥的随机性</u> 3 个方面的因素。

2. 拒绝服务（Denial of Service, DoS）攻击

DoS 是使系统不可访问并因此拒绝合法的用户服务要求的行为，侵犯系统的<u>可用性</u>要素。传统拒绝服务攻击的分类有消耗资源、破坏或更改配置信息、物理破坏或改变网络部件、利用服务程序中的处理错误使服务失效等 4 种模式。

目前常见的 DoS 攻击模式为分布式拒绝服务攻击（Distributed Denial of Service，DDoS）。

现有的 DDoS 工具一般采用 Client（客户端）、Handler（主控端）、Agent（代理端）三级结构。

DoS 的防御包括<u>特征识别、防火墙、通信数据量的统计、修正问题和漏洞</u> 4 种方法。

3. 欺骗攻击与防御

欺骗攻击与防御具体分为：

（1）ARP 欺骗：ARP 协议解析 IP 地址为 MAC 网卡物理地址，欺骗该机制即可阻断正常的网络访问。常用防范办法为<u>固化 ARP 表、使用 ARP 服务器、双向绑定和安装防护软件</u>。

（2）DNS 欺骗：DNS 协议解析域名为 IP 地址，欺骗该机制可以使用户访问错误的服务器地址。其检测有<u>被动监听检测、虚假报文探测和交叉检查查询</u> 3 种方法。

（3）IP 欺骗：攻击者修改 IP 数据报的报头，把自身的 IP 地址修改为另一个 IP，以获取信任。常用防火墙等防范 IP 欺骗。

4. 端口扫描（Port Scanning）

端口扫描是入侵者搜集信息的几种常用手法之一。端口扫描尝试与目标主机的某些端口建立连接，如果目标主机该端口有回复，则说明该端口开放，甚至可以获取一些信息。端口扫描有<u>全TCP 连接、半打开式扫描（SYN 扫描）、FIN 扫描、第三方扫描</u>等分类。

5. 针对 TCP/IP 堆栈的攻击方式

（1）同步包风暴（SYN Flooding）：是应用最广泛的一种 DoS 攻击方式，攻击 TCP 协议建立连接的三次握手，让目标主机等待连接完成而耗尽资源。可以减少等待超时时间来防范。

（2）ICMP 攻击：例如"Ping of Death"攻击操作系统的网络层缓冲区，旧版操作系统会崩溃死机。防范方法是打补丁、升级到新版操作系统。

（3）SNMP 攻击：SNMP 协议常用于管理网络设备，早期的 SNMP V1 协议缺少认证，可能被攻击者入侵。防范方法是升级 SNMP 协议到 V2 以上并设置访问密码。

6. 系统漏洞扫描

系统漏洞扫描指对重要计算机信息系统进行检查，发现其中可能被黑客利用的漏洞。漏洞扫描既是攻击者的准备工作，也是防御者安全方案的重要组成部分。系统漏洞扫描分为：

（1）基于网络的漏洞扫描，通过网络来扫描目标主机的漏洞，常常被主机边界的防护所封堵，因而获取到的信息比较有限。

（2）基于主机的漏洞扫描，通常在目标系统上安装了一个代理（Agent）或者是服务（Services），因而能扫描到更多的漏洞。有<u>扫描的漏洞数量多、集中化管理、网络流量负载小</u>等优点。

5.7 信息安全的保障体系与评估方法

【基础知识点】

1. 等级保护

《计算机信息系统 安全保护等级划分准则》（GB 17859—1999）规定了计算机系统安全保护能力的 5 个等级。

（1）第 1 级：用户自主保护级（对应 TCSEC 的 C1 级）。

（2）第 2 级：系统审计保护级（对应 TCSEC 的 C2 级）。

（3）第 3 级：安全标记保护级（对应 TCSEC 的 B1 级）。

（4）第 4 级：结构化保护级（对应 TCSEC 的 B2 级）。

（5）第 5 级：访问验证保护级（对应 TCSEC 的 B3 级）。

2. 安全保密技术

安全保密技术主要有：

（1）数据泄密（泄露）防护（Data Leakage Prevention，DLP）。DLP 是通过一定的技术手段，防止企业的指定数据或信息资产以违反安全策略规定的形式流出企业的一种策略。

（2）数字水印（Digital Watermark）。数字水印是指通过数字信号处理方法，在数字化的媒体文件中嵌入特定的标记。水印分为可感知的和不易感知的两种。

3. 安全协议

常用的安全协议有：

（1）SSL 协议。SSL 协议是介于应用层和 TCP 层之间的安全通信协议，提供保密性通信、点对点身份认证、可靠性通信 3 种安全通信服务。

（2）PGP（Pretty Good Privacy）。PGP 是一种加密软件，应用了多种密码技术，包括 RSA、IDEA、完整性检测和数字签名算法，实现了一个比较完善的密码系统。广泛地用于电子邮件安全。

（3）互联网安全协议（Internet Protocol Security，IPSec）。IPSec 是工作在网络层的安全协议，主要优点是它的透明性，提供安全服务不需要更改应用程序。

（4）SET 协议。主要用于解决用户、商家和银行之间通过信用卡支付的交易问题，保证支付信息的机密、支付过程的完整、商户和持卡人身份合法性及可操作性。

（5）HTTPS 协议。详见第 3 小时，这里不再赘述。

4. 信息系统的安全风险与评估

信息系统的安全风险是指由于系统存在的脆弱性所导致的安全事件发生的概率和可能造成的影响。

风险评估是对信息系统及由其处理、传输和存储的信息的保密性、完整性和可用性等安全属性进行科学评价的过程，是信息安全保障体系建立过程中重要的评价方法和决策机制。风险评估的基本要素为脆弱性、资产、威胁、风险和安全措施。其中，威胁是一种对机构及其资产构成潜在破坏的可能性因素或者事件。脆弱性评估是安全风险评估中的重要内容，脆弱性不仅包括各种资产本身存在的脆弱性，没有正确实施的安全保护措施本身也可能是一个安全薄弱环节。风险计算模型包含信息资产、弱点/脆弱性、威胁等关键要素。

5.8 练习题

1. 在信息安全领域，基本的安全性原则包括机密性（Confidentiality）、完整性（Integrity）和可用性（Availability）。机密性指保护信息在使用、传输和存储时 __(1)__ 。信息加密是保证系统机密性的常用手段。使用哈希校验是保证数据完整性的常用方法。可用性指保证合法用户对资源的正常访问，不会被不正当地拒绝。　(2)　就是破坏系统的可用性。

（1）A．不被泄露给已注册的用户　　　　B．不被泄露给未授权的用户
　　　C．不被泄露给未注册的用户　　　　D．不被泄露给已授权的用户
（2）A．跨站脚本攻击（XSS）　　　　　B．拒绝服务攻击（DoS）
　　　C．跨站请求伪造攻击（CSRF）　　D．缓冲区溢出攻击

解析： 机密性指保护信息在使用、传输和存储时不被泄露给未授权的用户。

跨站脚本攻击（XSS）是指恶意攻击者往 Web 页面里插入恶意 html 代码，当用户浏览该页时，嵌入 Web 中的 html 代码会被执行，从而实现劫持浏览器会话、强制弹出广告页面、网络钓鱼、删除网站内容、窃取用户 Cookies 资料、繁殖 XSS 蠕虫、实施 DDoS 攻击等目的。

拒绝服务（DoS）攻击利用大量合法的请求占用大量网络资源，以达到瘫痪网络的目的。受到 DoS 攻击的系统，可用性大大降低。

跨站请求伪造（CSRF）是一种挟制、欺骗用户在当前已登录的 Web 应用程序上执行非本意的操作的攻击。

缓冲区溢出攻击是指利用缓冲区溢出漏洞，从而控制主机，进行攻击。

答案： B　B

2．DES 加密算法的密钥长度为 56 位，三重 DES 的密钥长度为（　）位。
　　A．168　　　　　　B．128　　　　　　C．112　　　　　　D．56

解析： 三重 DES 采用两组 56 位的密钥 K1 和 K2，通过"K1 加密—K2 解密—K1 加密"的过程，两组密钥加起来的长度是 112 位。

答案： C

3．非对称加密算法中，加密和解密使用不同的密钥，下面的加密算法中　(1)　属于非对称加密算法。若甲、乙采用非对称密钥体系进行保密通信，甲用乙的公钥加密数据文件，乙使用　(2)　来对数据文件进行解密。

（1）A．AES　　　　B．RSA　　　　C．IDEA　　　　D．DES
（2）A．甲的公钥　　B．甲的私钥　　C．乙的公钥　　D．乙的私钥

解析： 加密密钥和解密密钥不相同的算法，称为非对称加密算法，这种方式又称为公钥密码体制。常见的非对称加密算法有 RSA 等。若甲、乙采用非对称密钥体系进行保密通信，甲用乙的公钥加密数据文件，乙使用乙的私钥来对数据文件进行解密。

加密密钥和解密密钥相同的算法，称为对称加密算法。常见的对称加密算法有 DES、3DES、IDEA、AES 等。

答案： B　D

第**6**小时

系统工程基础知识

6.0　章节考点分析

第 6 小时主要学习系统工程和系统性能等内容。

根据考试大纲，本小时知识点会涉及单项选择题，约占 2～5 分。本小时内容侧重于概念知识，也会有计算题。根据以往全国计算机技术与软件专业技术资格（水平）考试的出题规律，考查的知识点多来源于教材，扩展内容较少。本小时知识架构如图 6.1 所示。

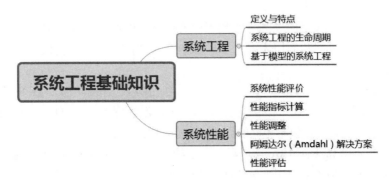

图 6.1　本小时知识架构

 【导读小贴士】

系统工程是一种方法论，从宏观上对如何创建和管理一个信息化工程提出了理论框架。而系统

性能评估和设计是架构师的重要工作之一，所以掌握本小时知识点很重要。本小时的内容比较基础，难度并不大。

6.1　系统工程

【基础知识点】

1. 定义与特点

系统工程是运用系统方法，对系统进行规划、研究、设计、制造、试验和使用的组织管理技术，是人们用科学方法解决复杂问题的一门技术。系统工程方法的特点是整体性、综合性、协调性、科学性和实践性。系统工程方法可以分为：

（1）霍尔的三维结构。霍尔的三维结构是美国系统工程专家霍尔（A.D.Hall）等人于 1969 年提出的一种系统工程方法论，形成了由时间维、逻辑维和知识维组成的三维空间结构。时间维分为规划、拟订方案、研制、生产、安装、运行、更新 7 个时间阶段；逻辑维包括明确问题、确定目标、系统综合、系统分析、优化、决策、实施 7 个逻辑步骤；知识维包括工程、医学、建筑、商业、法律、管理、社会科学、艺术等知识和技能。

（2）切克兰德方法。切克兰德方法的核心不是"最优化"而是"比较"与"探寻"。将工作过程分为认识问题、根底定义、建立概念模型、比较及探寻、选择、设计与实施、评估与反馈 7 个步骤。

（3）并行工程。并行工程（Concurrent Engineering）方法是对产品及其相关过程（包括制造过程和支持过程）进行并行、集成化处理的系统方法和综合技术，目标是提高质量、降低成本、缩短产品开发周期和产品上市时间。

（4）综合集成法。钱学森等提出从系统的本质出发可以把系统分为简单系统和巨系统两大类。开放的复杂巨系统的一般基本原则：整体论、相互联系、有序性、动态，主要性质是开放性、复杂性、进化与涌现性、层次性和巨量性。

（5）WSR 系统方法。WSR 系统方法是物理—事理—人理方法论的简称。具有中国传统哲学的思辨思想，是多种方法的综合统一，属于定性与定量分析综合集成的东方系统思想。一般工作过程可理解为理解意图、制定目标、调查分析、构造策略、选择方案、协调关系和实现构想 7 步。

2. 系统工程的生命周期

对系统工程生命周期进行定义的目的是以有序而且高效的方式建立一个满足利益攸关者需求的框架。系统工程的生命周期阶段包括探索研究、概念阶段、开发阶段、生产阶段、使用阶段、保障阶段和退役阶段。生命周期方法有计划驱动方法、渐进迭代式开发、精益开发和敏捷开发。

3. 基于模型的系统工程（Model-Based Systems Engineering，MBSE）

MBSE 是建模方法的形式化应用，以使建模方法支持系统需求、分析、设计、验证和确认等活动，持续贯穿到所有生命周期阶段。产物包括：在需求分析阶段，产生需求图、用例图及包图；在功能分析与分配阶段，产生顺序图、活动图及状态机（State Machine）图；在设计综合阶段，产生模块定义图、内部块图及参数图等。系统工程的三大支柱：<u>建模语言、建模工具和建模思路</u>。

6.2　系统性能

【基础知识点】

1. 系统性能评价

系统性能评价指标是软件、硬件的性能指标的集成。其中：

（1）评价计算机的主要性能指标有时钟频率（主频）、运算速度、运算精度、数据处理速率（Processing Data Rate，PDR）、吞吐率等。

（2）评价路由器的主要性能指标有设备吞吐量、端口吞吐量、全双工线速转发能力、路由表能力、背板能力、<u>丢包率、时延、时延抖动、协议支持</u>等。评价交换机所依据的性能指标有端口速率、背板吞吐量、缓冲区大小、MAC 地址表大小等。

（3）评价网络的性能指标有<u>设备级性能指标、网络级性能指标、应用级性能指标、用户级性能指标和吞吐量</u>。

（4）评价操作系统的性能指标有<u>系统上下文切换、系统响应时间、系统的吞吐率（量）、系统资源利用率、可靠性和可移植性</u>。

（5）衡量数据库管理系统的主要性能指标有<u>最大并发事务处理能力、负载均衡能力、最大连接数</u>等。

（6）评价 Web 服务器的主要性能指标有<u>最大并发连接数、响应延迟和吞吐量</u>。

2. 性能指标计算

主要方法有定义法、公式法、程序检测法和仪器检测法。计算公式主要有：

（1）每秒百万次指令数（Millions of Instructions Per Second，MIPS）

$$MIPS = 指令条数/(执行时间 \times 10^6)$$

（2）峰值计算，是指计算机每秒钟能完成的浮点计算最大次数。包括理论浮点峰值和实测浮点峰值。

理论浮点峰值= CPU 主频×CPU 每个时钟周期执行浮点运算的次数×系统中 CPU 数

（3）等效指令速度法或吉普森（Gibson）法，早期用加法指令的运算速度来衡量计算机的速度，后来发展为各个指令的运算时间乘以占比。通常加、减法指令占 50%，乘法指令占 15%，除法指令占 5%，程序控制指令占 15%，其他指令占 15%。

$$等效指令时间\ T = \sum_{i=1}^{n} Wi \times Ti$$

式中：Wi 为第 i 种指令的使用占比；Ti 为第 i 种指令的运算时间。

3. 性能调整

性能调整由查找和消除瓶颈组成。对于数据库系统，性能调整主要<u>包括 CPU/内存使用状况、优化数据库设计、优化数据库管理</u>以及<u>进程/线程状态、硬盘 I/O 及剩余空间、日志文件大小</u>等。

对于应用系统，性能调整主要包括<u>应用系统的可用性</u>、<u>响应时间</u>、<u>并发用户数</u>以及<u>特定应用的系统资源占用</u>等。

4. 阿姆达尔（Amdahl）解决方案

阿姆达尔定律：计算机系统中对某一部件采用某种更快的执行方式所获得的系统性能改变程度，取决于这种方式所占总执行时间的比例。加速比的定义：

加速比=使用增强部件时完成整个任务的时间/不使用增强部件时完成整个任务的时间

新的执行时间=原来的执行时间×[(1−增强比例)+增强比例/增强加速比]

总加速比=原来的执行时间/新的执行时间=1/[(1−增强比例)+增强比例/增强加速比]

加速比主要取决于两个因素：在原有的计算机上，能被改进并增强的部分在总执行时间中所占的比例，这个值称为增强比例，它永远小于等于 1；通过增强的执行方式所取得的改进，即如果整个程序使用了增强的执行方式，那么这个任务的执行速度会有多少提高，这个值是在原来条件下程序的执行时间与使用增强功能后程序的执行时间之比。

5. 性能评估

性能评估主要包括：

（1）基准测试程序（Benchmark）定义：应用程序中用得最多、最频繁的那部分核心程序。

基准测试程序中，评测的准确程度依次递减：<u>真实的程序、核心程序、小型基准程序和合成基准程序</u>。基准测试程序有整数测试程序 Dhrystone、浮点测试程序 Linpack、Whetstone 基准测试程序、SPEC 基准测试程序和 TPC 基准程序。

（2）Web 服务器的性能评测方法有<u>基准性能测试、压力测试和可靠性测试</u>。

（3）系统监视的方法通常有<u>系统内置命令、查阅系统日志、可视化技术</u> 3 种方式。

6.3　练习题

1. 霍尔等人于 1969 年提出了系统方法的三维结构体系，通常称为霍尔三维结构，这是系统工程方法论的基础。霍尔三维结构以时间维、　(1)　维、知识维组成的立体结构概括性地表示出系统工程的各阶段、各步骤以及所涉及的知识范围。其中时间维是系统的工作进程，对于一个具体的工程项目，可以分为 7 个阶段，在　(2)　阶段会做出研制方案及生产计划。

（1）A. 空间　　　　　B. 结构　　　　　C. 组织　　　　　D. 逻辑

（2）A. 规划　　　　　B. 拟定　　　　　C. 研制　　　　　D. 生产

解析：霍尔的三维结构，是美国系统工程专家霍尔等人于 1969 年提出的一种系统工程方法论，形成了由时间维、逻辑维和知识维组成的三维空间结构。

时间维分为规划、拟订方案、研制、生产、安装、运行、更新 7 个时间阶段，各阶段工作如下：

①规划阶段。即调研、程序设计阶段，目的在于谋求活动的规划与战略。

②拟订方案。提出具体的计划方案。

③研制阶段。做出研制方案及生产计划。

④生产阶段。生产出系统的零部件及整个系统，并提出安装计划。

⑤安装阶段。将系统安装完毕，并完成系统的运行计划。

⑥运行阶段。系统按照预期的用途开展服务。

⑦更新阶段。即为了提高系统功能，取消旧系统而代之以新系统，或改进原有系统，使之更加有效地工作。

答案：D　A

2. 对计算机评价的主要性能指标有时钟频率、＿＿(1)＿＿、运算精度和内存容量等。对数据库管理系统评价的主要性能指标有＿＿(2)＿＿、数据库所允许的索引数量和最大并发事务处理能力等。

（1）A. 丢包率　　　　B. 端口吞吐量　　　C. 可移植性　　　D. 数据处理速率

（2）A. MIPS　　　　B. 支持协议和标准　　C. 最大连接数　　D. 时延抖动

解析：性能指标，是软、硬件的性能指标的集成。在硬件中，包括计算机、各种通信交换设备、各类网络设备等；在软件中，包括：操作系统、协议以及应用程序等。

评价计算机的主要性能指标有时钟频率（主频）、运算速度、运算精度、数据处理速率（Processing Data Rate，PDR）、吞吐率等。

衡量数据库管理系统的主要性能指标有最大并发事务处理能力、负载均衡能力、最大连接数等。

答案：D　C

3. 峰值 MIPS（每秒百万次指令数）用来描述计算机的定点运算速度，通过对计算机指令集中基本指令的执行速度计算得到。假设某计算机中基本指令的执行需要 5 个机器周期，每个机器周期为 3μs，则该计算机的定点运算速度为（　　　）MIPS。

A. 8　　　　　　B. 15　　　　　　C. 0.125　　　　　D. 0.067

解析：峰值 MIPS 是衡量 CPU 速度的一个指标。根据题干描述，假设某计算机中基本指令的执行需要 5 个机器周期，每个机器周期为 3μs，则该计算机每完成一个基本指令需要 $5×3=15μs$，根据峰值 MIPS 的定义，其定点运算速度为 1/15=0.067MIPS，特别需要注意单位"μs"和"百万指令数"，在计算过程中恰好抵消。详细计算公式如下：

$$MIPS=指令条数/(执行时间×10^6)=1/(5×3×10^{-6}×10^6)=1/15=0.067$$

答案：D

第**7**小时

软件工程基础知识

7.0 章节考点分析

第 7 小时主要学习软件工程、需求工程、系统分析与设计、净室软件工程、基于构件的软件工程、软件项目管理等内容。

根据考试大纲，本小时知识点会涉及单项选择题和下午案例分析题，约占 8～15 分，论文也会有涉及。本小时内容较基础，侧重于概念知识和管理知识。根据以往全国计算机技术与软件专业技术资格（水平）考试的出题规律，考查的知识点多来源于教材，扩展内容较少。本小时知识架构如图 7.1 所示。

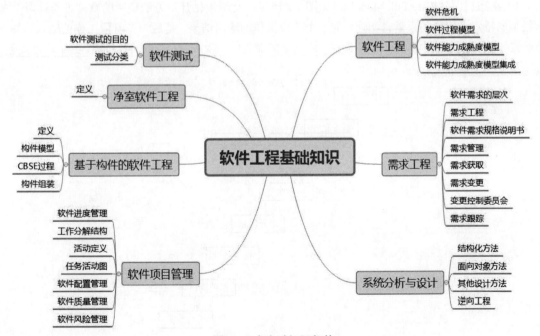

图 7.1 本小时知识架构

【导读小贴士】

软件工程是以工程的管理方法去管理软件项目，涉及的知识点很多，也很重要。像结构化和面向对象在三门考试中都会出题，日常开发中也常常需要面对，所以掌握本小时知识点很重要。本小时的内容比较基础，难度并不大。

7.1 软件工程

【基础知识点】

（1）软件危机（Software Crisis）。具体表现为：软件开发进度难以预测、软件开发成本难以控制、软件功能难以满足用户期望、软件质量无法保证、软件难以维护和软件缺少适当的文档资料。

（2）软件过程模型。软件要经历从需求分析、软件设计、软件开发、运行维护，直至被淘汰这样的全过程，这个全过程就是软件的生命周期。软件生命周期描述了软件从生到死的全过程。为了使软件生命周期中的各项任务能够有序地按照规程进行，需要一定的工作模型对各项任务给予规程约束，这样的工作模型被称为软件过程模型，有时也称为软件生命周期模型。常见的软件过程模型主要包括：

1）瀑布模型（Waterfall Model），如图 7.2 所示，是结构化开发方法使用的软件过程模型。瀑布模型的特点是因果关系紧密相连，前一个阶段工作的输出结果，是后一个阶段工作的输入。每一个阶段工作完成后都伴随着一个里程碑。缺点是需求难以一次确定、变更的代价高、结果难以预见、各阶段工作不能并行。

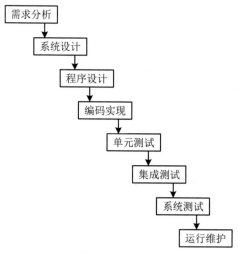

图 7.2　瀑布模型

2）原型模型（Prototype Model），如图 7.3 所示，又称快速原型，是原型方法使用的生命周期模型。原型模型解决了瀑布模型需求难以一次确定、结果难以预见的缺点。原型模型有<u>原型开发和目标软件开发</u>两个阶段。抛弃型原型将原型作为需求确认的手段，在需求确认结束后就被抛弃不用，继续用瀑布模型。演化性原型在需求确认结束后，不断补充和完善原型，直至形成一个完整的产品。

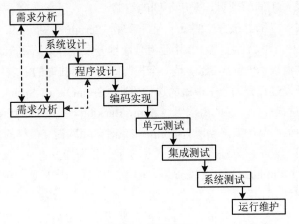

图 7.3　原型模型

3）螺旋模型（Spiral Model），如图 7.4 所示，是在快速原型的基础上结合瀑布模型扩展而成。把整个软件开发流程分成多个阶段，每一个阶段都由<u>目标设定、风险分析、开发和有效性验证、评审</u> 4 部分组成。支持大型软件开发，适用于面向规格说明、面向过程和面向对象的软件开发方法，强调其他模型忽视的<u>风险分析</u>。

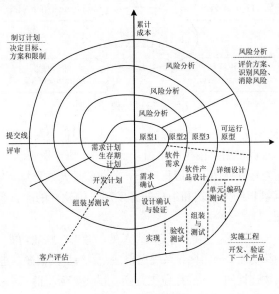

图 7.4　螺旋模型

4）敏捷（Agile）模型，属于敏捷方法使用的模型。敏捷模型主要有极限编程（Extreme Programming，XP）、水晶系列方法、并列争球法（Scrum）、特征驱动开发方法（Feature Driven Development，FDD）等具体的敏捷方法，<u>这些方法的显著特征如下</u>：

● <u>极限编程（XP）</u>：高效、低风险、测试先行（先写测试代码，再编写程序）。

● <u>水晶系列方法</u>：不同的项目，采用不同的策略。

● <u>并列争球法（Scrum）</u>：该方法侧重于项目管理。Scrum 包括一系列实践和预定义角色的过程骨架（是一种流程、计划、模式，用于有效率地开发软件）。在 Scrum 中，使用产品 Backlog 来管理产品的需求，产品 Backlog 是一个按照商业价值排序的需求列表。根据 Backlog 的内容，将整个开发过程分为若干个短的迭代周期（Sprint），在 Sprint 中，Scrum 团队从产品 Backlog 中挑选最高优先级的需求组成 Sprint Backlog。在每个迭代结束时，Scrum 团队将递交潜在可交付的产品增量。当所有 Sprint 结束时，团队提交最终的软件产品。

● <u>特征驱动开发方法</u>：该方法会将开发人员分类，分为指挥者（首席程序员）、类程序员等。

5）软件统一过程（Rational Unified Process，RUP）模型。RUP 是一种重量级过程模型，属于构件化开发使用的软件过程模型。其生命周期是一个二维的软件开发模型，划分为多个循环（Cycle），每个循环生成产品的一个新的版本，每个循环依次由初始、细化、构造和移交 4 个连续的阶段（Phase）组成，每个阶段完成确定的任务。RUP 中有 9 个核心工作流，这 9 个核心工作流分别是：业务建模、需求、分析与设计、实现、测试、部署、配置与变更管理、项目管理、环境。RUP 的特点是<u>用例驱动的、以架构为中心的、迭代和增量的软件开发过程</u>。

RUP 用"4+1"视图模型来描述架构，如图 7.5 所示，后被 UML 吸收采纳。

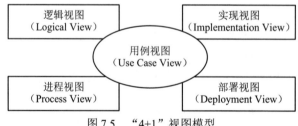

图 7.5 "4+1"视图模型

● 逻辑视图：对应最终用户，主要支持功能性需求，即在为用户提供服务方面系统所应该提供的功能。逻辑视图常用类图、对象图、状态图、协作图表示。

● 实现视图：又称为开发视图，对应程序员，关注软件开发环境下实际模块的组织，描述系统的各部分如何被组织为模块和组件即开发环境中软件的静态组织结构。该视图通常包含包图和组件图。

● 进程视图：又叫过程视图，对应系统集成人员，考虑一些非功能性的需求，如性能和可用性，它可以解决并发性、分布性、系统完整性、容错性的问题。进程视图常用活动图表示。

● 部署视图：又叫物理视图，对应系统工程师。描述如何将前三个视图中所述的系统设计实现为一组现实世界的实体。展示了如何把软件映射到硬件上，它通常要考虑到系统性能、规模、可靠性等。解决系统拓扑结构、系统安装、通信等问题。部署视图常用部署图表示。

- 用例视图：所有其他视图都依靠用例视图（场景）来指导它们，这就是将模型称为"4+1"的原因。

RUP 在每次迭代中，只考虑系统的一部分需求，进行分析、设计、实现、测试和部署等过程。

（3）软件能力成熟度模型（Capability Maturity Model for Software，CMM）。CMM 是一个概念模型，模型框架和表示是刚性的，不能随意改变，但模型的解释和实现有一定弹性。

（4）软件能力成熟度模型集成（Capability Maturity Model Integration for Software，CMMI）。CMMI 是在 CMM 的基础上发展而来的。CMMI 提供了一个软件能力成熟度的框架，它将软件过程改进的步骤组织成 5 个成熟度等级：初始级、已管理级、已定义级、量化管理级、优化级。量化管理级与已定义级的区别是对过程性能的可预测。

7.2　需求工程

【基础知识点】

1. 软件需求的层次

软件需求包括 3 个不同的层次。

（1）业务需求（Business Requirement），反映了组织机构或客户对系统、产品高层次的目标要求。

（2）用户需求（User Requirement），描述了用户使用产品必须要完成的任务，是用户对该软件产品的期望。业务需求和用户需求构成了用户原始需求文档的内容。

（3）功能需求（functional requirement），从系统操作的角度定义了开发人员必须实现的软件功能，来满足业务需求和用户需求。

2. 需求工程（Requirement Engineering，RE）

需求工程是指应用已证实有效的原理、方法，通过合适的工具和记号，系统地描述待开发系统及其行为特征和相关约束。需求工程由需求获取、需求分析、形成需求规格（或称为需求文档化）、需求确认与验证、需求管理 5 个阶段组成。

3. 软件需求规格说明书（Software Requirement Specification，SRS）

SRS 具体包括功能需求、非功能需求和约束。约束包括设计约束和过程约束。批准的 SRS 是需求开发和需求管理之间的桥梁。

4. 需求管理

需求管理是一个对系统需求变更、了解和控制的过程，包括变更控制、版本控制、需求跟踪等活动。

5. 需求获取

需求获取是获得系统必要的特征，或者是获得用户能接受的、系统必须满足的约束。需求获取的基本步骤：

（1）开发高层的业务模型。

（2）定义项目范围和高层需求。

（3）识别用户角色和用户代表。

（4）获取具体的需求。

（5）确定目标系统的业务工作流。

（6）需求整理与总结。

需求获取的方法包括用户面谈、需求专题讨论会、问卷调查、现场观察、原型化方法和头脑风暴法等。

6. 需求变更

需求变更管理过程如图 7.6 所示。

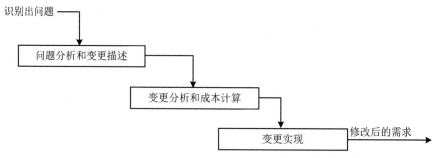

图 7.6 需求变更管理过程

7. 变更控制委员会（Change Control Board，CCB）

CCB 由项目所涉及的多方成员共同组成，通常包括用户和实施方的决策人员。CCB 是决策机构，不是作业机构，通常 CCB 的工作是通过评审手段来决定项目是否能变更，但不提出变更方案。过程及操作步骤为制定决策、交流情况、重新协商约定。

8. 需求跟踪

需求跟踪提供了由需求到产品实现整个过程范围的明确查阅的能力。需求跟踪的目的是建立与维护"需求—设计—编程—测试"之间的一致性，确保所有的工作成果符合用户需求。需求跟踪有正向跟踪和逆向跟踪两种方式，合称为"双向跟踪"。不论采用何种跟踪方式，都要建立与维护需求跟踪矩阵。

7.3 系统分析与设计

【基础知识点】

1. 结构化方法（Structured Analysis and Structured Design，SASD）

结构化方法又称为面向功能的软件开发方法或面向数据流的软件开发方法。针对软件生存周期各个不同的阶段，有结构化分析、结构化设计和结构化编程等方法。

（1）结构化分析（Structured Analysis，SA）。SA 利用图形表达用户需求中的功能需求，使用的手段主要有数据流图（Data Flow Diagram，DFD）、数据字典、结构化语言、判定表以及判定树等。

数据流图（DFD）由 4 种基本元素组成：数据流、处理/加工、数据存储和外部项。

结构化分析具体的建模过程及步骤为明确目标、确定系统范围、建立顶层 DFD 图、构建第一层 DFD 分解图、开发 DFD 层次结构图、检查确认 DFD 图。DFD 图需要满足规则：父图数据流必须在子图中出现；一个处理至少有一个输入流和一个输出流；一个存储必定有流入和流出；一个数据流至少有一端是处理端；模型表达的信息是全面的、完整的、正确的和一致的。

数据字典（Data Dictionary）是一种标记用户可以访问的数据项和元数据的目录，是对系统中使用的所有数据元素定义的集合，包括数据项、数据结构、数据流、数据存储和处理过程。

（2）结构化设计（Structured Design，SD）。SD 是一种面向数据流的设计方法，以 SRS 和 SA 阶段所产生的数据流图和数据字典等文档为基础，是一个自顶向下、逐步求精和模块化的过程。SD 分为概要设计和详细设计两个阶段，其中概要设计的主要任务是确定软件系统的结构，对系统进行模块划分，确定每个模块的功能、接口和模块之间的调用关系；详细设计的主要任务是为每个模块设计实现的细节。

在 SD 中，模块是实现功能的基本单位，一般具有功能、逻辑和状态 3 个基本属性。

耦合表示模块之间联系的程度，耦合度从低到高依次如表 7.1 所示。

表 7.1　模块的耦合类型

耦合类型	描述
非直接耦合	两个模块之间没有直接关系，互相不依赖对方
数据耦合	一组模块借助参数表传递简单数据
标记耦合	一组模块通过参数表传递记录等复杂信息（数据结构）
控制耦合	模块之间传递的信息中包含用于直接控制模块内部逻辑的信息
通信耦合	一组模块共享了输入或输出
公共耦合	多个模块都访问同一个公共数据环境，公共的数据环境可以是全局数据结构、共享的通信区、内存的公共覆盖区等
内容耦合	一个模块直接访问另一个模块的内部数据、一个模块不通过正常入口跳转到另一个模块的内部、两个模块有一部分程序代码重叠、一个模块有多个入口等

内聚表示模块内部各代码成分之间联系的紧密程度，内聚度从高到低的排序见表 7.2。

表 7.2　模块的内聚类型

内聚类型	描述
功能内聚	各个部分协同完成一个单一功能，缺一不可
顺序内聚	处理元素相关，而且必须顺序执行，通常前一任务的输出是后一任务的输入
通信内聚	所有处理元素集中在一个数据结构的区域上
过程内聚	处理元素相关，而且必须按特定的次序执行
时间内聚	所包含的任务必须在同一时间间隔内执行
逻辑内聚	完成逻辑上相关的一组任务，互相存在调用关系
偶然内聚	完成一组没有关系或松散关系的任务，或者仅仅代码相似

模块分解中应遵循"高内聚、低耦合"的设计原则。

概要设计使用系统结构图（Structure Chart，SC），又称为模块结构图，反映了系统的总体结构。

详细设计的主要任务是设计每个模块的实现算法、所需的局部数据结构。详细设计的表示工具有图形工具、表格工具和语言工具。图形有业务流图、程序流程图、问题分析图（Problem Analysis Diagram，PAD）、NS 流程图等。

（3）结构化编程（Structured Programming，SP）。SP 通过顺序、分支和循环三种基本的控制结构可以构造出任何单入口单出口的程序。SP 强调：自顶向下，逐步细化；清晰第一，效率第二；书写规范，缩进格式；基本结构，组合而成。P 原则：程序=(算法)+(数据结构)。两者分开设计，以算法（函数或过程）为主。

（4）数据库设计（概念结构设计部分）。概念结构设计建立抽象的概念数据模型，通常采用实体-联系图（Entity Relationship Diagram，E-R 图）来表示。

2．面向对象（Object-Oriented，OO）方法

面向对象的方法可以分为：

（1）面向对象的分析方法（Object-Oriented Analysis，OOA）。OOA 模型由 5 个层次（主题层、对象类层、结构层、属性层和服务层）和 5 个活动（标识对象类、标识结构、定义主题、定义属性和定义服务）组成。

OOA 的基本原则有抽象、封装、继承、分类、聚合、关联、消息通信、粒度控制和行为分析。OOA 的 5 个基本步骤：确定对象和类、确定结构、确定主题、确定属性、确定方法。

（2）面向对象设计方法（Object-Oriented Design，OOD）。在 OOD 中，数据结构和在数据结构上定义的操作算法封装在一个对象之中。类封装了信息和行为，是具有相同属性、方法和关系的对象集合的总称。类可以分为 3 种类型：

1）实体类：一般来说是一个名词，通常都是永久性需要存储的，例如教师、学生。

2）控制类：是用于控制用例工作的类，控制对象（控制类的实例）通常控制其他对象或协调其他对象的行为，例如登录验证。

3）边界类：用于封装在用例内、外流动的信息或数据流，例如窗口、通信协议、接口等。

（3）面向对象程序设计（Object-Oriented Programming，OOP）。OOP 以对象为核心，该方法认为程序由一系列对象组成。OOP 的基本特点有封装、继承和多态。封装是指将一个计算机系统中的数据以及与这个数据相关的一切操作组装到一起。继承是指一个对象针对于另一个对象的某些独有的特点、能力进行复制或者延续。继承可以分为 4 类，分别为取代继承、包含继承、受限继承和特化继承。多态指同一操作作用于不同的对象，可以产生不同的结果。

（4）数据持久化与数据库。永久保存对象的状态，需要进行对象的持久化（Persistence），把内存中的对象保存到数据库或可永久保存的存储设备中。在多层软件设计和开发中采用持久层（Persistence Layer）专注于实现数据持久化，将对象持久化到关系数据库中，需要进行对象/关系的映射（Object/Relation Mapping，ORM）。目前主流的持久化技术框架包括 Hibernate、iBatis/Mybatis 和 JDO 等。

1）Hibernate：是一个开源的全自动的 ORM 框架，对 JDBC 进行了非常轻量级的对象封装，提供抽象的 HQL 可以自动生成不同数据库的 SQL 语句，优点是具有跨数据库平台的特性。

2）iBatis/Mybatis：提供手动的 ORM 实现，需要程序员手写 SQL，优点是可以结合特定的数据库特性深度优化。

3）Java 数据对象（Java Data Object，JDO）：是 Java 标准中的持久化 API，提供了透明的对象存储，并且不仅仅支持关系数据库，还支持普通文件、XML 文件和对象数据库等。

3．其他设计方法

其他设计方法如构件与软件重用。软件重用是使用已有软件产品来开发新的软件系统的过程，分为水平式重用和垂直式重用两种类型，见表 7.3。

表 7.3　软件重用类型

名称	对象	举例
水平式重用	不同应用领域中的软件元素	标准函数库
垂直式重用	共性应用领域间的软部件	区块链

4．逆向工程（Reverse Engineering）

逆向工程是通过分析已有的程序，寻求比源代码更高级的抽象表现形式（比如文档）的活动，是在不同抽象层级中进行的溯源行为。

逆向工程得出的设计称为设计恢复（Design Recovery），但不一定能够抽象还原到原设计。

重构（Restructuring）是在同一抽象层级中转换系统描述的活动。对逆向工程所形成的系统进行修改或重构，生成的新版本称为重构工程。

逆向工程信息恢复的级别见表 7.4。

表 7.4　逆向工程信息恢复的级别

级别	内容	抽象级别	逆向工程恢复难度	工具支持可能性	人工参与程度
实现级	语法树、符号表	递增	递增	递减	递增
结构级	程序分量间的关系，如调用图				
功能级	功能和程序段之间的关系				
领域级	实体与应用域之间的关系				

7.4　软件测试

【基础知识点】

1．软件测试的目的

测试是确保软件的质量，确认软件以正确的方式做了用户所期望的事情。软件测试通常在规定的时间和成本内完成，以尽量多地发现漏洞，但不能保证发现所有的漏洞。

2．测试分类

（1）根据程序执行状态可分为静态测试（Static Testing，ST）和动态测试（Dynamic Testing，DT）。

（2）根据是否关注具体实现和内部结构可分为黑盒测试、白盒测试和灰盒测试。

（3）根据程序执行的方式来分类可分为人工测试（Manual Testing，MT）和自动化测试（Automatic Testing，AT）。

（4）从阶段上划分，软件测试可以分为单元测试、集成测试、系统测试和验收测试。

1）单元测试主要是对该软件的模块进行测试，往往由程序员自己完成。常采用白盒的静态测试如静态分析、代码审查等，也可以采用自动化的动态测试。

2）集成测试对通过单元测试的模块进行组装测试，以验证组装的正确性，一般采用白盒测试和黑盒测试结合的方法。

3）系统测试检查组装完成的系统是否符合 SRS 的要求。主要测试内容包括功能测试、性能测试、健壮性测试、安全性测试等，结束标志是测试工作已满足测试目标所规定的需求覆盖率，并且测试所发现的缺陷都已全部归零。

4）验收测试是确认系统满足用户需求或者协议的要求，确保系统能支撑业务运行。

（5）其他测试还有 AB 测试、Web 测试、链接测试和表单测试等。

7.5 净室软件工程

净室软件工程（Cleanroom Software Engineering，CSE）是一种在软件开发过程中强调在软件中建立正确性的需要的方法。CSE 的理论基础主要是函数理论和抽样理论。CSE 使用盒子结构规约进行分析和设计建模，并且强调将正确性验证（而不是测试）作为发现和消除错误的主要机制，可以生成质量非常高的软件。CSE 的缺点是太理论化、忽视测试、带有传统软件工程的弊端。

7.6 基于构件的软件工程

1．定义

基于构件的软件工程（Component-Based Software Engineering，CBSE）是一种基于分布对象技术、强调通过可复用构件设计与构造软件系统的软件复用途径。用于 CBSE 的构件应该具备以下特征：

（1）可组装型：所有外部交互必须通过公开定义的接口进行。

（2）可部署性：必须能作为一个独立实体在提供其构件模型实现的构件平台上运行。

（3）文档化：构件必须是完全文档化的。

（4）独立性：构件应该是独立的，如确实需要其他构件提供服务，则应显示声明。

（5）标准化：必须符合某种标准化的构件模型。

2．构件模型

构件模型定义了构件实现、文档化以及开发的标准。目前主流的构件模型是 Web Services 模型、Sun 公司的 EJB 模型和微软的.NET 模型。构件模型包含了一些模型要素如接口、使用信息和部署信息。构件模型提供了一组被构件使用的通用服务，包括平台服务和支持服务。容器是构件模型基础设施，是支持服务的一个实现加上一个接口定义，构件必须提供该接口定义以便和容器整合在一起。

3．CBSE 过程

支持基于构件组装的软件开发过程主要包括：

（1）系统需求概览。

（2）识别候选构件。

（3）根据发现的构件修改需求。

（4）体系结构设计。

（5）构件定制与适配。

（6）组装构件，创建系统。

CBSE 过程与传统的软件开发过程的不同点：

（1）早期需要完整的需求，以便尽可能多地识别出可复用的构件。

（2）早期阶段根据可利用的构件来细化和修改需求以匹配 CBSE。

（3）架构设计完成后，可能需要修改构件以适合功能和架构的需求。

（4）开发过程就是组装构件的过程，有时需要开发适配器。

（5）CBSE 中的架构设计阶段特别重要，决定和限制了可选构件的范围。

4．构件组装

常见的构件组装有顺序组装、层次组装和叠加组装 3 种组装方式。构件组装可能面临接口不兼容的问题，常见的有参数不兼容、操作不兼容和操作不完备 3 种。这时需要编写适配器构件来解决不兼容的问题。

7.7　软件项目管理

（1）软件进度管理一般包括活动定义、活动排序、活动资源估计、活动历时估计、制定进度计划和进度控制 6 个过程。

（2）工作分解结构（Work Breakdown Structure，WBS）是把一个项目，按一定的原则分解成任务，任务再分解成一项项工作，再把一项项工作分配到每个人的活动中，直到分解不下去为止。以可交付成果为导向，对项目要素进行的分组，总是处于计划过程的中心。

（3）活动定义是指确定完成项目的各个可交付成果所必须进行的各项具体活动，还需要明确每个活动的前驱、持续时间、必须完成日期、里程碑或可交付成果。

（4）任务活动图是项目进度管理、项目成本管理等一系列项目管理活动的基础，通常采用甘特图等方式来展示和管理项目活动。

（5）软件配置管理（Software Configuration Management，SCM）是一种标识、组织和控制修改的技术。SCM 的目的是使错误降为最小并最有效地提高生产效率。SCM 的核心内容包括版本控制和变更控制。版本控制（Version Control）是指对软件开发过程中各种文件变更的管理，最主要的功能就是追踪和记录文件的变更、并行开发。变更控制（Change Control）是指对变更进行管理，确保变更有序进行。

（6）软件质量管理。软件质量就是软件与明确地和隐含地定义的需求相一致的程度。软件质量保证（Software Quality Assurance，SQA）的目的是使软件过程对于管理人员来说是可见的。

SQA 的主要任务是：

1）SQA 审计与评审，包括对软件工作产品、软件工具和设备的审计，评审开发组的行为符合预定的过程。

2）SQA 报告。

3）处理不符合问题。

软件质量认证，国内软件企业主要采用的是 ISO 9001 和 CMM。

（7）软件风险管理。软件项目风险是指在软件开发过程中遇到的预算和进度等方面的问题以及这些问题对软件项目的影响。风险管理的主要目标是预防风险，及应对发生的风险。风险管理活动可以分为：

1）Bochm 把风险管理活动分成风险估计（风险辨识、风险分析、风险排序）和风险控制（风险管理计划、风险处理、风险监督）两大阶段。

2）Charette 把风险分成分析（辨识、估计、评价）和管理（计划、控制、监督）两大阶段。

7.8 练习题

1．螺旋模型在（　　）的基础上扩展而成。

    A．瀑布模型　　　　B．快速原型模型　　　C．快速模型　　　D．面向对象模型

解析：螺旋模型是在快速原型模型的基础上扩展而成的。

答案：B

2．__（1）__ 适用于程序开发人员在地域上分布很广的开发团队。__（2）__ 中，编程开发人员分成首席程序员和"类"程序员。

（1）A．水晶系列（Crystal）开发方法　　　　B．开放式源码（Open Source）开发方法

      C．Scrum 开发方法　　　　　　　　　　D．功用驱动开发方法（FDD）

（2）A．自适应软件开发（ASD）　　　　　　B．极限编程（XP）开发方法

      C．开放系统—过程开发方法（OpenUP）　　D．功用驱动开发方法（FDD）

解析：

（1）在所有的敏捷型方法中，极限编程（Extreme Programming，XP）是最引人瞩目的。它源

于 Smalltalk 圈子，特别是 Kent Beck 和 Ward Cunningham 在 20 世纪 80 年代末的密切合作。XP 在一些对费用控制严格的公司中的使用，已经被证明是非常有效的。

（2）Cockburn 的水晶系列方法。水晶系列方法是由 Alistair Cockburn 提出的，它与 XP 方法一样，都有以人为中心的理念，但在实践上有所不同。Alistair 考虑到人们一般很难严格遵循一个纪律约束很强的过程，因此，与 XP 的高度纪律性不同，Alistair 探索了用最少纪律约束而仍能成功的方法，从而在产出效率与易于运作上达到一种平衡。也就是说，虽然水晶系列不如 XP 产出效率高，但会有更多的人能够接受并遵循它。

（3）开放式源码指的是开放源码界所用的一种运作方式。开放式源码项目有一个特别之处，就是程序开发人员在地域上分布很广，这使得它和其他敏捷方法不同，因为一般的敏捷方法都强调项目组成员在同一地点工作。开放源码的一个突出特点就是查错排障（Debug）的高度并行性，任何人发现了错误都可将改正源码的"补丁"文件发给维护者。然后由维护者将这些"补丁"或是新增的代码并入源码库。

（4）Scrum。Scrum 已经出现很久了，像前面所论及的方法一样，该方法强调这样一个事实，即明确定义了的可重复的方法过程只限于在明确定义了的可重复的环境中，为明确定义了的可重复的人员所用，去解决明确定义了的可重复的问题。

（5）功用驱动开发方法（Feature Driven Development，FDD）是由 Jeff De Luca 和 Peter Coad 提出来的。像其他方法一样，它致力于短时的迭代阶段和可见可用的功能。在 FDD 中，一个迭代周期一般是两周。

在 FDD 中，编程开发人员分成两类：首席程序员和"类"程序员（Class Owner）。首席程序员是最富有经验的开发人员，他们是项目的协调者、设计者和指导者，而"类"程序员则主要做源码编写。

（6）ASD 方法。ASD（Adaptive Software Development）方法由 Jim Highsmith 提出，其核心是三个非线性的、重叠的开发阶段：猜测、合作与学习。

答案：B D

3．需求管理是一个对系统需求变更、了解和控制的过程。以下活动中，（ ）不属于需求管理的主要活动。

    A．文档管理   B．需求跟踪   C．版本控制   D．变更控制

解析：需求管理的活动包括变更控制、版本控制和需求跟踪等。

答案：A

4．结构化程序设计采用自顶向下、逐步求精及模块化的程序设计方法，通过（ ）三种基本的控制结构可以构造出任何单入口单出口的程序。

    A．顺序、选择和嵌套   B．顺序、分支和循环

    C．分支、并发和循环   D．跳转、选择和并发

解析：结构化程序设计采用自顶向下、逐步求精及模块化的程序设计方法，通过顺序、分支和循环三种基本的控制结构可以构造出任何单入口单出口的程序。

答案：B

第8小时

数据库设计基础知识

8.0 章节考点分析

第 8 小时主要学习数据库基础概念、关系数据库、数据库设计、应用程序与数据库交互、NoSQL 数据库等内容。本小时内容侧重于概念知识，知识点会涉及单选题（约占 2~5 分）和案例题（25 分），根据以往全国计算机技术与软件专业技术资格（水平）考试的出题规律，考查的知识点多源于教材，扩展内容较少。本小时知识架构如图 8.1 所示。

图 8.1　本小时知识架构

【导读小贴士】

作为一名合格的系统架构师，必须掌握数据库设计的基本概念和方法。本小时介绍数据库技术的发展历程以及数据模型、主流的关系数据库、数据库设计的步骤与方法、新型数据库 NoSQL。系统架构设计师考试中的一些案例分析题会来自本小时的内容。建议考生在理解的基础上掌握核心知识点，学会灵活应用。

8.1 数据库基础概念

【基础知识点】

1. 基础概念

（1）数据（Data）：是描述事物的符号记录，它具有多种表现形式，如文字、图形、图像、声音和语言等。

（2）数据库系统（DataBase System，DBS）：是一个采用了数据库技术，有组织地、动态地存储大量相关联数据，从而方便多用户访问的计算机系统。

（3）数据库（DataBase，DB）：是统一管理的、长期储存在计算机内的，有组织的相关数据的集合。

（4）数据库管理系统（DataBase Management System，DBMS）：是数据库系统的核心软件，是由一组相互关联的数据集合和一组用以访问这些数据的软件组成。DBMS 通常分三类：关系数据库系统（Relation DataBase System，RDBS）、面向对象的数据库系统（Object-Oriented DataBase Systems，OODBS）、对象关系数据库系统（Objective Relational DataBase System，ORDBS）。

2. 发展阶段

（1）人工管理阶段。

特点：数据量较少、数据不保存、没有软件系统对数据进行处理。

缺点：应用程序与数据之间依赖性太强、数据组与数据组之间存在数据冗余。

（2）文件系统阶段。

特点：数据可长期保留、数据不属于某个特定应用、文件组织形式多样化。

缺点：数据冗余、数据不一致性、数据孤立。

（3）数据库系统阶段。

特点：采用复杂的数据模型表示数据结构、有较高的数据独立性。

优点：对应用程序的高度独立性、数据的充分共享性、操作方便性。

3．数据模型

数据模型三要素：数据结构、数据操作、数据的约束条件。其中，数据的约束条件包括：

（1）实体完整性。实体完整性是指实体的主属性不能取空值。

（2）参照完整性。在关系数据库中主要是指外键参照的完整性。若 A 关系中的某个或者某些属性参照 B 关系或其他几个关系中的属性，那么在关系 A 中该属性要么为空，要么必须出现在 B 关系或者其他的关系的对应属性中。

（3）用户定义完整性。用户定义完整性反映的是某一个具体应用所对应的数据必须满足一定的约束条件。例如，软考成绩不能小于 0，也不能大于 75。

4．数据库管理系统

数据库管理系统的主要功能包括数据定义，数据库操作，数据库运行管理，数据组织、存储和管理，数据库的建立和维护。数据库管理系统的特点：数据结构化且统一管理、有较高的数据独立性、数据控制功能。数据控制功能包括：保证护具的安全性和完整性以及并发控制的能力。

5．数据库三级模式两级映像

数据库一般采用三级模式，其体系结构如图 8.2 所示，系统开发人员需要通过视图层、逻辑层和物理层三个层次上的抽象来降低用户屏蔽系统的复杂性，简化用户与系统的交互。从数据库管理系统的角度，数据库也分为外模式、概念模式和内模式。具体概念见表 8.1。

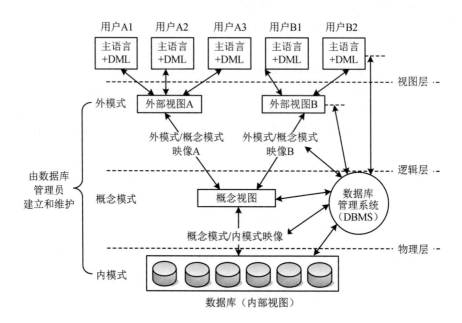

图 8.2　数据库系统体系结构

数据库系统在三级模式之间提供了两级映像：概念模式/内模式映像、外模式/概念模式映像。这两级映像保证了数据库中的数据具有较高的逻辑独立性和物理独立性。具体见表 8.2。

表 8.1　数据库的三级模式

概念模式	外模式	内模式
是数据库中全体数据的逻辑结构和特征的描述，是所有用户的公共数据视图	又叫子模式或用户模式，用以描述用户看到或使用的那部分数据的逻辑结构，用户根据外模式用数据操作语句或应用程序去操作数据库中的数据	是数据物理结构和存储方式的描述，是数据在数据库内部的表示方式，定义所有的内部记录类型、索引和文件的组织方式等

表 8.2　数据库的两级映像

逻辑独立性	物理独立性
对应外模式和概念模式之间的映像。指应用程序与数据库中的逻辑结构独立，当数据的逻辑结构改变时，应用程序不变	对应概念模式和内模式之间的映像。指应用程序与磁盘中的数据互相独立。当数据的物理存储改变时，应用程序不变

8.2　关系数据库

【基础知识点】

1. 基本概念

（1）属性（Attribute）：在现实世界中，要描述一个事物常常取若干特征来表示。这些特征称为属性。

（2）域（Domain）：每个属性的取值范围对应一个值的集合，称为该属性的域。

（3）目或度（Degree）：目或度指的是一个关系中属性的个数。

（4）候选码（Candidate Key）：若关系中的某一属性或属性组的值，能唯一地标识一个元组，则称该属性或属性组为候选码。

（5）主码（Primary Key）：或称主键，若一个关系有多个候选码，则选定其中一个作为主码。

（6）主属性（Prime Attribute）：包含在任何候选码中的属性称为主属性。

（7）外码（Foreign Key）：如果关系模式 R 中的属性或属性组不是该关系的码，但它是其他关系的码，那么该属性对关系模式 R 而言是外码。

（8）全码（All-key）：关系模型的所有属性组是这个关系模式的候选码，称为全码。

2. 关系代数运算

关系代数的运算符有 4 类：集合运算符、专门的关系运算符、算术比较符和逻辑运算符，系统架构设计师考试重点考查集合运算符与专门的关系运算符。集合运算符、专门的关系运算符的含义及解释详见表 8.3。

关系代数的运算中还有一类是属于扩展的关系代数运算，可以从基本的关系运算中导出。系统架构设计师考试关注的是外连接运算，这是连接运算的一种扩展。外连接运算包括左外连接、右外连接、完全外连接。具体见表 8.4。

表 8.3　集合运算符和专门的关系运算符的含义及解释

运算符		含义	解释
集合运算符	∪	并	关系 R 与 S 的并是由属于 R 或属于 S 的元组构成的集合
	－	差	关系 R 与 S 的差是由属于 R 但不属于 S 的元组构成的集合
	∩	交	关系 R 与 S 的交是由属于 R 同时又属于 S 的元组构成的集合
	×	笛卡儿积	两个关系分别为 n 列和 m 列的关系 R 和 S 的笛卡儿积是一个（$n+m$）列的元组的集合。其中的前 n 列是关系 R 的一个元组，后 m 列是关系 S 的一个元组，记作 R×S，如果 R 和 S 有相同的属性名，可在属性名前加关系名作为限定，以示区别。若 R 有 $K1$ 个元组，S 有 $K2$ 个元组，则 R 和 S 的笛卡儿积有 $K1 \times K2$ 个元组
专门的关系运算符	σ	选择	取得关系 R 中符合条件的行
	π	投影	取得关系 R 中符合条件的列
	⋈	连接	等值连接：选取关系 R、S，取两者笛卡儿积中属性值相等的元组。自然连接：一种特殊的等值连接，它要求比较的属性列必须是相同的属性组，并且把结果中重复属性去掉
	÷	除	给定关系 R(X，Y) 和 S(Y，Z)，其中 X，Y，Z 为属性组。R 中的 Y 与 S 中的 Y 可以有不同的属性名，但必须出自相同的域集。R 与 S 的除运算得到一个新的关系 P(X)，P 是 R 中满足下列条件的元组在 X 属性列上的投影：元组在 X 上分量值 x 的象集 Yx 包含 S 在 Y 上投影的集合

表 8.4　外连接运算符

运算符	含义	名词解释
⟕	左外连接	取出左侧关系中所有与右侧关系中任一元组都不匹配的元组，用空值 null 填充所有来自右侧关系的属性，构成新的元组，将其加入自然连接的结果中
⟖	右外连接	取出右侧关系中所有与左侧关系中任一元组都不匹配的元组，用空值 null 填充所有来自左侧关系的属性，构成新的元组，将其加入自然连接的结果中
⟗	完全外连接	完成左外连接和右外连接的操作。即填充左侧关系中所有与右侧关系中任一元组都不匹配的元组，并填充右侧关系中所有与左侧关系中任一元组都不匹配的元组，将产生的新元组加入自然连接的结果中

3．关系数据库设计基本理论

（1）函数依赖：设 R(U)是属性 U 上的一个关系模式，X 和 Y 是 U 的子集，r 是 R 的任一关系，如果对于 r 中的任意两个元组 u 和 v，只要有 u[X]=v[X]，就有 u[Y]=v[Y]，则称 X 函数决定 Y，或称 Y 函数依赖于 X，记为 X→Y。函数依赖是一种最重要、最基本的数据依赖。而关系数据库设计理论的核心就是数据间的函数依赖。

（2）非平凡的函数依赖：如果 X→Y，Y⊄X，则称 X→Y 是非平凡的函数依赖。

（3）平凡的函数依赖：如果 X→Y，但 Y⊆X，则称 X→Y 是平凡的函数依赖。

（4）完全函数依赖：例如，有学生关系模式（学号，系号，系主任，课程号，成绩），该关系模式的主码是学号+课程号，（学号，课程号）→成绩是完全函数依赖。

（5）部分函数依赖：上述例子中，（学号，课程号）→系号就属于部分函数依赖，因为对于系号来说有学号就可以推出系号。

（6）传递依赖：上述例子中，学号→系号，系号→系主任名，则称系主任名传递依赖于学号。

（7）函数依赖的公理系统（Armstrong 公理系统）：从已知的一些函数依赖，可以推导出另外一些函数依赖，这就需要一系列推理规则，这些规则常被称作"Armstrong 公理"。

设关系式 R(U，F)，U 是关系模式 R 的属性集，F 是 U 上的一组函数依赖，则有以下三条推理规则：

1）A1 自反律：若 $Y \subseteq X \subseteq U$，则 $X \rightarrow Y$ 为 F 所蕴含。

2）A2 增广律：若 $X \rightarrow Y$ 为 F 所蕴含，且 $Z \subseteq U$，则 $XZ \rightarrow YZ$ 为 F 所蕴含。

3）A3 传递律：若 $X \rightarrow Y$，$Y \rightarrow Z$ 为 F 所蕴含，则 $X \rightarrow Z$ 为 F 所蕴含。

根据上面三条推理规则，又可推出下面三条推理规则：

1）合并规则：若 $X \rightarrow Y$，$X \rightarrow Z$，则 $X \rightarrow YZ$ 为 F 所蕴含。

2）伪传递规则：若 $X \rightarrow Y$，$WY \rightarrow Z$，则 $XW \rightarrow Z$ 为 F 所蕴含。

3）分解规则：若 $X \rightarrow Y$，$Z \subseteq Y$，则 $X \rightarrow Z$ 为 F 所蕴含。

4. 关系数据库的规范化

关系数据库设计的方法之一就是设计满足适当范式的模式，通常可以通过判断分解后的模式达到几范式来评价模式的规范化程度。范式包括：1NF、2NF、3NF、BCNF、4NF、5NF。根据系统架构设计师考试的要求，这里重点介绍 1NF、2NF、3NF、BCNF 的基本概念。

（1）第一范式（1NF）：若关系模式 R 的每一个分量是不可再分的数据项，则关系模式 R 属于第一范式。

（2）第二范式（2NF）：若关系模式 R∈1NF，且每一个非主属性完全依赖主码时，则关系式 R 是 2NF（第二范式）。

（3）第三范式（3NF）：当 2NF 消除了非主属性对主码的传递函数依赖，则称为 3NF。

（4）BC 范式（BCNF）：如果关系模式 R∈1NF，且每个属性都不传递依赖于 R 的候选码，那么称 R 是 BCNF 模式。

上述 4 种范式之间有如下联系：BCNF⊂3NF⊂2NF⊂1NF。

5. 事务管理

DBMS 运行的基本工作单位是事务，事务是用户定义的一个数据库操作序列，这些操作序列要么全做，要么全都不做，是一个不可分割的工作单位。事务具有的四个特性（ACID）：

（1）原子性（Atomicity）：事务是数据库的逻辑工作单位，事务的所有操作在数据库中要么全做，要么全都不做。

（2）一致性（Consistency）：事务的执行使数据库从一个一致性状态变成另一个一致性状态。

（3）隔离性（Isolation）：一个事务的执行不能被其他事务干扰。

（4）持久性（Durability）：指一个事务一旦提交，它对数据库的改变必须是永久的，即便系统出现故障时也是如此。

6. 相关的 SQL 语句

（1）BEGIN TRANSACTION：事务开始语句。

（2）COMMIT：事务提交语句，表示事务执行成功地结束，把事务对数据库的修改写入磁盘（事务对数据库的操作首先是在缓冲区中进行的）。

（3）ROLL BACK：事务回滚语句，表示事务执行不成功地结束，即把事务对数据库的修改进行恢复。

7. 并发控制

在多用户共享系统中，许多事务可能同时对同一数据进行操作，称为并发操作，此时数据库管理系统的并发控制子系统负责协调并发事务的执行，保证数据库的完整性不受破坏，同时避免用户得到不正确的数据。并发控制的主要技术是封锁，主要有两种类型的封锁，分别是 X 封锁和 S 封锁。

（1）排他型封锁（X 封锁）：如果事务 T 对数据 A（可以是数据项、记录、数据集以至整个数据库）实现了 X 封锁，那么只允许事务 T 读取和修改数据 A，其他事务要等事务 T 解除 X 封锁以后，才能对数据 A 实现任何类型的封锁。可见 X 封锁只允许一个事务独锁某个数据，具有排他性。

（2）共享型封锁（S 封锁）：如果事务 T 对数据 A 实现了 S 封锁，那么允许事务 T 读取数据 A，但不能修改数据 A，在所有 S 封锁解除之前决不允许任何事务对数据 A 实现 X 封锁。

8. 数据库的备份与恢复

（1）备份（转储）与恢复：备份是指通过数据转储和监理日志文件的方法监理冗余数据，DBA 定期地将整个数据库复制到磁带或另一个磁盘上保存起来的过程。这些备用的数据文本称为后备副本。数据库的恢复是指把数据库从错误状态恢复到某一个已知的正确状态的功能。当数据库遭到破坏后，就可以利用后备副本把数据库恢复，这时数据库只能恢复到备份时的状态，从那以后的所有更新事务必须重新运行才能恢复到故障时的状态。

（2）备份分类包括以下 4 种：

1）静态备份：指备份期间不允许（或不存在）对数据库进行任何存取、修改活动。静态备份简单，但备份必须等待用户事务结束才能进行，新的事务必须等待备份结束才能执行。这降低了数据库的可用性。

2）动态备份：指备份期间允许对数据库进行存取或修改，即备份和用户事务可以并发执行。动态备份可克服静态备份的缺点，但备份结束时后援副本上的数据并不能保证正确有效。

3）海量备份：指每次备份全部数据库。

4）增量备份：指每次只备份上次备份后更新过的数据。如果数据库很大，事务处理又十分频繁，则增量备份方式是很有效的。

（3）数据库的 4 类故障：事务故障、系统故障、介质故障、计算机病毒。事务故障的恢复有两个操作：撤销事务（UNDO）和重做事务（REDO）。介质故障的恢复由数据库管理员装入数据库的副本和日记文件副本，再由系统执行撤销和重做操作。

8.3　数据库设计

【基础知识点】

（1）数据库设计的基本步骤。可以分为用户需求分析、概念结构设计、逻辑结构设计、物理结构设计、应用程序设计、运行维护。

（2）数据需求分析。用户需求分析是综合各用户的应用需求，对现实世界要处理的对象进行详细调查，在了解先行系统的概况，确定新系统功能的过程中，协助用户明确对新系统的信息要求、处理要求和系统要求，确定新系统的边界。

（3）概念结构设计。概念数据模型又称为实体-联系模型，它按照用户的观点来对数据和信息建模，主要用于数据库设计。概念模型主要用实体-联系方法（Entity-Relationship Approach）表示，简称 E-R 方法。概念结构设计工作步骤包括：选择局部应用、逐一设计分 E-R 图和 E-R 图合并。在进行 E-R 图合并时，需解决属性冲突、命名冲突和结构冲突。E-R 模型简称 E-R 图，是描述概念世界、建立概念模型的实用工具。E-R 图的三个要素有：

1）实体（型）：用矩形框表示，框内标注实体名称。

2）属性：用椭圆形表示，并用连线与实体连接起来。

3）实体之间的联系：用菱形框表示，框内标注联系名称，用连线将菱形框分别与有关实体相连，并在连线上注明联系类型。

（4）逻辑结构设计。逻辑结构设计阶段主要工作步骤包括确定数据模型、将 E-R 图转换成指定的数据模型、确定完整性约束和确定用户视图。

（5）物理设计。物理设计主要工作步骤包括确定数据分布、存储结构和访问方式。

（6）数据库实施。数据库实施是根据逻辑和物理设计的结果，在计算机上建立实际的数据库结构，数据加载（装入），进行试运行和评价。

（7）数据库运行维护。数据库运行维护主要包括对数据库性能的监测和改善、故障恢复、数据库的重组和重构。在数据库运行阶段，对数据库的维护主要由 DBA 完成。

（8）商业智能。商业智能（Business Intelligence，BI）是企业对商业数据的搜集、管理和分析的系统过程，目的是使企业的各级决策者获得知识或洞察力，帮助他们作出对企业更有利的决策。一般认为数据仓库、联机分析处理（OLAP）和数据挖掘是商业智能的三大组成部分。

（9）数据仓库（Data Warehouse）是一个面向主题的、集成的、相对稳定且随时间变化的数据集合，用于支持管理决策。数据仓库的关键特征是：面向主题、集成的、非易失的、时变的。

传统数据库与数据仓库的比较见表 8.5。

OLTP 与 OLAP 的比较：OLTP 即联机事务处理，就是我们经常说的关系数据库的基础；OLAP 即联机分析处理，是数据仓库的核心部分。OLTP 与 OLAP 的具体区别见表 8.6。

表 8.5 传统数据库与数据仓库的比较

比较项目	传统数据库	数据仓库
数据内容	当前值	历史的、归档的、归纳的、计算的数据（处理过的）
数据目标	面向业务操作程序、重复操作	面向主体域，分析应用
数据特性	动态变化、更新	静态、不能直接更新，只能定时添加、更新
数据结构	高度结构化、复杂，适合操作计算	简单、适合分析
使用频率	高	低
数据访问量	每个事务一般只访问少量记录	每个事务一般访问大量记录
对响应时间的要求	计时单位小，如秒	计时单位相对较大，除了秒，还有分钟、小时

表 8.6 OLTP 与 OLAP 的区别

项目	OLTP	OLAP
用户	操作人员、低层管理人员	决策人员、高级管理人员
功能	日常操作处理	分析决策
DB 设计	面向应用	面向主题
数据	当前的、最新的、细节的、二维的、分立的	历史的、聚集的、多维的、集成的、统一的
存取	读/写数十条记录	读上百万条记录
工作单位	简单的事务	复杂的查询
用户数	上千个	上百个
DB 大小	100MB 至 GB 级	100GB 至 TB 级

（10）数据挖掘。数据挖掘是在没有明确假设的前提下去挖掘信息、发现知识。数据挖掘所得到的信息应具有先知、有效和实用三个特征。先前未知的信息是指该信息是预先未曾预料到的，即数据挖掘是要发现那些不能靠直觉发现的信息或知识，甚至是违背直觉的信息或知识，挖掘出的信息越是出乎意料，就可能越有价值。

8.4 应用程序与数据库的交互

【基础知识点】

常见应用程序与数据库交互方式有库函数、嵌入式 SQL、通用数据接口标准和对象关系映射等。

1. 库函数级别访问接口

库函数级别的数据访问接口是数据库提供的最底层的高级程序语言访问数据接口，如 Oracle 数据库的 Oracle Call Interface（OCI）。OCI 由一组应用程序开发接口（API）组成，实际是将结构化查询语言（SQL）和高级语言程序相结合。其缺点是强依赖于特定的数据库，需数据库开发人员对数据库机制有较深的理解，学习难度较大，开发效率不是很高。

2. 嵌入式 SQL 访问接口

嵌入式 SQL（Embeded SQL）是一种将 SQL 语句直接写入某些高级程序语言源代码中的方法。

3. 通用数据接口标准

开放数据库连接（Open DataBase Connectivity，ODBC）是为解决异构数据库间的数据共享产生的。优点是不依赖于任何 DBMS，能以统一的方式处理所有的关系数据库。常见数据库接口包括数据库访问对象（Data Access Object，DAO）、远程数据库对象（Remote Data Object，RDO）、ActiveX 数据对象（Active Data Object，ADO）、Java 数据库连接（java DataBase Connection，JDBC）。

4. ORM 访问接口

对象关系映射（Object Relationship Mapping，ORM）用于实现面向对象编程语言里不同类型系统数据之间的转换。典型的 ORM 框架有 Hibernate、Mybatis 和 JPA 等。

（1）Hibernate：全自动化的框架，强大、复杂、笨重、学习成本高。

（2）Mybatis：半自动的框架。

（3）JPA：Java 自带的框架。

8.5　NoSQL 数据库

【基础知识点】

1. 分类与特点

NoSQL 是一种概念，泛指非关系型的数据库，区别于关系数据库，它们不保证关系数据的 ACID 特性。NoSQL 数据库按照所使用的数据结构的类型，可分为列式存储数据库、键值对存储数据库、文档型数据库、图数据库。

（1）列式存储数据库用来应对分布式存储的海量数据，键仍然存在，特点是指向了多个列。现有产品如 Cattandra、HBate、Riak。

（2）键值对存储数据库优势是简单、易部署。但是只对部分值查询或更新时效率低下。现有产品如 Tokzo Cabinet/Tzranu、Redis、Voldemort、Oracle BDB。

（3）文档型数据库在处理网页等复杂数据时，比传统键值对数据库查询效率更高，现有产品如 CouchDB、MongoDB、SequoiaDB。

（4）图数据库适合存储通过图进行建模的数据，如社交网络数据、生物信息网络数据，交通网络数据等。常见产品有 Neo4J、InfoGrid、Infinite Graph 等。

NoSQL 特征：易扩展、大数据量、高性能、灵活的数据模型、高可用。

2. 体系框架

NoSQL 整体框架由下至上分为数据持久层（Data Persistence）、数据分布层（Data Distribution Model）、数据逻辑模型层（Data Logical Model）和接口层（Interface）。

NoSQL 数据库适用情况：数据模型比较简单、需灵活性更强的 IT 系统、对数据库性能要求较高、不需要高度的数据一致性。

8.6　分布式数据库

【基础知识点】

1. 体系结构

分布式数据库的体系结构如图 8.3 所示。

（1）全局视图：全局视图（全局外模式）是全局应用的用户视图，是全局概念模式的子集，该层直接与用户（或应用程序）交互。

（2）全局概念模式：全局概念模式定义分布式数据库中数据的整体逻辑结构，数据就如同根本没有分布一样，可用传统的集中式数据库中所采用的方法进行定义。

（3）分片模式：将一个关系模式分解成为几个数据片。

（4）分配模式：分布式数据库的本质特性就是数据分布在不同的物理位置。分配模式的主要职责是定义数据片段（即分片模式的处理结果）的存放节点。

（5）局部概念模式：局部概念模式是局部数据库的概念模式。

（6）局部内模式：局部内模式是局部数据库的内模式。

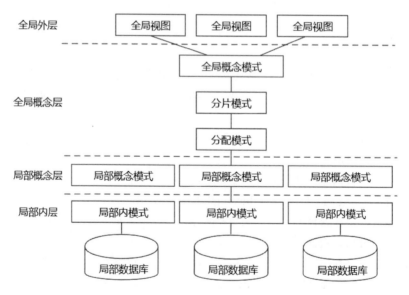

图 8.3　分布式数据库体系结构

2. 特点

分布式数据库具有如下特点：

（1）共享性：不同的节点的数据共享。

（2）自治性：每个节点对本地数据都能独立管理。

（3）可用性：某一场地故障时，可以使用其他场地上的副本而不至于使整个系统瘫痪。

（4）分布性：数据分布在不同场地上存储。

3．分布透明性

分布透明性是指用户不必关心数据的逻辑分片，不必关心数据存储的物理位置分配细节，也不必关心局部场地上数据库的数据模型。分布透明性包括分片透明性、位置透明性和局部数据模型透明性。

（1）分片透明性是分布透明性的最高层次。所谓分片透明性是指用户或应用程序只对全局关系进行操作而不必考虑数据的分片。

（2）位置透明性是分布透明性的下一层次。所谓位置透明性是指用户或应用程序应当了解分片情况，但不必了解片段的存储场地。

（3）局部数据模型透明性（逻辑透明）是指用户或应用程序应当了解分片及各片断存储的场地，但不必了解局部场地上使用的是何种数据模型。

8.7　数据库优化技术

【基础知识点】

1．集中式数据库优化技术

集中式数据库性能优化最常见的是反规范化设计，主要包括增加冗余列、增加派生列、重新组表、水平分割表、垂直分割表。

（1）增加冗余列。增加冗余列是指在多个表中具有相同的列，它常用来在查询时避免连接操作。

（2）增加派生列。增加派生列指增加的列可以通过表中其他数据计算生成。它的作用是在查询时减少计算量，从而加快查询速度。

（3）重新组表。重新组表指如果许多用户需要查看两个表连接出来的结果数据，则把这两个表重新组成一个表来减少连接，从而提高性能。

（4）水平分割表。按记录进行分割，把数据放到多个独立的表中，主要用于表数据规模很大、表中数据相对独立或数据需要存放到多个介质上时使用。

（5）垂直分割表。对表进行分割，将主键与部分列放到一个表中，主键与其他列放到另一个表中，在查询时减少 I/O 次数。

反规范化设计的优点是避免进行表之间的连接操作，从而可以提高数据操作的性能；缺点是会造成数据的重复存储，浪费了磁盘空间，会产生数据的不一致性问题。若要避免数据不一致的问题，可以通过设置触发器、采用事务机制（适用于单体数据库中）、应用保证（适用于异构数据库之间）以及批处理脚本的方式，这些方式的优缺点这里不再赘述。

2. 分布式数据库优化技术

分布式数据库的性能优化可以采用主从复制、读写分离、分表、分库等技术。

（1）主从复制。主从复制是建立一个和主数据库完全一样的数据库环境，称为从数据库。这样做的好处是：

1）做数据的热备。作为后备数据库，主数据库服务器故障后，可切换到从数据库继续工作，避免数据丢失。

2）架构的扩展。业务量越来越大，I/O 访问频率过高，单机无法满足，此时做多库的存储，降低磁盘 I/O 访问的频率，提高单个机器的 I/O 性能。

3）读写分离。使数据库能支持更大的并发。

在 MySQL 数据库中，主从数据库同步的模式有全同步、半同步、异步三种方式。主从数据库之间通过 binlog（二进制日志）进行数据的同步。具体过程如图 8.4 所示。

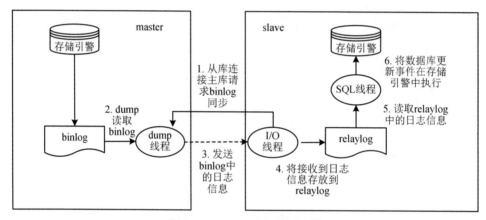

图 8.4　MySQL 主从复制过程

这里的 binlog 日志有 3 种模式：

1）基于 SQL 语句的复制：每一条更新的语句（insert、update、delete）都会记录在 binlog 中，进而同步到从库的 relaylog 中，被从库的 SQL 线程取出来，回放执行。该模式的优点是 binlog 的日志量可能会比较少，比如一个涉及行数为 1000 行的 update 语句，同步这一个语句，就同步了 1000 行的数据。缺点是同步的 SQL 语句里如果含有绑定本地变量的函数、关键字，可能造成主从不一致的情况。比如 SQL 语句中有 time 函数，如果主从数据库的服务器时间不是精确相等，就会造成结果不一致。

2）基于行的复制：不记录 SQL 语句，只记录哪个记录更新前和更新后的数据，可以保证主从之间的数据绝对相同。缺点是：1 条 SQL 更新 1000 行的数据无法再偷懒，必须原原本本同步 1000 行的数据量。

3）混合复制：以上两种模式的混合，选取两者的优点。对于有绑定本地特性、评估可能造成主从不一致的 SQL 语句，则自动选用基于行的复制，其他的选择基于 SQL 语句的复制。

（2）读写分离。设置不同的主、从数据库分别负责不同的操作。让主数据库负责数据的写操作，从数据库负责数据的读操作。通过角色分担的策略，分别提升读写性能，有效减少数据并发操作的延迟。

（3）分表。分表也叫分片，可以提升数据库并发以及 I/O 的性能。分表重在单个实例内部，将一张大表分成若干小表，业务同时访问多个表。分表的方式有两种，见表 8.7。

表 8.7　分表的方式

垂直切分	水平切分
把一个大表切分为多个表。例如交易 ID、状态、用户、金额、商品等，作为一个热表；另外的交易备注、物流信息等众多其他属性可作为另一个表	把一个大表分为多个表，每个表都包含相同列，例如交易 ID、状态、用户、金额、商品等，但都包含不同的行。例如一个表包含的是交易 ID 从 1 到 999999 的交易数据，另一个表包含的是交易 ID 从 1000000 到 9999999 的交易数据

（4）分库。分库是将原本存放在一个实例上众多分类的数据（表），分开存放到不同的实例上。有利于差异化管理。例如，一个简单的电商网站，包括用户、商品、订单三个业务模块，可以将用户数据、商品数据、订单数据分开放到三台不同的数据库服务器上，而不是将所有数据都放在一台数据库服务器上。

8.8　分布式缓存技术 Redis

【基础知识点】

1. 基本概念

Redis 是一种分布式缓存技术，在本书 8.5 节中也是一种键值对数据库类型。Redis 用作缓存组件时，其基于内存的读写特性，比基于磁盘读写的数据库性能要高很多，适合缓存高频热点的数据，来提高读性能。这样可以降低对数据库服务器的查询请求，提高系统性能。Redis 以 key-value（键值对）的形式为数据的保存格式。键（key）可以是一个字符串，值（value）可以是任意类型的数据。如整型、字符型、数组、列表、集合等。例如键值对：（"20231234"，"张珂"），其 key："20231234"是该数据的唯一标识，而 value："张珂"是该数据实际存储的内容。

2. 数据类型

Redis 支持的数据类型主要包括 string 类型、hash 类型、set 类型、list 类型、zset 类型、pub/sub 类型。

（1）string 类型：是 Redis 基本类型。可用于缓存层或计数器，如视频播放量、文章浏览量等。

（2）hash 类型：代替 string 类型，节省空间。描述用户信息较为方便。

（3）set 类型：无序集合，每个值不能重复。可用于去重、抽奖、初始化用户池等。

（4）list 类型：双向链表结构，可以模拟栈、队列等形式。可用于回复评论、点赞。

（5）zset 类型：有序集合、每个元素有一个分数。如首页推荐 10 个最热门的帖子。

3. 访问方式

引入 Redis 后，热点数据存放在 Redis 中，但由于存在"一份数据存放了多个位置"，所以要考虑数据的一致性问题。读写数据的基本步骤为：

（1）读数据：①根据 key 读缓存；②读取成功则直接返回；③若 key 不在缓存中，则根据 key 读数据库；④读取成功后，写缓存；⑤成功返回。

（2）写数据：①根据 key 值写数据库；②成功后更新缓存 key 值；③成功返回。

4. 过期策略

在使用 Redis 时，一般会设置 Redis 缓存空间的大小，不会让数据无限制地存放到 Redis 中，对于设置了过期时间的数据可以采用两种方式去淘汰这些数据。

（1）定期删除。Redis 每隔一段时间就会抽取一些设置了过期时间的 key。这里的抽取是随机进行的，因为无法对所有的 key 进行遍历，会给系统带来很大的负担。但是这样也会导致一些 key 到了过期时间也仍然没有被删除。

（2）惰性删除。查询 key 的时候 Redis 会对 key 进行检测，发现如果已经达到过期时间，则删除。惰性删除的缺点是如果这些过期的 key 没有被访问，那么它们就一直无法被删除，而且一直占用内存。

除了上述两种方式，Redis 又提供了一些淘汰机制，主要有：

- volatile-lru（最近最少使用）：从已设置过期时间的 key 中，移出最近最少使用的 key 进行淘汰。
- volatile-lfu（最不经常使用）：从 key 中选择最不经常使用的进行淘汰。
- volatile-random（随机淘汰算法）：从已设置过期时间的 key 中随机选择 key 淘汰。
- volatile-ttl（生存时间淘汰）：从已设置过期时间的 key 中，移出将要过期的 key。
- allkeys-lru：从所有 key 中选择最近最少使用的进行淘汰。
- allkeys-lfu：从所有 key 中选择最不经常使用的进行淘汰。
- allkeys-random：从所有 key 中随机选择 key 进行淘汰。

5. 数据持久化

在实际应用中，一旦服务器宕机，内存中的数据将全部丢失。我们很容易想到的一个解决方案是，从后端数据库恢复这些数据，但这种方式存在两个问题：一是，需要频繁访问数据库，会给数据库带来巨大的压力；二是，这些数据是从慢速数据库中读取出来的，性能肯定比不上从 Redis 中读取来得快，这会导致使用这些数据的应用程序响应变慢。所以，对 Redis 来说，实现数据的持久化，避免从后端数据库中进行恢复，是至关重要的。Redis 数据持久化的方式有两种，见表 8.8。

6. 缓存异常问题

Redis 在提高数据查询效率与保护数据库方面都起到了至关重要的作用，但是在实际应用中可能会出现 Redis 异常的情况，这里总结了一些常见的异常问题与对应的解决方案。

表 8.8　Redis 持久化方式

项目	RDB 内存快照（Redis Data Base）	AOF 日志（Append Only File）
说明	把当前内存中的数据集快照写入磁盘（数据库中所有键值对数据）。恢复时是将快照文件直接读到内存里	通过持续不断地保存 Redis 服务器所执行的更新命令来记录数据库状态，类似 MySQL 的 binlog 日志。恢复数据时需要从头开始回放更新命令
磁盘刷新频率	低	高
文件大小	小	大
数据恢复效率	高	低
数据安全	低	高

（1）缓存穿透。大量请求访问了没有缓存的 key，即大量的 key 在 Redis 里是不存在的，从而导致请求直接访问数据库，数据库压力增大。可能的原因如下：

1）恶意攻击，造成大量访问不存在的 key。例如登录时使用无效的用户名，在软考网站查询成绩时输入不存在的身份证号、准考证号。

解决方案：①针对比较少的请求来源 IP，主动限制其访问次数，或者拉入黑名单；②应用程序来检查 key 的合法性，提前拒绝不合法的请求；③使用布隆过滤器。

2）大量请求访问数据库里有但 Redis 没有的 key。例如新业务刚刚上线，此时 Redis 是空的。

解决方案：①预热 Redis，运行一个批处理脚本，将可能会大量访问的数据预先加载到 Redis，业务再"开张"；②在最前端进行流量控制，逐步把请求释放进来。给出一段时间，让 Redis 逐步加载热数据；③如果是在数据库里也没有的 key，也需要在 Redis 中设置 key，使其值为 null 或空。

（2）缓存雪崩。大量请求访问到缓存中的 key，这些 key 是存在的，但同时到了过期时间，从而导致请求直接访问数据库，数据库压力增大。缓存雪崩可能进而影响一系列的雪崩，影响到上下游的所有应用服务。可能的原因如下：

1）Redis 故障。比如 Redis 宕机，网络出现抖动等。

解决方案：①使用主从复制提高可用性，使用 cluster 集群方案降低故障时影响的范围；②如果出现故障，则可以采取服务降级、熔断、限流等措施。

2）大量的 key 采用了相同的过期时间。例如在同一时刻设置了大量的 key，但过期时间都是 5 分钟。

解决方案：过期时间加上一个随机值，使得众多 key 均匀过期。

（3）缓存击穿。少量热点的 key 缓存时间失效了，使得请求直接访问数据库。

可能的原因：热点的 key 设置了太短的过期时间。例如秒杀业务下的"库存数量"。

解决方案：①将 key 设置较长的过期时间。对于非常重要的 key，则设置永久有效。但需要解决好与数据库中的 key 的一致性问题；②使用分布式锁。如果热点 key 失效了，要控制好访问后端数据库的流量。只允许一个请求去访问数据库，取出最新的 key，存放到 Redis，其他请求则必须等待。但分布式锁也要防止出现异常的情况。

7. Redis 集群

Redis 也可以采用集群的方式部署，主要有主从复制集群、哨兵集群、Cluster 集群方式。集群切片的方式主要分为客户端分片、代理分片、服务器端分片三种方式。

8.9 练习题

1. 数据库系统与文件系统的区别不包括（   ）。

    A．对应用程序的高度独立性   B．数据的充分共享性

    C．文件组织形式的多样化   D．操作方便性

解析：数据库对数据的存储是按照同一种数据结构进行的，不同的应用程序都可以直接操作这些数据（即对应用程序的高度独立性）。数据库系统对数据的完整性、一致性和安全性都提供了一套有效的管理手段（数据的充分共享性）。数据库系统还提供管理和控制数据的各种简单操作命令，容易掌握，使用户编写程序简单（即操作方便性）。

答案：C

2. （   ）描述的是 DBMS 向用户提供数据操纵语言，实现对数据库中数据的基本操作，如检索、插入、修改和删除。

    A．数据定义   B．数据库操作

    C．数据库运行管理   D．数据组织、存储与管理

解析：DBMS 功能主要包括数据定义、数据库操作、数据库运行管理、数据组织、存储与管理、数据库的建立和维护。其中数据库操作是 DBMS 向用户提供数据操纵语言，实现对数据库中数据的基本操作，如检索、插入、修改和删除。

答案：B

3. 给定关系模式 R(U,F)，其中：属性集 U={A1,A2,A3,A4,A5,A6}；函数依赖集 F={A1→A2，A1→A3，A3→A4，A1A5→A6}。关系模式 R 的候选码为___(1)___，由于 R 存在非主属性对码的部分函数依赖，所以 R 属于___(2)___。

    （1）A．A1A3   B．A1A4   C．A1 A5   D．A1A6

    （2）A．1NF   B．2NF   C．3NF   D．BCNF

解析：判断候选码有一种比较快速的方式，就是看哪个属性只在依赖集 F 中"→"的左边出现过，那么该关系的候选码就必定包含那个属性。很显然选项 C 中 A1 和 A5 都是满足要求的，所以题干给定关系模式的候选码就是 A1A5。对于空（2），"R 存在非主属性对码的部分函数依赖"说明不满足 2NF 的要求，那么该关系模式只能是 1NF。

答案：C　A

4. 某互联网文化发展公司因业务发展，需要建立网上社区平台，为用户提供一个对网络文化产品（如互联网小说、电影、漫画等）进行评论、交流的平台。该平台的部分功能如下：

（a）用户帖子的评论计数器；

（b）支持粉丝列表功能；

（c）支持标签管理；

（d）支持共同好友功能等；

（e）提供排名功能，如当天最热前 10 名帖子排名、热搜榜前 5 排名等；

（f）用户信息的结构化存储；

（g）提供好友信息的发布/订阅功能。

该系统在性能上需要考虑高性能、高并发，以支持大量用户的同时访问。开发团队经过综合考虑，在数据管理上决定采用 Redis＋数据库（缓存＋数据库）的解决方案。

【问题】Redis 支持丰富的数据类型，并能够提供一些常见功能需求的解决方案。请选择题干描述的（a）～（g）功能选项，填入表 8.9 中（1）～（5）的空白处。

表 8.9　Redis 数据类型与业务功能对照表

数据类型	存储的值	可实现的业务功能
string	字符串、整数或浮点数	（1）
list	列表	（2）
set	无序集合	（3）
hash	包括键值对的无序散列表	（4）
zset	有序集合	（5）

解析：Redis 支持的数据类型主要包括 string 类型、hash 类型、set 类型、list 类型、zset 类型。

（1）string 类型：是 Redis 基本类型。可用于缓存层或计数器，如视频播放量、文章浏览量等。

（2）hash 类型：代替 string 类型，节省空间。描述用户信息较为方便。

（3）set 类型：无序集合，每个值不能重复。可用于去重、抽奖、初始化用户池等。

（4）list 类型：双向链表结构，可以模拟栈、队列等形式。可用于回复评论、点赞。

（5）zset 类型：有序集合、每个元素有一个分数。如首页推荐 10 个最热门的帖子。

答案：

（1）（a）　　（2）（b）（g）　　（3）（c）（d）　　（4）（f）　　（5）（e）

5. 引入 Redis 后，热点数据存放在 Redis 中，但由于存在"一份数据存放了多个位置"，所以要考虑数据的一致性问题。读写数据的基本步骤是什么？

答案：读写数据的基本步骤为：

（1）读数据：①根据 key 读缓存；②读取成功则直接返回；③若 key 不在缓存中，则根据 key 读数据库；④读取成功后，写缓存；⑤成功返回。

（2）写数据：①根据 key 值写数据库；②成功后更新缓存 key 值；③成功返回。

第 3 篇
架构设计高级知识

第**9**小时
系统架构设计基础知识

9.0 章节考点分析

第 9 小时主要学习软件架构的基本概念、基于架构的软件开发方法、软件架构风格、软件架构复用以及特定领域软件体系结构等内容。本小时内容侧重于概念知识,考查的知识点来源于教材。根据考试大纲,本小时知识点会涉及单项选择题(约占 8～15 分)和下午案例题(25 分),论文也会有涉及。本小时知识架构如图 9.1 所示。

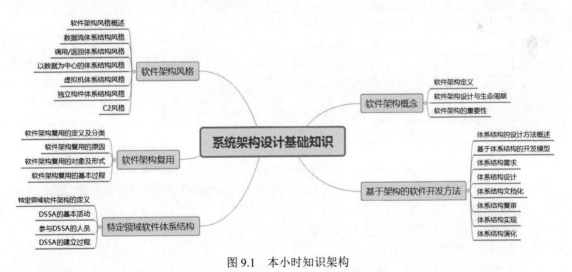

软件架构风格概述
数据流体系结构风格
调用/返回体系结构风格
以数据为中心的体系结构风格 —— 软件架构风格
虚拟机体系结构风格
独立构件体系结构风格
C2风格

软件架构复用的定义及分类
软件架构复用的原因
软件架构复用的对象及形式 —— 软件架构复用
软件架构复用的基本过程

特定领域软件架构的定义
DSSA的基本活动
参与DSSA的人员 —— 特定领域软件体系结构
DSSA的建立过程

系统架构设计基础知识

软件架构概念
  软件架构定义
  软件架构设计与生命周期
  软件架构的重要性

基于架构的软件开发方法
  体系结构的设计方法概述
  基于体系结构的开发模型
  体系结构需求
  体系结构设计
  体系结构文档化
  体系结构复审
  体系结构实现
  体系结构演化

图 9.1 本小时知识架构

【导读小贴士】

软件架构设计是降低成本、改进质量、按时和按需交付产品的关键因素。体系架构的方法和步骤作为系统架构设计师考试最基本、最核心的方法论，需要重点理解并掌握。很多案例分析题也都来自本小时内容。

9.1 软件架构概念

【基础知识点】

1. 软件架构定义

软件架构（Software Architecture）或称软件体系结构，是指系统的一个或者多个结构，这些结构包括软件的构件（可能是程序模块、类或者是中间件）、构件的外部可见属性及其之间的相互关系。体系结构的设计包括数据库设计和软件结构设计，后者主要关注软件构件的结构、属性和交互作用，并通过多种视图全面描述。

2. 软件架构设计与生命周期

软件架构是贯穿整个生命周期的，不同阶段的作用和意义不同，各阶段架构工作见表 9.1。

表 9.1 各阶段架构工作一览表

阶段	作用和意义
需求分析阶段	有利于各阶段参与者的交流，也易于维护各阶段的可追踪性
设计阶段	关注的最早和最多的阶段
实现阶段	有效实现从软件架构设计向实现的转换
构件组装阶段	可复用构件组装的设计能够提高系统实现的效率
部署阶段	组织和展示部署阶段的软硬件架构、评估分析部署方案
后开发阶段	主要围绕维护、演化、复用进行

（1）需求分析阶段。需求分析阶段软件架构研究还处于起步阶段。需求关注的是问题空间，架构关注的是解空间，需要保持二者的可追踪性和转换。从软件需求模型向软件架构模型的转换主要关注两个问题：

1）如何根据需求模型构建软件架构模型。

2）如何保证模型转换的可追踪性。

（2）设计阶段。这一阶段的研究主要包括：软件架构模型的描述、软件架构模型的设计与分析方法，以及对软件架构设计经验的总结与复用等。其中架构模型的描述研究包括：

1）组成 SA 模型（软件架构模型）的基本概念。即构件和连接子的建模。

2）体系架构描述语言（Architecture Describe Language，ADL）。是用于描述软件体系架构的语言，与其他建模语言最大的区别在于其更关注构件间互联机制（连接子），典型的 ADL 语言包括 Unicon、Rapide、Darwin、Wright、C2SADL、Acme、XADLOL、XYZ/ADL 和 ABC/ADL 等。

3）多视图。反映的是一组系统的不同方面，体现了关注点分散的思想，通常与 ADL 结合起来描述系统的体系结构。典型的模型包括：4+1 模型、Hofmesiter 的 4 视图模型、CMU-Sei 的 Views and Beyond 模型。视图标准包括：IEEE 的 I471-2000、RM-ODP、UML 以及 IBM 的 Zachman。

（3）实现阶段。这一阶段的体系结构研究的内容有：

1）基于 SA 的开发过程支持。

2）寻求从 SA 向实现过渡的途径。

3）研究基于 SA 的测试技术。

缩小软件架构设计与底层实现概念差距的手段：模型转换技术、封装底层的实现细节、在 SA 模型中引入实现阶段的概念（如用程序设计语言描述）。

（4）构件组装阶段。研究的内容包括：

1）如何支持可复用构件的互联，即对 SA 设计模型中规约的连接子的实现提供支持。

2）组装过程中，如何检测并消除体系结构失配问题。这些问题主要包括：①构件本身的失配；②连接子（互联机制）的失配；③部分和整体的失配。

（5）部署阶段。部署阶段的软件架构对软件部署的作用：一是提供高层的体系结构视图描述部署阶段的软硬件模型；二是基于软件架构模型可以分析部署方案的质量属性，从而选择合理的部署方案。

（6）后开发阶段。部署安装后（后开发阶段）的系统架构研究方向包括：动态软件体系结构、体系结构恢复与重建。体系结构重建的方法有：手工体系结构重建、工具支持的手工重建、通过查询语言来自动建立聚集、使用其他技术（如数据挖掘）。

3. 软件架构的重要性

软件架构设计是降低成本、改进质量、按时和按需交付产品的关键因素。软件架构的重要性包括：

（1）架构设计能够满足系统的品质。

（2）架构设计使受益人达成一致的目标。

（3）架构设计能够支持计划编制过程。

（4）架构设计对系统开发的指导性。

（5）架构设计能够有效地管理复杂性。

（6）架构设计为复用奠定了基础。

（7）架构设计能够降低维护费用。

（8）架构设计能够支持冲突分析。

9.2 基于架构的软件开发方法

【基础知识点】

1. 体系结构的设计方法概述

基于体系结构（架构）的软件设计（Architecture-Based Software Design，ABSD）方法是体系结构驱动的，即指构成体系结构的商业、质量和功能需求的组合驱动的。在基于体系结构的软件设计方法中，<u>采用视角与视图来描述软件架构</u>，<u>采用用例来描述功能需求</u>，<u>采用质量场景来描述质量需求</u>。ABSD 方法具有三个基础：功能的分解、通过选择体系结构风格来实现质量和商业需求、软件模板的使用。ABSD 是自顶向下、递归细化的，迭代的每一步都有清晰的定义，有助于降低体系结构设计的随意性。

2. 基于体系结构的开发模型

传统的软件开发模型开发效率较低，ABSDM 模型把整个基于体系结构的软件开发过程划分为体系结构需求、设计、文档化、复审、实现和演化六个子过程，如图 9.2 所示。

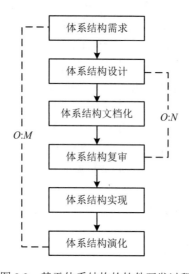

图 9.2　基于体系结构的软件开发过程

3. 体系结构需求

体系结构的需求工作包括获取用户需求和标识系统中拟用构件。

（1）需求获取。体系结构需求的获取一般来自三个方面：质量目标、系统的商业目标和系统开发人员的商业目标。

（2）标识构件。标识构件分三步完成：生成类图→对类进行分组→把类打包成构件。

（3）架构需求评审的审查重点包括需求是否真实反映了用户的要求、类的分组是否合理、构件合并是否合理等。

4. 体系结构设计

软件的体系设计过程：提出软件体系结构模型→映射构件→分析构件相互作用→产生体系结构设计评审。设计评审必须邀请独立于系统开发的外部人员。

5. 体系结构文档化

体系结构文档化过程的主要输出结果是体系结构规格说明和测试体系结构需求的质量设计说明书。

6. 体系结构复审

一个主版本的软件体系结构分析之后，要安排一次由外部人员（用户代表和领域专家）参加的复审。复审的目的是标识潜在的风险，及早发现体系结构设计中的缺陷和错误，必要时，可搭建一个可运行的最小化系统用于评估和测试体系结构是否满足需要。

7. 体系结构实现

体系结构的实现过程是以复审后的文档化体系结构说明书为基础的，具体为：分析与设计→构件实现→构件组装→系统测试。体系结构说明书中定义了系统中构件与构件之间的关系。测试包括单个构件的功能性测试及被组装应用的整体功能和性能测试。

8. 体系结构演化

体系结构演化史使用系统演化步骤去修改应用，以满足新的需求。系统演化步骤为：需求变化归类→体系结构演化计划→构件变动→更新构件的相互作用→构件组装与测试→技术评审→演化后的体系结构。

9.3　软件架构风格

【基础知识点】

1. 软件架构风格概述

软件体系结构设计的核心目标是重复的体系结构模式（软件复用/重用）。软件体系结构（架构）风格是描述某一特定应用领域中系统组织方式的惯用模式。体系结构风格定义一个系统家族，即一个体系结构定义一个词汇表和一组约束。

（1）词汇表：包含构件和连接件。

（2）约束：约束定义构件和连接件的组合方式。

体系结构风格反映了领域中众多系统所共有的结构和语义特性，并指导如何将各个模块和子系统有效地组织成一个完整的系统。

2. 数据流体系结构风格

（1）批处理体系结构风格：每个处理步骤是一个独立的程序，每一步必须在前一步结束后才能开始，且数据必须是完整，以整体的方式传递。

（2）管道和过滤器：把系统分为几个序贯地处理步骤，每个步骤之间通过数据流连接，一个步骤的输出是另一个步骤的输入，每个处理步骤都有输入和输出，如图 9.3 所示。

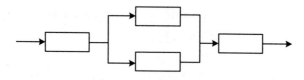

图 9.3　管道和过滤器风格

3.　调用/返回体系结构风格

调用-返回风格在系统中采用了调用与返回机制。利用调用-返回实际上是一种分而治之的策略，主要思想是将一个复杂的大系统分解为若干个子系统，降低复杂度，增加可修改性。

（1）主程序/子程序风格：采用单线程控制，把问题划分为若干处理步骤，构件即为主程序和子程序。

（2）面向对象体系结构风格：构件是对象，即抽象数据类型的实例，如图 9.4 所示。

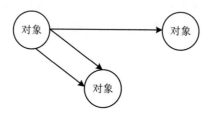

图 9.4　数据抽象和面向对象组

（3）层次型体系结构风格：每一层为上层服务，并作为下层的接口。仅相邻层间具有层接口，如图 9.5 所示。

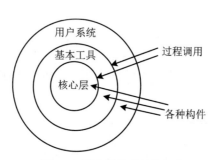

图 9.5　层次型体系结构风格

（4）客户端/服务器体系结构风格。

1）二层 C/S 模式。主要组成部分：数据库服务器（后台：负责数据管理）、客户应用程序（前台：完成与用户交互任务）和网络。

优点：客户应用和服务器构件分别运行在不同的计算机上。

缺点：开发成本高，客户端设计复杂，信息内容和形式单一，不利于推广，软件移植困难，软件维护和升级困难。

2）三层 C/S 模式：瘦客户端模式。应用该功能分为表示层、功能层和数据层。

表示层：用户接口与应用逻辑层的交互，不影响业务逻辑，通常使用图形用户界面。

功能层：实现具体的业务处理逻辑。

数据层：数据库管理系统。

（5）浏览器/服务器风格（B/S）。

1）B/S 风格：是三层应用结构的实现方式，其三层结构分别为：浏览器；Web 服务器；数据库服务器。

2）相比于 C/S 的不足之处：动态页面的支持能力弱、系统拓展能力差、安全性难以控制、响应速度不足、数据交互性不强。

4. 以数据为中心的体系结构风格

（1）仓库体系结构风格：存储和维护数据的中心场所。由中央数据结构（说明当前数据状态）和一组独立构件（对中央数据进行操作）组成，如图 9.6 所示。

（2）黑板体系结构风格：是一种问题求解模型，是组织推理步骤、控制状态数据和问题求解之领域知识的概念框架。可通过选取各种黑板、知识源和控制模块的构件来设计，应用于信号处理领域，如语音识别和模式识别，如图 9.7 所示。

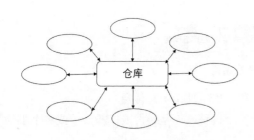

图 9.6　仓库体系结构风格

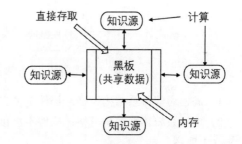

图 9.7　黑板体系结构风格

5. 虚拟机体系结构风格

虚拟机体系结构风格基本思想是人为构建一个运行环境，可以解析与运行自定义的一些语言，增加架构的灵活性。

（1）解释器体系结构风格：通常被用来建立一种虚拟机以弥合程序语义与硬件语义之间的差异，缺点是执行效率较低，典型例子是专家系统，如图 9.8 所示。

（2）规则系统体系结构风格：包括知识库、规则解释器、规则/数据选择器及工作内存（程序运行存储区），如图 9.9 所示。

6. 独立构件体系结构风格

独立构件体系结构风格强调系统中的每个构件都是相对独立的个体，它们之间不直接通信，以降低耦合度，提升灵活度。

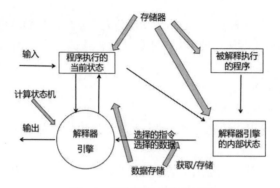

图 9.8　解释器体系结构风格

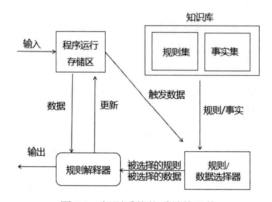

图 9.9　规则系统体系结构风格

（1）进程通信体系结构风格：构件是独立的过程，连接件是消息传递。

（2）事件系统体系结构风格：构件不直接调用一个过程，而是触发或广播一个或多个事件。

7. C2 风格

C2 风格通过连接件连接构件或某个构件组，构件与构件之间无连接，如图 9.10 所示。

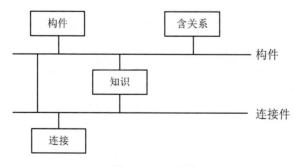

图 9.10　C2 风格

9.4　软件架构复用

【基础知识点】

（1）软件架构复用的定义及分类。软件复用是系统化的软件开发过程：开发一组基本的软件构件模块，以覆盖不同的需求/体系结构之间的相似性，提高系统开发的效率、质量和性能。

软件架构复用的类型包括机会复用和系统复用。机会复用是在开发过程中，只要发现有可复用的资产就复用。系统复用是在开发前进行规划，决定哪些复用。

（2）软件架构复用的原因：减少开发工作、减少开发事件、降低开发成本、提高生产力、提高产品质量，更好的互操作性。

（3）软件架构复用的对象及形式。可复用的资产包括：需求、架构设计、元素、建模分析、测试、项目规划、过程+方法+工具、人员、样本系统、缺陷消除。一般形式的复用包括：函数的复用、库的复用、面向对象开发中的类、接口和包的复用。

（4）软件架构复用的基本过程。首先构建/获取可复用的软件资产（复用前提）→管理可复用资产→使用可复用资产。

9.5　特定领域软件体系结构

【基础知识点】

1. 特定领域软件架构的定义

特定领域软件架构（Domain Specific Software Architecture，DSSA）是在一个特定应用领域中为一组应用提供组织结构参考的标准软件体系结构，即用于某一类特定应用领域的标准软件构件集合。DSSA 的特征：领域性、普遍性、抽象性、可复用性。

2. DSSA 的基本活动

DSSA 的基本活动有领域分析、领域设计、领域实现。

（1）领域分析：通过分析领域中系统的共性需求，建立领域模型。

（2）领域设计：设计 DSSA，且 DSSA 需要具备领域需求变化的适应性。

（3）领域实现：获取可重用信息。

3. 参与 DSSA 的人员

参与 DSSA 的人员有领域专家、领域分析师、领域设计人员和领域实现人员。

4. DSSA 的建立过程

DSSA 的建立过程是并发的、递归的、反复的螺旋模型，分为五个阶段：

（1）定义领域范围。

（2）定义领域特定元素。

（3）定义领域特定的设计和实现约束。

（4）定义领域模型和体系结构。

（5）产生、搜集可重用的单元。

9.6 练习题

1. 软件架构风格是描述某一特定应用领域中系统组织方式的惯用模式。架构风格定义了一类架构所共有的特征，主要包括架构定义、架构词汇表和架构（   ）。

    A. 描述   B. 组织   C. 约束   D. 接口

解析：本题主要考查软件架构风格的定义。软件架构风格是描述某一特定应用领域中系统组织方式的惯用模式。架构风格定义了一类架构所共有的特征，主要包括架构定义、架构词汇表和架构约束。

答案：C

2. 以下叙述中，（   ）不是软件架构的主要作用。

    A. 在设计变更相对容易的阶段，考虑系统结构的可选方案

    B. 便于技术人员与非技术人员就软件设计进行交互

    C. 展现软件的结构、属性与内部交互关系

    D. 表达系统是否满足用户的功能性需求

解析：本题主要考查软件架构基础知识。软件架构能够在设计变更相对容易的阶段，考虑系统结构的可选方案，便于技术人员与非技术人员就软件设计进行交互，能够展现软件的结构、属性与内部交互关系。但是软件架构与用户对系统的功能性需求没有直接的对应关系。

答案：D

3. 特定领域软件架构（DSSA）是在一个特定应用领域中，为一组应用提供组织结构参考的标准软件体系结构。DSSA 通常是一个具有三个层次的系统模型，包括 __(1)__ 环境、领域特定应用开发环境和应用执行环境，其中 __(2)__ 主要在领域特定应用开发环境中工作。

    （1）A. 领域需求   B. 领域开发   C. 领域执行   D. 领域应用

    （2）A. 操作员   B. 领域架构师   C. 应用工程师   D. 程序员

解析：本题主要考查特定领域软件架构的基础知识。特定领域软件架构是在一个特定应用领域中，为一组应用提供组织结构参考的标准软件体系结构。DSSA 通常是一个具有三个层次的系统模型，包括领域开发环境、领域特定应用开发环境和应用执行环境，其中应用工程师主要在领域特定应用开发环境中工作。

答案：B　C

第**10**小时
系统质量属性与架构评估

10.0　章节考点分析

第 10 小时主要学习软件系统质量属性、系统架构评估以及 ATAM 方法评估实践等内容。

本小时内容侧重于概念知识，根据以往全国计算机技术与软件专业技术资格（水平）考试的出题规律，考查的知识点多来源于教材，扩展内容较少。根据考试大纲，本小时知识点会涉及单项选择题（约占 8～15 分）和下午案例题（25 分），论文也会有覆盖。本小时知识架构如图 10.1 所示。

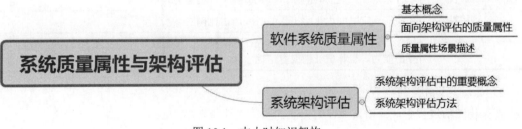

图 10.1　本小时知识架构

 【导读小贴士】

软件架构的基本需求是在满足功能属性的前提下，关注软件系统的质量属性。在精准描述软件质量场景后，可通过对架构的评估决定架构策略以及架构评审。因此，我们有必要了解架构质量属性和架构评估。这部分内容也是案例和论文的考试重点。

10.1 软件系统质量属性

【基础知识点】

1. 基本概念

软件系统质量属性是一个系统的可测量或可测试的属性，基于软件系统的生命周期，可将软件系统的质量属性分为开发期质量属性和运行期质量属性，见表 10.1。

表 10.1 软件系统质量属性一览表

属性	子属性	作用及要点
开发期质量属性	易理解性	指设计被开发人员理解的难易程度
	可扩展性	软件因适应新需求或需求变化而增加新功能的能力，也称灵活性
	可重用性	指重用软件系统或某一部分的难易程度
	可测试性	对软件测试以证明其满足需求规范的难易程度
	可维护性	当需要修改缺陷、增加功能、提高质量属性时，识别修改点并实施修改的难易程度
	可移植性	将软件系统从一个运行环境转移到另一个不同的运行环境的难易程度
运行期质量属性	性能	软件系统及时提供相应服务的能力，如速度、吞吐量和容量等
	安全性	软件系统同时兼顾向合法用户提供服务，以及组织非授权使用的能力
	可伸缩性	当用户数和数据量增加时，软件系统维持高服务质量的能力
	互操作性	软件系统与其他系统交换数据和相互调用服务的难易程度
	可靠性	软件系统在一定的时间内持续无故障运行的能力
	可用性	系统在一定时间内正常工作的时间所占比例
	鲁棒性	软件系统在非正常情况（用户进行非法操作、相关软硬件系统发生故障）下仍正常运行的能力，也称健壮性或容错性

2. 面向架构评估的质量属性

在架构评估过程中，评估人员普遍关注的质量属性见表 10.2。

表 10.2 评估属性一览表

属性	子属性	作用及要点
性能		效率指标：处理任务所需时间或单位时间内的处理量
可靠性	容错	出现错误后仍能保证系统争取运行，且自行修正错误
	健壮性	错误不对系统产生影响，按既定程序忽略错误
可用性		正常运行的时间比例
安全性		系统向合法用户提供服务并阻止非法用户的能力

续表

属性	子属性	作用及要点
可修改性	可维护性	局部修复使故障对架构的负面影响最小化
	可扩展性	因松散耦合更易实现新特性/功能，不影响架构
	结构重组	不影响主体进行的灵活配置
	可移植性	适用于多样的环境（硬件平台、语言、操作系统等）
功能性		需求的满足程度
可变性		总体架构可变
互操作性		通过可视化或接口方式提供更好的交互操作体验

就系统架构设计师考试而言，我们针对上表梳理了一些考试常考的质量属性，以及提升或保证这些质量属性的应对措施。

（1）<u>可用性</u>。提升可用性的策略可以从以下几个方面考虑：

● 错误检测：心跳、Ping/Echo、异常。

● 错误恢复：表决、主动冗余、被动冗余、重新同步、内测、检查点/回滚。

● 错误避免：服务下线、事务、进程监控器。

（2）<u>性能</u>。提升性能的策略可以从以下几个方面考虑：

● 资源的需求：减少处理事件时对资源的占用、减少处理事件的数量、控制资源的使用。

● 资源管理：并发机制、增加资源。

● 资源仲裁：先来先服务、固定优先级、动态优先级、静态调度。

（3）<u>可修改性</u>。提升性能的策略可以从以下几个方面考虑：

● 局部化修改：高内聚低耦合、预测变更、使模块通用。

● 防止连锁反应：信息隐藏、维持现有接口、限制通信路径、使用中介。

● 推迟绑定时间：运行时注册、多态、配置文件。

（4）<u>安全性</u>。提升安全性的策略可以从以下几个方面考虑：

● 抵抗攻击：用户身份验证、用户授权、维护数据机密性与完整性、限制暴露、限制访问。

● 检测攻击：入侵检测系统。

● 从攻击中恢复：恢复状态、识别攻击者。

3．质量属性场景描述

质量属性场景是一种面向特定质量属性的需求，由刺激源、刺激、环境、制品、响应、响应度量组成。

（1）刺激源（Source）：某个生成该刺激的实体（人、计算机系统或者任何其他刺激器）。

（2）刺激（Stimulus）：指当刺激到达系统时需要考虑的条件。

（3）环境（Environment）：指该刺激在某些条件内发生。当激励发生时，系统可能处于过载、运行或者其他情况。

（4）制品（Artifact）：某个制品被激励，可能是整个系统，也可能是系统的一部分。

（5）响应（Response）：指在激励到达后所采取的行动。

（6）响应度量（Measurement）：当响应发生时，应当能够以某种方式对其进行度量，以对需求进行测试。

10.2　系统架构评估

【基础知识点】

系统架构评估是在对架构分析、评估的基础上，对架构策略的选取进行决策，通常分为：

（1）基于调查问卷或检查表的方法：缺点是很大程度上依赖于评估人员的主观判断。

（2）基于场景的评估方法：应用在架构权衡分析法（ATAM）和软件架构分析方法（SAAM）中。

（3）基于度量的评估方法：建立质量属性和度量之间的映射原则→在软件文档中获取度量信息→分析推导系统质量属性。

1. 系统架构评估中的重要概念

（1）敏感点：实现质量目标时应注意的点，是一个或多个构件的特性。

（2）权衡点：影响多个质量属性的敏感点。

（3）风险承担者或利益相关人：影响体系结构或被体系结构影响的群体。

（4）场景：确定架构质量评估目标的交互机制，一般采用触发机制（教材中解释为"刺激"）、环境和影响三方面来描述。

2. 系统架构评估方法

（1）软件架构分析方法（Software Architecture Analysis Method，SAAM）。SAAM 是卡耐基梅隆大学软件工程研究所的 Kazman 等人于 1983 年提出的一种非功能质量属性的架构分析方法，是最早形成文档并得到广泛应用的软件架构分析方法。SAAM 的主要输入是问题描述、需求说明和架构描述，其分析过程主要包括场景开发、架构描述、单个场景评估、场景交互和总体评估，如图 10.2 所示。

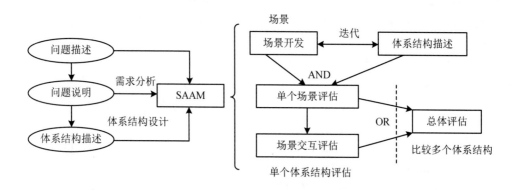

图 10.2　SAAM 的输入与评估过程

（2）架构权衡分析法（Architecture Tradeoff Analysis Method，ATAM）。ATAM 是一种系统架构评估方法，主要在系统开发之前，针对<u>性能</u>、<u>可用性</u>、<u>安全性</u>和<u>可修改性</u>等质量属性进行<u>评价和折中</u>。传统的 ATAM 可以分为 4 个主要的活动阶段，包括需求收集、架构视图描述、属性模型构造和分析、架构决策与折中，整个评估过程强调<u>以属性作为架构评估的核心概念</u>。

现代的 ATAM 方法采用效用树对质量属性进行分类和优先级排序。用 ATAM 方法评估软件体系结构分为演示、调查和分析、测试和报告，如图 10.3 所示。

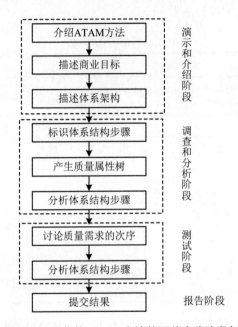

图 10.3　现代的 ATAM 方法的评估实践阶段划分

1）阶段 1——演示（Presentation）。

使用 ATAM 评估软件体系结构的初始阶段，包括 3 个步骤：

①介绍 ATAM：描述 ATAM 评估过程。

②介绍业务驱动因素：着重业务视角，提供有关系统功能、主要利益相关方、业务目标和其他限制等信息。

③介绍要评估的体系结构：侧重可用性以及体系结构的质量要求。

2）阶段 2——调查和分析。

使用 ATAM 技术评估架构第 2 阶段，对一些关键问题彻底调查，包括 3 个步骤：

①确定架构方法：涉及能够理解系统关键需求的关键架构方法。

②生成质量属性效用树：确定最重要的质量属性，并确定优先次序。

③分析体系结构方法：彻底调查和分析，找出处理相应质量属性架构的方法。包括 4 个主要阶段：调查架构方法→创建分析问题→分析问题的答案→找出风险、非风险、敏感点和权衡点。

3）阶段 3——测试。

①头脑风暴和优先场景：将头脑风暴的优先列表与生成质量属性效用树中所获取的优先方案进行比较。

②分析架构方法。

4）阶段 4——报告 ATAM。

提供评估期间收集的所有信息，呈现给利益相关者。

上述两种主要评估方法的对比，见表 10.3。

表 10.3　评估方法的对比

项目	SAAM	ATAM
特定目标	通过程序文档验证体系结构，注重发现潜在问题，可用于评价单系统或进行多系统比较	确定在多个质量属性之间折中的必要性
评估技术	场景技术	场景技术、启发式分析方法
质量属性	可修改性是主要分析内容	性能、可用性、安全性和可修改性
风险承担者	所有参与者	场景和需求收集过程中的相关人
架构描述	围绕功能、结构和分配描述	五个基本结构及其映射关系
方法活动	场景开发、体系结构描述、单个场景评估、场景交互和总体评估	场景和需求收集、体系结构视图和场景实现、属性模型构造和分析、折中
知识库可复用性	不涉及	有基于属性的体系模型，可复用
方法验证（应用领域）	空中交通管制系统、嵌入式音频系统、修正控制系统	仍处于研究中

（3）成本效益分析法（Cost Benefit Analysis Method，CBAM）分为整理场景→对场景进行求精→确定场景的优先级→分配效用→架构策略涉及哪些质量属性及响应级别→使用内插法确定"期望的"质量属性响应级别的效用→计算各架构策略的总收益→根据受成本限制影响的 ROI 选择架构策略。

（4）其他评估方法。

1）SAEM 方法：将软件架构看作一个最终产品以及涉及过程中的一个中间产品，从外部质量属性和内部质量属性阐述的评估模型。

2）SAABNet 方法：辅助架构的定性评估，帮助诊断软件问题的可能原因，分析架构中的修改给质量属性带来的影响、预测架构的质量属性，帮助架构设计人员做决策。SAABNet 度量的对象包括架构属性、质量准则和质量因素。

3）SACMM 方法：一种软件架构修改的度量方法，首先基于内核定义差异度量准则来计算两个软件架构之间的距离，然后分析对象之间的相似性。

4）SASAM 方法：通过对预期架构和实际架构进行映射和比较来静态地评估软件架构。

5）ALRRA 方法：是软件架构可靠性风险评估方法，使用动态复杂度准则和动态耦合度准则来定义组件和连接件的复杂性因素。

6）AHP 方法：把定性分析和定量计算相结合，对各种决策因素进行处理。

7）COSMIC+UML 方法：针对不同表达方式的软件架构，采用统一的软件度量 COSMIC 方法来进行度量和评估。

10.3　练习题

1．识别风险、非风险、敏感点和权衡点是进行软件架构评估的重要过程。"改变业务数据编码方式会对系统的性能和安全性产生影响"是对 __(1)__ 的描述，"假设用户请求的频率为每秒 1 个，业务处理时间小于 30 毫秒，则将请求响应时间设定为 1 秒钟是可以接受的"是对 __(2)__ 的描述。

（1）A．风险点　　　　　B．非风险　　　　　C．敏感点　　　　　D．权衡点
（2）A．风险点　　　　　B．非风险　　　　　C．敏感点　　　　　D．权衡点

解析：风险是某个存在问题的架构设计决策，可能会导致问题；非风险与风险相对，是良好的架构设计决策；敏感点是一个或多个构件的特性；权衡点是影响多个质量属性的特性，是多个质量属性的敏感点。根据上述定义，可以看出"改变业务数据编码方式会对系统的性能和安全性产生影响"是对权衡点的描述，"假设用户请求的频率为每秒 1 个，业务处理时间小于 30 毫秒，则将请求响应时间设定为 1 秒钟是可以接受的"是对非风险的描述。

答案：D　B

2．请详细阅读有关软件架构评估方面的说明，回答下列问题。

【说明】某电子商务公司拟升级目前正在使用的在线交易系统，以提高客户网上购物时在线支付环节的效率和安全性。公司研发部门在需求分析的基础上，给出了在线交易系统的架构设计。公司组织相关人员召开了针对架构设计的评估会议，会上用户提出的需求、架构师识别的关键质量属性场景和评估专家的意见等内容部分列举如下：

（a）在正常负载情况下，系统必须在 0.5 秒内响应用户的交易请求。

（b）用户的信用卡支付必须保证 99.999% 的安全性。

（c）系统升级后用户名要求至少包含 8 个字符。

（d）网络失效后，系统需要在 2 分钟内发现错误并启用备用系统。

（e）在高峰负载情况下，用户发起支付请求后系统必须在 10 秒内完成支付功能。

（f）系统拟采用新的加密算法，这会提高系统的安全性，但同时会降低系统的性能。

（g）对交易请求处理时间的要求将影响系统数据传输协议和交易处理过程的设计。

（h）需要在 30 人•月内为系统添加公司新购买的事务处理中间件。

（i）现有架构设计中的支付部分与第三方支付平台紧耦合，当系统需要支持新的支付平台时，这种设计会导致支付部分代码的修改，影响系统的可修改性。

（j）主站点断电后，需要在 3 秒内将访问请求重定向到备用站点。

（k）用户信息数据库授权必须保证 99.999% 可用。

（l）系统需要对 Web 界面风格进行修改，修改工作必须在 4 人·月内完成。

（m）系统需要为后端工程师提供远程调试接口，并支持远程调试。

【问题 1】 在架构评估过程中，质量属性效用树（Utility Tree）是对系统质量属性进行识别和优先级排序的重要工具。请给出合适的质量属性，填入下图中（1）、（2）空白处；并选择题干描述的（a）～（m），填入（3）～（6）空白处，完成该系统的效用树。

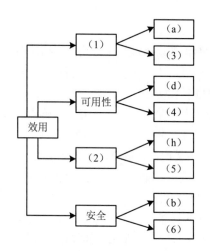

答案： 在架构评估过程中，质量属性效用树（Utility Tree）是对系统质量属性进行识别和优先级排序的重要工具。效用树主要关注性能、可修改性、可用性和安全 4 个方面。

编号	答案
（1）	性能
（2）	可修改性
（3）	（e）
（4）	（j）
（5）	（l）
（6）	（k）

【问题 2】 在架构评估过程中，需要正确识别系统的架构风险、敏感点和权衡点，并进行合理的架构决策。请用 300 字以内的文字给出系统架构风险、敏感点和权衡点的定义，并从题干（a）～（m）中各选出 1 个对系统架构风险、敏感点和权衡点最为恰当的描述。

答案： 系统架构风险是指架构设计中潜在的、存在问题的架构决策所带来的隐患。敏感点是为了实现某种特定质量属性，一个或多个系统组件所具有的特性。权衡点是影响多个质量属性，并对多个质量属性来说都是敏感点的系统属性。根据上述分析可知题干描述中，（i）描述的是系统架构风险；（g）描述的是敏感点；（f）描述的是权衡点。

第11小时
软件可靠性基础知识

11.0 章节考点分析

第 11 小时主要学习软件可靠性基本概念、建模、管理、设计、测试和评价等内容。本小时内容侧重于概念知识，根据以往全国计算机技术与软件专业技术资格（水平）考试的出题规律，考查的知识点多来源于教材，扩展内容较少。根据考试大纲，本小时知识点会涉及单项选择题（约占 2～3 分），论文也会有涉及。本小时知识架构如图 11.1 所示。

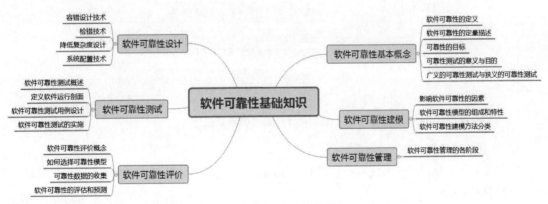

图 11.1 本小时知识架构

  【导读小贴士】

软件可靠性和其他属性一样是衡量软件的重要指标，保障软件可靠性最有效、最经济、最重要的手段是在软件设计阶段采用措施进行可靠性控制。考试中很多案例分析题甚至论文题会出自本小时内容。本章建议以读教材为主，多分析历年真题，以把握命题人对本章的出题思路。

11.1 软件可靠性基本概念

【基础知识点】

1. 软件可靠性的定义

软件可靠性是指在规定的时间内，软件不引起系统失效的概率。该概率是系统输入和系统使用的函数，也是软件中存在的缺陷函数；系统输入将确定是否会遇到已存在的缺陷。

2. 软件可靠性的定量描述

软件的可靠性是在软件使用条件、在规定时间内、系统的输入/输出、系统使用等变量构成的数学表达式，如图 11.2 所示。

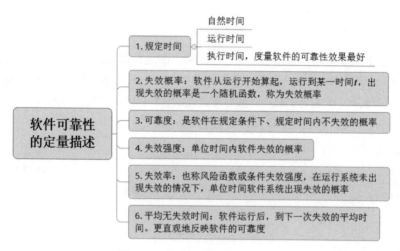

图 11.2 软件可靠性的定量描述

3. 可靠性的目标

软件可靠性是指用户对所使用的软件的性能满意程度的期望。可以用可靠度、平均失效时间和故障强度等来描述。

4. 可靠性测试的意义与目的

可靠性测试的意义是：

（1）软件失效可能造成灾难性的后果。

（2）软件的失效在整个计算机系统失效中的比例较高。

（3）相比硬件可靠性技术，软件可靠性技术不成熟。

（4）软件可靠性问题会造成软件费用增长。

（5）系统对软件的依赖性强，对生产活动和社会生活影响日益增大。

可靠性测试的目的如图 11.3 所示。

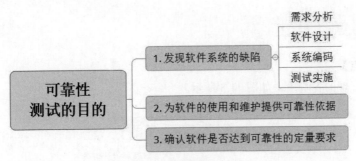

图 11.3　可靠性测试的目的

5.　广义的可靠性测试与狭义的可靠性测试

（1）广义的可靠性测试是为了最终评价软件系统的可靠性而运用建模、统计、试验、分析和评价等一系列手段对软件系统实施的一种测试。

（2）狭义的可靠性测试指为了获取可靠性数据，按预先确定好的测试用例，在软件预期使用环境中，对软件实施的一种测试。

11.2　软件可靠性建模

【基础知识点】

（1）影响软件可靠性的因素包括：运行环境、软件规模、软件的内部结构、软件的开发方法和开发环境、软件的可靠性投入。

（2）软件可靠性模型的组成和特性，如图 11.4 所示。

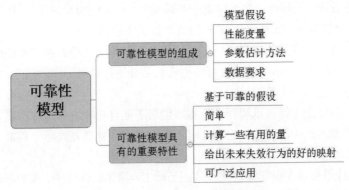

图 11.4　可靠性模型的组成和特性

（3）软件可靠性建模方法包括：种子法、失效率类、曲线拟合类、可靠性增长、程序结构分析、输入域分类、执行路径分析方法、非齐次泊松过程、马尔可夫过程、贝叶斯分析。

11.3　软件可靠性管理

【基础知识点】

软件可靠性管理的各阶段，如图 11.5 所示。

图 11.5　软件可靠性管理的各阶段

11.4　软件可靠性设计

【基础知识点】

软件可靠性设计技术有：容错设计技术、检错技术、降低复杂度设计、系统配置技术。

（1）容错设计技术：恢复块设计、N 版本程序设计、冗余设计。

1）恢复块设计：选择一组操作作为容错设计单元，把普通的程序块变成恢复块。

2）N 版本程序设计：通过设计多个模块或不同版本，对相同初始条件和相同输入的操作结果，实行多数表决，防止其中某一软件模块/版本的故障提供错误的服务。

3）冗余设计：在一套完整的软件系统之外，设计一种不同路径、不同算法或不同实现方式方法的模块或系统作为备份，在出现故障时可使用冗余部分进行替换。

（2）检错技术。

1）检错技术代价低于容错技术和冗余技术，但是不能自动解决故障，需要人工干预。

2）检错技术着重考虑检测对象、检测延时、实现方式、处理方式四个要素。

（3）降低复杂度设计。

降低复杂度设计思想是在保证实现软件功能基础上，简化软件结构、缩短程序代码长度、优化软件数据流向、降低软件复杂度、提高软件可靠性。

（4）系统配置技术：可以分为双机热备技术和服务器集群技术。

1）双机热备技术。

● 采用"心跳"方法保证主系统与备用系统的联系。

● 根据两台服务器的工作方式分为双机热备模式（一台工作，一台后备）、双机互备模式（两台运行相对独立应用，互为后备）、双机双工模式（两台同时运行相同应用，互为后备）。

2）服务器集群技术。

集群内各节点服务器通过内部局域网相互通信，若某节点服务器发生故障，这台服务器运行的应用被另一节点服务器自动接管。

11.5　软件可靠性测试

【基础知识点】

1. 软件可靠性测试概述

软件可靠性测试包括：可靠性目标的确定、运行剖面的开发、测试用例的设计、测试实施、测试结果分析等。

2. 定义软件运行剖面

为软件的使用行为建模，开发使用模型，明确需测试内容。

3. 软件可靠性测试用例设计

测试用例要能够反映实际的使用情况，优先测试最重要的和最频繁使用的功能，其组成如图11.6 所示。设计测试用例，针对组合功能或特定功能，编写成相关文档。

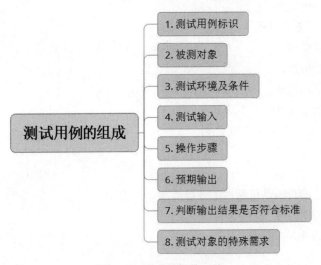

图 11.6　测试用例的组成

4. 软件可靠性测试的实施

用时间定义的软件可靠性数据分为 4 类：失效时间数据、失效间隔时间数据、分组时间内的失效数、分组时间的累积失效数。

测试记录与测试报告的组成如图 11.7 所示。

图 11.7　测试记录与测试报告的组成

11.6　软件可靠性评价

【基础知识点】

1. 软件可靠性评价概念

评估和预测软件可靠性过程包括：

（1）选择可靠性模型。

（2）收集可靠性数据。

（3）可靠性评估和预测。

2. 如何选择可靠性模型

可以从以下几方面选择可靠性模型：

（1）模型假设的适用性。

（2）预测的能力与质量。

（3）模型输出值能否满足可靠性的评价需求。

（4）模型使用的简便性。

3. 可靠性数据的收集

数据收集可行的办法有：

（1）尽可能早地确定可靠性模型。

（2）数据收集计划要有较强的可操作性。

（3）重视测试数据的分析和整理。

（4）充分利用技术手段（数据库技术）来完成分析和统计。

4.　软件可靠性的评估和预测

（1）软件可靠性的评估和预测的目的是评估软件系统的可靠性状况和预测将来一段时间的可靠性水平。

（2）软件可靠性的评估和预测以软件可靠性模型分析为主，以失效数据的图形分析法和试探性数据分析技术等为辅。

11.7　练习题

1．采用检错设计技术要着重考虑四个要素：检测对象、（　　）、实现方法和处理方式。

　　A．检测延时　　　　B．测试结果　　　　C．性能测试　　　　D．功能测试

解析：对软件可靠性管理的检错技术的考查。

采用检错设计技术要着重考虑 4 个要素：检测对象、检测延时、实现方法和处理方式。

答案：A

2．（　　）是通常所说的 Active/Standby 方式，Active 服务器处于工作状态，Standby 服务器处于监控准备状态，服务器数据包括数据库数据同时往两台或多台服务器写入，保证数据的即时同步。

　　A．双机热备　　　　B．双机互备　　　　C．双机双工　　　　D．服务器集群

解析：对软件可靠性管理的检错技术的考查。

一台服务器处于工作状态，另一台处于后备状态，是双机热备模式。

答案：A

第**12**小时
软件架构的演化和维护

12.0　章节考点分析

第 12 小时学习软件架构的演化和维护问题，包括基本概念、演化类型、原则、评估方法和维护手段，以及对大型网站系统的架构演化实例等方面进行分析等。

本小时内容侧重于概念知识，根据以往全国计算机技术与软件专业技术资格（水平）考试的出题规律，考查的知识点多来源于教材，扩展内容较少。根据考试大纲，本小时知识点会涉及单项选择题（约占 3～5 分）和下午案例题（25 分），论文也会有涉及。本小时知识架构如图 12.1 所示。

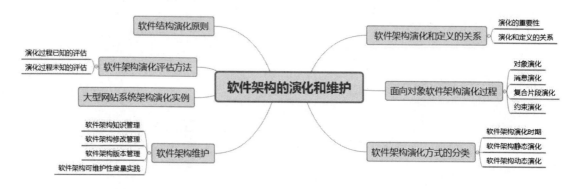

图 12.1　本小时知识架构

 【导读小贴士】

为了使软件能适应环境变化和满足用户需求，在软件架构生命周期中，不断迭代的演化和维护

至关重要。考试中很多案例分析题甚至论文题会出自本小时内容。建议除了掌握核心知识点外，还要多留意平时的项目经历。

12.1 软件架构演化和定义的关系

【基础知识点】

1. 演化的重要性

（1）保障软件系统具备诸多好的特性。

（2）有效管控软件系统的整体复杂性和变化性，降低软件检修和修改成本。

（3）保证软件系统演化的一致性和正确性，增加便捷性。

2. 演化和定义的关系

软件架构包括组件、连接件和约束三大要素，此软件架构演化主要关注组件、连接件和约束的添加、修改和删除。

12.2 面向对象软件架构演化过程

【基础知识点】

1. 对象演化

对架构设计的动态行为产生影响的演化包括 Add Object（AO）和 Delete Object（DO）。

（1）AO 是在系统需要添加新的对象来实现某种新的功能，或需将现有对象的某个功能独立以增加架构灵活性时发生。

（2）DO 是在系统需要移除某个现有的功能，或需合并某些对象及其功能来降低架构的复杂度的时候发生。

2. 消息演化

消息演化包括 Add Message（AM）、Delete Message（DM）、Swap Message Order（SMO）、Overturn Message（OM）、Change Message Module（CMM）。

（1）AM：增添一条新的消息，产生在对象之间需要增加新的交互行为的时候。

（2）DM：删除当前的一条消息，产生在需要移除某交互行为的时候。

（3）SMO：交换两条消息的时间顺序，发生在需要改变两个交互行为之间的时候。

（4）OM：反转消息的发送对象与接收对象，发生在需要修改某个交互行为本身的时候。

（5）CMM：改变消息的发送或接收对象，发生在需要修改某个交互行为本身的时候。

3. 复合片段演化

复合片断的演化包括 Add Fragment（AF）、Delete Fragment（DF）、Fragment Type Change（FTC）、Fragment Condition Change（FCC）。

（1）AF：在某几条消息上新增复合片段，发生在需要增添新的控制流时。

（2）DF：删除某个现有的复合片段，发生在需要移除当前某段控制流时。

（3）FTC：改变复合片段的类型，发生在需要改变某段控制流时。

（4）FCC：改变复合片段内部执行的条件，发生在改变当前控制流的执行条件时。

4．约束演化

约束演化包括 Add Constraint（AC）、Delete Constraint（DC）。

（1）AC：直接添加新的约束信息，需判断当前设计是否满足新添加的约束要求。

（2）DC：直接移除某条约束信息，发生在去除某些不必要条件的时候。

12.3　软件架构演化方式的分类

【基础知识点】

三种比较典型的软件架构演化方式的分类，如图 12.2 所示。

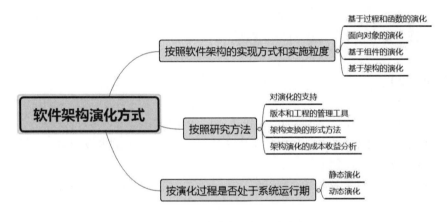

图 12.2　软件架构演化方式分类

1．软件架构演化时期

（1）设计时演化：发生在体系结构模型与之相关的代码编译之前。

（2）运行前演化：发生在执行之前、编译之后。

（3）有限制运行时演化：只发生在某些特定约束满足时。

（4）运行时演化：发生在运行时不能满足要求时。

2．软件架构静态演化

（1）静态演化需求：设计时演化需求、运行前演化需求。

（2）静态演化的一般过程：软件理解→需求变更分析→演化计划→系统重构→系统测试

（3）静态演化的原子演化操作。

1）与可维护性相关的架构演化操作：AMD（Add Module Dependence）、RMD（Remove Module

Dependence）、AMI（Add Module Interface）、RMI（Remove Module Inferface）、AM（Add Module）、RM（Remove Module）、SM（Split Module）、AGM（Aggregate Modules）。

2）与可靠性相关的架构演化操作：AMS（Add Message）、RMS（Remove Message）、AO（Add Object）、RO（Remove Object）、AF（Add Fragment）、RF（Remove Fragment）、CF（Change Fragment）、AU（Add Use Case）、RU（Remove Use Case）、AA（Add Actor）、RA（Remove Actor）。

3. 软件架构动态演化

（1）动态演化需求：软件内部执行所导致的体系结构改变、软件系统外部的请求对软件进行的重配置。

（2）动态演化的类型。

1）软件动态性的等级：交互动态性、结构动态性、架构动态性。

2）动态演化的内容：属性改名、行为变化、拓扑结构改变、风格变化。

（3）动态软件架构（DSA）。

1）基于 DSA 实现动态演化的基本原理是运行时刻体系结构相关信息的改变可用来触发、驱动系统自身的动态调整。

2）DSA 描述语言：基于行为视角的 π-ADL、基于反射视角的 Pilar、基于协调视角的 LIME。

3）DSA 演化工具：使用反射机制、基于组件操作、基于 π 演算、利用外部的体系结构演化管理器

（4）动态软件架构应用实例——PKUAS：包括容器系统、公共服务、工具和微内核 4 种类型。

（5）动态重配置。

1）动态重配置模式：主从模式、中央控制模式、客户端/服务器模式、分布式控制模式。

2）例子：可重用、可配置的产品线架构。

3）动态配置难点：约束定义困难、性能约束难以静态衡量、难以管理所有方面、需同时保证组件系统完整性和重配置策略的正确和安全性。

12.4　软件结构演化原则

【基础知识点】

软件结构包括 18 种可持续演化原则：

（1）演化成本控制原则：演化成本要控制在预期的范围之内。

（2）进度可控原则：架构演化要在预期的时间内完成。

（3）风险可控原则：架构演化中的经济风险、时间风险、人力风险、技术风险和环境风险在可控范围内。

（4）主体维持原则：软件演化的平均增量的增长须保持平稳，保证软件系统主体行为稳定。

（5）系统总体结构优化原则：使演化后的软件系统整体结构（布局）更加合理。

（6）平滑演化原则：软件的演化速率趋于稳定。

（7）目标一致原则：架构演化的阶段目标和最终目标要一致。

（8）模块独立演化原则：软件中各模块自身的演化最好相互独立。

（9）影响可控原则：如果一个模块发生变更，给其他模块带来的影响在可控范围内。

（10）复杂性可控原则：必须控制架构的复杂性，保障软件的复杂性在可控范围内。

（11）有利于重构原则：使演化后软件架构便于重构。

（12）有利于重用原则：演化最好能维持，甚至提高整体架构的可重用性。

（13）设计原则遵循性原则：架构演化最好不能与架构设计原则冲突。

（14）适应新技术原则：软件要独立于特定的技术手段，可运行于不同平台。

（15）环境适应性原则：架构演化后的软件版本比较容易适应新的硬件环境和软件环境。

（16）标准依从性原则：演化不违背相关质量标准（国际标准、国家标准、行业标准等）。

（17）质量向好原则：使所关注的某个质量指标或质量指标的综合效果变更好。

（18）适应新需求原则：很容易适应新的需求变更。

12.5　软件架构演化评估方法

【基础知识点】

（1）演化过程已知的评估。

评估流程：将架构度量应用到演化过程中，通过对演化前后的不同版本的架构分别进行度量，得到度量结果的差值及其变化趋势，并计算架构间质量属性距离，进而对相关质量属性进行评估。

（2）演化过程未知的评估，其架构演化评估过程如图 12.3 所示。

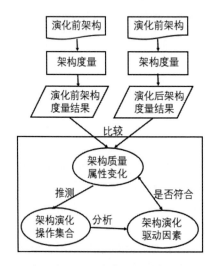

图 12.3　演化过程未知时的架构演化评估过程示意图

12.6　大型网站系统架构演化实例

【基础知识点】

第一阶段：单体架构。

应用程序、数据库、文件等所有资源都在一台服务器上。

第二阶段：垂直架构。

将应用和数据分离，整个网站使用 3 台服务器：应用服务器、文件服务器、数据服务器。

第三阶段：使用缓存改善网站性能。

包括在应用服务器上的本地缓存和在专门的分布式缓存服务器上的远程缓存。

第四阶段：使用服务集群改善网站并发处理能力。

通过负载均衡调度服务器，将来自用户浏览器的访问请求分发到应用服务器集群中的任何一台服务器上，解决高并发、海量数据问题。

第五阶段：数据库读写分离。

应用服务器在写数据时，访问主数据库，主服务器通过主从复制机制将数据更新同步到从服务器。在应用服务器读数据时，访问从数据库。

第六阶段：使用反向代理和 CDN 加速网站响应。CDN 和反向代理的基本原理都是缓存。

（1）CDN 部署在网络提供商的机房，用户在请求网站服务时，可在距离最近的网络提供商机房获取数据。

（2）反向代理部署在网站的中心机房，用户请求到达中心机房后，先访问反向代理服务器。

第七阶段：使用分布式文件系统和分布式数据库系统。

进行业务分库，将不同业务的数据部署在不同的物理服务器上。

第八阶段：使用 NoSQL 和搜索引擎。

第九阶段：业务拆分。

将一个网站拆分成许多不同的应用，每个应用独立部署。

第十阶段：分布式服务。

12.7　软件架构维护

【基础知识点】

软件架构维护过程包括软件架构知识管理、软件架构修改管理、软件架构版本管理等。

（1）软件架构知识管理。

1）架构知识的定义：架构知识=架构设计+架构设计决策。

2）架构知识管理的含义：侧重于软件开发和实现过程所涉及的架构静态演化，在架构文档等信息来源中捕捉架构知识，提供架构的质量属性及其设计依据进行记录和评价。

3）架构知识管理的需求：防止关键的设计知识"沉没"在软件架构中。

（2）软件架构修改管理。

主要是建立一个隔离区域，保障该区域中任何修改对其他部分影响最小。

（3）软件架构版本管理。

为软件架构演化的版本演化控制、使用和评价提供可靠依据。

（4）软件架构可维护性度量实践。

架构可维护性的 6 个度量指标：圈复杂度（CNN）、扇入扇出度（FFC）、模块间耦合度（CBO）、模块的响应（RFC）、紧内聚度（TCC）、松内聚度（LCC）。

12.8　练习题

1．在软件系统的生命周期里，软件的演化速率趋于稳定，如相邻版本的更新率相对稳定。此描述是软件架构演化的（　）原则。

    A．主体维持　　　　B．系统总体结构优化　　C．平滑演化　　D．目标一致

解析： 主体维持原则：软件演化的平均增量的增长须保持平稳，保证软件系统主体行为稳定。系统总体结构优化原则：使演化后的软件系统整体结构（布局）更加合理。平滑演化原则：软件的演化速率趋于稳定。目标一致原则：架构演化的阶段目标和最终目标要一致。

答案： C

2．软件架构维护过程不包括（　）。

    A．架构知识管理　　B．架构修改管理　　C．架构版本管理　　D．架构构件管理

解析： 软件架构维护过程包括架构知识管理、架构修改管理、架构版本管理等。

答案： D

3．下列软件架构演化时期，（　）是在系统设计时规定了演化的具体条件，将系统置于"安全"模式下，演化只发生在某些特定约束满足时，可以进行一些规定好的演化操作。

    A．设计时演化　　　　　　　　　B．运行前演化

    C．有限制运行时演化　　　　　　D．运行时演化

解析： 设计时演化：发生在体系结构模型与之相关的代码编译之前；运行前演化：发生在执行之前、编译之后；有限制运行时演化：只发生在某些特定约束满足时；运行时演化：发生在运行不能满足要求时。

答案： C

4．根据所修改的内容不同，软件的动态演化不包括（　）。

    A．属性改名　　　　B．行为变化　　　　C．拓扑结构改变　　D．格式变化

解析： 动态演化的内容：属性改名、行为变化、拓扑结构改变、风格变化。

答案： D

13.0 章节考点分析

第 13 小时主要学习信息物理系统技术、人工智能技术、机器人技术、边缘计算、数字孪生体技术以及云计算和大数据技术等内容。

根据考试大纲，本小时知识点会涉及单项选择题（约占 3~5 分）和下午案例题（25 分），论文也会有覆盖。本小时知识架构如图 13.1 所示。

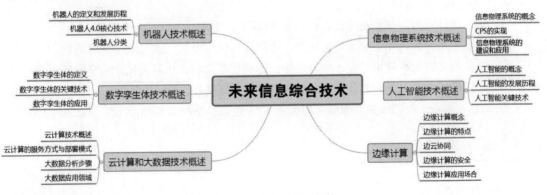

图 13.1　本小时知识架构

【导读小贴士】

近几年新技术发展提出了一些新概念、新知识、新产品，作为系统架构师需要掌握当前应用技术发展前沿。本章建议以读教材为主，课外多了解，以把握命题人对本章的出题思路。

13.1　信息物理系统技术概述

【基础知识点】

1. 信息物理系统的概念

信息物理系统（Cyber-Physical System，CPS），最早由美国国家航空航天局于 1992 年提出，后科学家海伦·吉尔给出详细描述。信息物理系统是控制系统、嵌入式系统的扩展与延伸。CPS 通过集成先进的感知、计算、通信、控制等信息技术和自动控制技术，构建了物理空间与信息空间中人、机、物、环境、信息等要素相互映射、适时交互、高效协同的复杂系统，实现系统内资源配置和运行的按需响应、快速迭代、动态优化。CPS 的本质是构建一套信息空间与物理空间之间基于数据自动流动的状态感知、实时分析、科学决策、精准执行的闭环赋能体系，解决生产制造、应用服务过程中的复杂性和不确定性问题，提高资源配置效率，实现资源优化。

2. CPS 的实现

CPS 的体系结构分为：单元级、系统级、SOS 级。CPS 技术体系主要包括 CPS 总体技术（顶层设计技术）、CPS 支撑技术（基于应用支撑）、CPS 核心技术（基础技术）。CPS 技术了分为四大核心技术要素："一硬"（感知和自动控制，是 CPS 实现的硬件支撑）、"一软"（工业软件，CPS 核心）、"一网"（工业网络，是网络载体）、"一平台"（工业云和智能服务平台，是支撑上层解决方案的基础）。

3. 信息物理系统的建设和应用

CPS 典型应用场景有：

（1）智能设计方面：产品及工艺设计、生产线/工厂设计。

（2）智能生产方面：设备管理应用场景、生产管理应用场景、柔性制造应用场景。

（3）智能服务方面：健康管理、智能维护、远程征兆诊断、协同优化、共享服务。

（4）智能应用方面：无人装备、产业链互动、价值链共赢。

CPS 的建设路径是：CPS 体系设计、单元级 CPS 建设、系统级 CPS 建设、SOS 级 CPS 建设。

13.2　人工智能技术概述

【基础知识点】

1. 人工智能的概念

人工智能是利用数字计算机或数字计算机控制的机器模拟、延伸和扩展人的智能，感知环境、获取知识并使用知识获得最佳结果的理论、方法、技术及应用系统。人工智能根据是否能真正实现推理、思考和解决问题，分为弱人工智能和强人工智能。

2. 人工智能的发展历程

图灵测试→"人工智能"术语→机器学习→专家系统→计算机战胜双陆棋世界冠军→决策树模型和神经网络→IBM 深蓝战胜国际象棋世界冠军→深度学习→爆发式发展。

3．人工智能关键技术

（1）自然语言处理：包括机器翻译、语义理解、问答系统等。

（2）计算机视觉：如自动驾驶、机器人、智能医疗。

（3）知识图谱：可用于发欺诈、不一致性验证、组团欺诈等对公共安全保障形成威胁的领域。

（4）人机交互：传统的基本交互、图形交互、语音交互、情感交互、体感交互及脑机交互等。

（5）虚拟现实或增强现实：在一定范围内生成与真实环境在视觉、听觉等方面高度近似的数字化环境。

（6）机器学习。

1）按学习模式不同分为监督学习（需提供标注的样本集）、无监督学习（不需提供标注的样本集）、半监督学习（需提供少量标注的样本集）、强化学习（需反馈机制）。

2）按学习方法不同分为传统机器学习（需手动完成）、深度学习（需大量训练数据集和强大GPU 服务器提供算力）。

3）机器学习常见算法：迁移学习、主动学习、演化学习。

13.3　机器人技术概述

【基础知识点】

1．机器人的定义和发展历程

（1）定义：具体脑、手、脚等三要素个体；具有非接触传感器和接触传感器；具有平衡觉和固定觉的传感器。

（2）发展历程：第一代机器人（示教再现型机器人）→第二代机器人（感觉型机器人）→第三代机器人（智能型机器人）。

2．机器人 4.0 核心技术

机器人 4.0 核心技术包括云—边—段的无缝协同计算、持续学习与协同学习、知识图谱、场景自适应和数据安全。

3．机器人分类

（1）按控制方式分类包括：操作机器人、程序机器人、示教再现机器人、智能机器人和综合机器人。

（2）按应用行业分类包括：工业机器人、服务机器人、特殊领域机器人。

13.4　边缘计算

【基础知识点】

1．边缘计算概念

边缘计算就是将数据的处理、应用程序的运行以及一些功能服务的实现，由网络中心下放到网络边缘节点上。关于边缘计算的具体定义目前有以下几种观点：

（1）边缘计算产业联盟对边缘计算的定义：云计算在数据中心之外汇聚节点的延伸和演进，包括云边缘、边缘云和云化网关三类落地形态；以"边云协同"和"边缘智能"为核心和发展方向。

（2）OpenStack 社区的定义概念：为应用开发者和服务提供商在网络边缘侧提供云服务和 IT 环境服务，目标是在靠近数据输入或用户的地方提供计算、存储和网络带宽。

（3）ISO/IEC JTC1/SC38 对边缘计算给出的定义：在靠近物或数据源头的网络边缘侧，融合网络、计算、存储、应用核心能力的开放平台，就近提供边缘智能服务。

（4）国际标准组织定义：提供移动网络边缘 IT 服务和计算能力，靠近移动用户。

2．边缘计算的特点

边缘计算的特点包括联接性、数据第一入口、约束性、分布性。具体内容如下：

（1）联接性：所联接物理对象的多样性及应用场景的多样性，需要边缘计算具备丰富的联接功能，如各种网络接口、网络协议等。

（2）数据第一入口：边缘计算拥有大量、实时、完整的数据，可基于数据全生命周期进行管理与价值创造，将更好地支撑预测性维护、资产效率与管理等创新应用。

（3）约束性：边缘计算产品需适配工业现场相对恶劣的工作条件与运行环境。在工业互联场景下，对边缘计算设备的功耗、成本、空间也有较高的要求。边缘计算产品需要考虑通过软硬件集成与优化，以适配各种条件约束，支撑行业数字化多样性场景。

（4）分布性：边缘计算实际部署天然具备分布式特征。这要求边缘计算支持分布式计算与存储、实现分布式资源的动态调度与统一管理、支撑分布式智能、具备分布式安全等能力。

3．边云协同

（1）资源协同：边缘节点提供计算、存储、网络、虚拟化等基础设施资源，具有本地资源调度管理能力，同时可与云端协同，接受并执行云端资源调度管理策略，包括边缘节点的设备管理、资源管理以及网络连接管理。

（2）数据协同：边缘节点主要负责现场/终端数据的采集，按照规则或数据模型对数据进行初步处理与分析，并将处理结果以及相关数据上传给云端；云端提供海量数据的存储、分析与价值挖掘。边缘与云的数据协同，支持数据在边缘与云之间可控有序流动，形成完整的数据流转路径，高效低成本对数据进行生命周期管理与价值挖掘。

（3）智能协同：边缘节点执行推理，实现分布式智能；云端开展模型训练，并将模型下发边缘节点。

（4）应用管理协同：边缘节点提供应用部署与运行环境，并对本节点多个应用的生命周期进行管理调度；云端主要提供应用开发、测试环境，以及应用的生命周期管理能力。

（5）业务管理协同：边缘节点提供模块化、微服务化的应用/数字孪生/网络等应用实例；云端主要提供按照客户需求实现应用/数字孪生/网络等的业务编排能力。

（6）服务协同：边缘节点按照云端策略实现部分 ECSaaS 服务，通过 ECSaaS 与云端 SaaS 的协同实现面向客户的按需 SaaS 服务；云端主要提供 SaaS 服务在云端和边缘节点的服务分布策略，以及云端承担的 SaaS 服务能力。

4. 边缘计算的安全

边缘安全的价值体现在：提供可信的基础设施、为边缘应用提供可信赖的安全服务、提供安全可信的网络和覆盖。

5. 边缘计算应用场合

边缘计算应用场合包括智慧园区、安卓云与云游戏、视频监控、工业物联网、Cloud VR。

13.5　数字孪生体技术概述

【基础知识点】

1. **数字孪生体的定义**

数字孪生体是现有或将有的物理实体对象的数字模型，通过实测、仿真和数据分析来实时感知、诊断、预测物理实体对象的状态，通过优化和指令来调控物理实体对象的行为，通过相关数字模型间的相互学习来进化自身，同时改进利益相关方在物理实体对象生命周期内的决策。

2. **数字孪生体的关键技术**

数字孪生体的核心技术：建模、仿真和基于数据融合的数字线程。

3. **数字孪生体的应用**

数字孪生体主要应用于制造、产业、城市和战场。

13.6　云计算和大数据技术概述

【基础知识点】

（1）云计算技术概述："云计算"是同时描述一个系统平台或一类应用程序的术语，包含平台和应用。

（2）云计算的服务方式与部署模式。云计算的服务方式有：

1）软件即服务（SaaS）：服务提供商将应用软件统一部署在云计算服务器上。

2）平台即服务（PaaS）：服务提供商将分布式开发环境与平台作为一种服务来提供。

3）基础设施即服务（IaaS）：服务提供商将多台服务器组成"云端"基础设施作为计量服务提供给客户。

云计算的部署模式：公有云、社区云、私有云、混合云。

（3）大数据分析步骤：数据获取/记录→信息抽取/清洗/注记→数据集成/聚集/表现→数据分析/建模→数据解释。

（4）大数据应用领域：制造业、服务业、交通行业、医疗行业。

13.7 练习题

1．CPS 技术体系的四大核心技术要求中"一平台"是（　　）。

    A．感知和自动控制   B．工业软件

    C．工业网络   D．工业云和智能服务平台

解析：CPS 技术分为四大核心技术要素："一硬"（感知和自动控制，是 CPS 实现的硬件支撑）、"一软"（工业软件，CPS 核心）、"一网"（工业网络，是网络载体）、"一平台"（工业云和智能服务平台，是支撑上层解决方案的基础）。

答案：D

2．人工智能的关键技术包括自然语言处理、计算机视觉、知识图谱、机器学习。机器学习分类中（　　）是利用已标记的有限训练数据集，通过某种学习策略/方法建立一个模型，从而实现对新数据/实例标记/映射。

    A．监督学习   B．无监督学习   C．半监督学习   D．强化学习

解析：按学习模式不同分为监督学习（需提供标注的样本集）、无监督学习（不需提供标注的样本集）、半监督学习（需提供少量标注的样本集）、强化学习（需反馈机制）。

答案：A

3．云计算的服务方式不包括（　　）。

    A．软件即服务   B．计算即服务   C．平台即服务   D．基础设施即服务

解析：云计算的服务方式包括：

（1）软件即服务（SaaS）：服务提供商将应用软件统一部署在云计算服务器上。

（2）平台即服务（PaaS）：服务提供商将分布式开发环境与平台作为一种服务来提供。

（3）基础设施即服务（IaaS）：服务提供商将多台服务器组成"云端"基础设施作为计量服务提供给客户。

答案：B

第**14**小时

系统规划

14.0　章节考点分析

第 14 小时主要了解系统规划知识，此部分考点非常少，因此不作为重点掌握的知识。
本小时知识架构如图 14.1 所示。

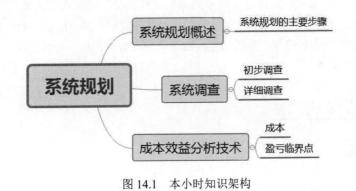

图 14.1　本小时知识架构

【导读小贴士】

系统规划属于信息系统生命周期的第一个阶段，其任务是对企业的环境、目标及现有系统的状况进行初步调查，研究建设新系统的必要性和可能性。根据需要与可能，给出拟建系统的备选方案。对这些方案进行可行性分析，写出可行性研究报告。可行性研究报告审议通过后，将新系统建设方案及实施计划编写成系统设计任务书。

14.1　系统规划概述

【基础知识点】

系统规划的主要步骤包括：

（1）对现有系统进行初步调查。

（2）分析和确定系统目标。

（3）分析子系统的组成和基本功能。

（4）拟定系统的实施方案。

（5）进行系统的可行性研究，编写可行性研究报告，召开可行性论证会。

（6）制订系统建设方案。

14.2　系统调查

【基础知识点】

系统调查可以分为初步调查与详细调查两个阶段。

（1）初步调查。在规划阶段进行初步调查可了解企业的组织结构和系统功能等。具体包括：初步需求分析、企业基本状况、管理方式和基础数据管理状况、现有系统状况。

（2）详细调查。详细调查则可以深入了解系统的处理流程。调查的内容有：现有系统的运行环境和状况、组织结构、业务流程、系统功能、数据资源与数据流程、资源情况、约束条件和薄弱环节等。

14.3　成本效益分析技术

【基础知识点】

1. 成本

按照成本性态分类，可以分为固定成本、变动成本和混合成本。

（1）固定成本：是指其总额在一定时期和一定业务量范围内，不受业务量变动的影响而保持固定不变的成本。如管理人员的工资、办公费、固定资产折旧费、员工培训费等。

（2）变动成本：也叫可变成本，指在一定时期和一定业务量范围内其总额随着业务量的变动而成正比例变动的成本。如直接材料费、产品包装费、外包费用、开发奖金等。

（3）混合成本：即混合了固定成本和变动成本的性质的成本。这些成本通常有一个基数，超过这个基数就会随业务量的增大而增大。如质量保证人员的工资、设备动力费等成本在一定业务量内是不变的，超过了这个量便会随业务量的增加而增加。

2. 盈亏临界点

盈亏临界点也称盈亏平衡点或保本点，是指项目收入和成本相等的经营状态，就是既不盈利又不亏损的状态。相关公式如下：

（1）利润＝(销售单价−单位变动成本)×销售量−总固定成本。

（2）盈亏临界点销售量＝总固定成本/(销售单价−单位可变成本)。

（3）盈亏临界点销售额＝总固定成本/(1−总可变成本/销售收入)。

14.4　练习题

1.（　）的内容是调查现有系统的运行环境和状况、组织结构、业务流程、系统功能等。

　　A. 初步调查　　　B. 详细调查　　　C. 系统调查　　　D. 可行性研究

解析：详细调查可以深入了解系统的处理流程。调查的内容有：现有系统的运行环境和状况、组织结构、业务流程、系统功能、数据资源与数据流程、资源情况、约束条件和薄弱环节等。

答案：B

2. 管理人员的工资属于（　）。

　　A. 固定成本　　　B. 混合成本　　　C. 变动成本　　　D. 长期成本

解析：固定成本是指其总额在一定时期和一定业务量范围内，不受业务量变动的影响而保持固定不变的成本。如管理人员的工资、办公费、固定资产折旧费、员工培训费等。

答案：A

3. 某厂生产的某种电视机，销售价为每台 2500 元，去年的总销售量为 25000 台，固定成本总额为 250 万元，可变成本总额为 4000 万元，税率为 16%，则该产品年销售量的盈亏平衡点为（　）台（只有在年销售量超过它时才能盈利）。

　　A. 5000　　　B. 10000　　　C. 15000　　　D. 20000

解析：设销售量达到盈亏平衡点时的销售量为 N，每台电视机的可变成本为 4000/2.5= 1600 元，总收入是 $0.25N×(1−16\%) =0.21N$。根据公式：盈亏临界点销售量=总固定成本/(销售单价−单位可变成本)，将公式变形：盈亏临界点销售量×销售单价=总固定成本+盈亏临界点销售量×单位可变成本。则有 $0.21N=250+0.16N$，解得 N 为 5000。

答案：A

第4篇
架构设计实践知识

第**15**小时

信息系统架构设计理论与实践

15.0 章节考点分析

第 15 小时主要学习信息系统架构设计的理论和工作中的实践。根据考试大纲，本小时知识点会涉及单项选择题（约占 3～5 分）和下午案例题（25 分），论文也会有涉及。本章节内容理论性较强，较多内容适合作为论文写作素材。本小时内容侧重于知识点记忆和理解，按照以往的考查规律，信息系统架构设计基础知识点基本来源于教材内，偶尔有超出教材的考查内容也是基于对教材内知识点的理解。本小时知识架构如图 15.1 所示。

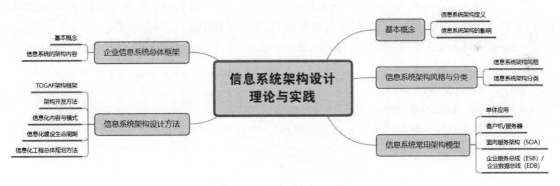

图 15.1 本小时知识架构

 【导读小贴士】

信息系统架构（Information System Architecture，ISA）是一种总体架构，其自顶向下体现政府、企（事）业单位的信息系统的各个组成部分和各部分之间的关系，表现为信息系统与相关业务的关系，体现了信息系统与信息技术的关系，是展示了信息、技术与企业及其业务之间关系的模型。

15.1　基本概念

【基础知识点】

1. 信息系统架构定义

目前关于信息系统架构较为权威的定义有：

（1）信息系统架构是系统的结构，由软件元素、元素外部可见属性和元素间关系组成。

（2）信息系统架构是软件系统结构、行为和属性的高级抽象，由系统元素描述、元素间相互作用、元素集成模式及模式约束组成。

（3）信息系统架构是系统的基础组织，体现为构件、构件间关系、构件和环境间关系、构件设计和演进的原则。

对于定义的理解：

（1）架构是系统的抽象：元素、元素外部可见属性和元素间关系反映系统的抽象。

（2）架构是结构的组合：结构从功能角度描述元素间关系。

（3）系统必然存在架构：无论是否存在抽象、模型和具体的描述文档。

（4）架构是元素的集合：元素组成系统，元素外部可见属性表现系统功能，元素间关系表现系统对外部刺激的响应；从静态角度，架构关注系统的总体结构（模式）；从动态角度，架构关注系统行为的共同特征。

（5）架构具有基础特性：架构具有重复性问题的通用解决方案的复用性，架构在系统设计过程中通过设计决策对系统造成深远影响，这种影响反映架构敏感。

（6）架构隐含设计决策：架构是对关键功能和非功能性需求进行设计与决策的最终设计结果。

2. 信息系统架构的影响

影响架构的因素有：

（1）外部干系人：对系统有不同的关注和需求。

（2）内部干系人：知识结构、素质、经验、技术环境影响需求和设计。

架构对影响因素也具有反作用：

（1）影响外部干系人：业务影响组织结构。

（2）影响内部干系人：架构具有示范性、复用性，提供商机。

15.2　信息系统架构风格与分类

【基础知识点】

1. 信息系统架构风格

信息系统架构遵循通用的架构风格，详见第 9 小时相关内容，这里不再赘述。

- 数据流体系结构风格：批处理，管道-过滤器。
- 调用/返回体系结构风格：主程序/子程序，面向对象，层次结构。
- 独立构件体系结构风格：进程通信，事件系统。
- 虚拟机体系结构风格：解释器，规则系统。
- 仓库体系结构风格：数据库，超文本，黑板。

2. 信息系统架构分类

（1）信息系统物理结构包括：①单体应用；②分布式结构。

（2）信息系统逻辑结构如下所述。

1）横向综合：将同一管理层次的各个业务职能综合到一起。

2）纵向综合：将同一业务的各个管理层次智能综合到一起。

3）纵横综合：将各个业务的各个管理层次统一综合到一起，主要从信息模型和处理模型两方面着手，建立公用的数据库和统一的信息处理系统。

15.3　信息系统常用架构模型

【基础知识点】

1. 单体应用

单体应用指运行在单台物理机器上的独立应用程序。应用领域就是信息系统领域，也就是以数据处理为核心的系统。

2. 客户机/服务器

客户机/服务器是信息系统中最常见的模式，这种模式下客户端和服务器间通过 TCP/UDP 进行请求和应答。常见的客户机/服务器形式有以下几种：

（1）二层 C/S（Client/Server）。这是一种胖客户端，主要是指前台客户端 + 后台数据库的形式。如图 15.2 所示。

（2）三层 C/S 和 B/S（Browser/Server）如下所述。

1）三层 C/S：前台客户端+后台服务端+后台数据库，如图 15.3 所示。

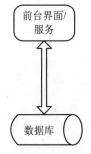

图 15.2　客户端/服务器胖客户端架构图

图 15.3　客户端/服务器三层架构图

2）瘦客户端：前台界面和业务逻辑处理分离，前台客户端仅含前台界面。

3）三层 B/S：Web 浏览器+Web 服务器+后台数据库。

B/S 本质是浏览器与服务器间采用基于 TCP/IP 或 UDP 的 HTTP 协议。前台客户端与后台服务端通信协议有：TCP/IP 协议，基于 TCP/IP 协议通过 Socket 自定义实现的协议，RPC 协议，CORBA/IIOP 协议，Java RMI 协议，J2EE JMS 协议，HTTP 协议。

（3）多层 C/S 和 B/S 结构。

1）多层 C/S：是指三层以上的结构，如图 15.4 所示。形式是前台客户端+后台服务端+中间件/应用层+数据库，其中，中间件/应用层的作用有以下 3 点：①提高并发性能和可伸缩性；②请求转发，业务逻辑处理；③增加数据安全性。

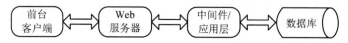

图 15.4　客户端/服务器多层架构

2）多层 B/S：是指三层以上的结构，形式是 Web 浏览器+Web 服务器+中间件/应用层+数据库。

（4）模型-视图-控制器（Model-View-Controller，MVC）。在 J2EE 架构中，形式是：Web 浏览器（View）+ Web 服务器（Controller 也可以是加上中间件/应用层的形式）+数据库，关于模型层可根据实际情况与 MV 一起置于 Web 服务器，或单独置于应用层。

3．面向服务架构（SOA）

在 SOA 中服务的概念是指能提供一组整体功能的独立应用系统。这个应用系统被去掉任何一层服务，都将不能正常工作。在实践中，要实现 SOA 可以借助诸如消息中间件、交易中间件等中间件来实现。SOA 的应用模式最典型、最流行的就是 Web Service，即两个互联网应用之间可以互相向对方开放一些功能模块、函数、过程等"服务"，然后通过消息机制或远程过程调用（Remote Procedure Call，RPC）这样的中间件去调用对方的服务。面向服务架构主要实践有异构系统集成、同构系统聚合、联邦架构等。

4．企业服务总线（ESB）/企业数据总线（EDB）

企业总线是企业应用间信息交换的公共通道，具有如下特征：

● 连接软件系统，主要提供服务代理功能和服务注册表。

● 按照协议消息头进行数据、请求、回复的接收和分发。

● 可以基于消息中间件、事务中间件、CORBA/IIOP 协议开发构建。

15.4　企业信息系统总体框架

【基础知识点】

1．基本概念

信息系统的架构（Information System Architecture，ISA）是多维度、分层次、高度集成化的模型。

2. 信息系统的架构内容

要在企业中建立一个有效集成的 ISA，必须考虑企业中的 4 个方面：战略系统、业务系统、应用系统和企业信息基础设施。

（1）战略系统。战略系统是指企业中与战略制定、高层决策有关的管理活动和计算机辅助系统。战略系统由企业战略规划体系、以计算机为基础的高层决策支持系统组成。战略系统是信息系统对企业高层管理者决策支持的能力，也是企业战略规划对信息系统建设的影响和要求。企业战略可以分为长期与短期两种，长期规划较为稳定，如调整产品结构。而短期规划适用于如决定新产品的类型的情况。

（2）业务系统。是指企业中完成一定业务功能的各个部分组成的系统，其中的功能通过一些业务过程来完成，业务过程由一系列相互依赖的业务活动、业务活动先后次序、业务活动执行角色、业务活动处理相关数据组成。业务系统的作用有：①对企业现有业务系统，过程，活动建模；②在企业战略指导下，采用业务过程重组优化业务过程；③对企业优化业务系统，过程，活动建模；④确定相对稳定数据；⑤以稳定数据为基础，进行应用系统开发和信息基础设施建设。

（3）应用系统。应用系统是指信息系统中的应用软件部分。应用系统包括内部功能和外部界面两个部分。界面部分是应用系统中相对变化较多的部分，主要由用户对界面形式要求的变化引起；功能实现部分中，相对来说处理的数据变化较小，而程序的算法和控制结构的变化较多，主要由用户对应用系统功能需求的变化和对界面形式要求的变化引起。

（4）企业信息基础设施。企业信息基础设施（Enterprises Information Infrastructure，EII）是指根据企业当前业务和可预见的发展趋势，及对信息采集、处理、存储和流通的要求，构筑由信息设备、通信网络、数据库、系统软件和支持性软件等组成的环境。

15.5　信息系统架构设计方法

【基础知识点】

1. TOGAF 架构框架

TOGAF 是国际权威组织 The Open Group（TOG）制订的企业架构标准框架。TOGAF 目标有 4 个：

（1）节省时间和成本，更有效、合理地利用资源。

（2）实现可观的投资回报率。

（3）确保从关键利益相关方到团队成员的所有用户都使用相同的语言。

（4）避免被"锁定"到企业架构的专有解决方案。

TOGAF 的核心思想是模块化架构，为架构产品提供内容框架，为大型组织开发提供扩展指南，适用于不同架构风格。

TOGAF 的组件有架构开发方法、架构开发方法指南和技术、架构内容框架、企业连续序列和工具、架构框架参考模型、架构能力框架。

2. 架构开发方法

架构开发方法（Architecture Development Method，ADM）由一组按照架构领域的架构开发顺序而排列成一个环的多个阶段所构成。这些阶段是：预备、需求管理、架构愿景、业务架构、信息系统架构、技术架构、机会和解决方案、迁移规划、实施治理、架构变更管理。

3. 信息化内容与模式

信息化包括 4 个方面的内容：信息网络体系、信息产业基础、社会运行环境、效用积累过程。

信息化具有 6 个要素：开发利用信息资源、建设国家信息网络、推进信息技术应用、发展信息技术和产业、培育信息化人才、制订和完善信息化政策。

通常信息化包括了 7 个平台：知识管理平台、日常办公平台、信息集成平台、信息发布平台、协同工作平台、公文流转平台、企业通信平台。

信息化也具有 9 个特征：易用性、健壮性、平台化、灵活性、扩展性、安全性、门户化、整合性、移动性。

信息化架构具有两种模式：

（1）数据导向架构。关注数据模型和数据质量。

（2）流程导向架构。关注端到端流程整合及对流程变化的适应度。

4. 信息化建设生命周期

信息化建设生命周期具体分为：系统规划、系统分析、系统设计、系统实施、系统运行和维护几个阶段。

5. 信息化工程总体规划方法

信息化工程总体规划方法主要有：

（1）关键成功因素法（Critical Success Factors，CSF）。关键成功因素指的是对企业的成功起关键作用的因素。CSF 就是通过分析找出使得企业成功的关键因素，然后再围绕这些关键因素来确定系统的需求，并进行规划。

（2）战略目标集转化法（Strategy Set Transformation，SST）。SST 反映了各种人的要求，而且给出了按这种要求的分层，然后转化为信息系统目标的结构化方法。

（3）企业系统规划法（Business System Planning，BSP）。BSP 通过自上而下地识别系统目标、企业过程和数据，然后对数据进行分析，自下而上地设计信息系统。

15.6 练习题

1. 在信息化工程总体规划的方法论中，（　　）是通过分析找出使得企业成功的关键因素，然后再围绕这些关键因素来确定系统的需求，并进行规划。

　　A．战略目标集转化法　　　　　　B．关键成功因素法

　　C．企业系统规划法　　　　　　　D．信息系统工程法

解析：关键成功因素指的是对企业的成功起关键作用的因素。关键成功因素法就是通过分析找出使得企业成功的关键因素，然后再围绕这些关键因素来确定系统的需求，并进行规划。

答案：B

2．信息化建设生命周期的顺序是（　　）。

  A．系统设计、系统分析、系统规划、系统实施、系统运行和维护

  B．系统分析、系统设计、系统规划、系统实施、系统运行和维护

  C．系统规划、系统分析、系统设计、系统实施、系统运行和维护

  D．系统分析、系统规划、系统设计、系统实施、系统运行和维护

解析：信息化建设生命周期是系统规划、系统分析、系统设计、系统实施、系统运行和维护几个阶段。

答案：C

3．请列举信息系统架构中较为常用的架构模型。

解析：传统的信息系统架构中架构模型主要关注应用系统架构，典型的应用系统架构包括单体应用、二层/三层/多层的客户端/服务器或浏览器/服务器以及面向服务几种架构模式。在企业应用中，复杂的面向服务架构会加重信息系统开发和管理负担，为了规避成本问题，多采用企业服务总线或企业数据总线架构模式。

答案：单体应用架构，二层客户端/服务器架构，三层客户端/服务器架构，三层浏览器/服务器架构，多层客户端/服务器架构，面向服务的架构，企业服务总线。

4．企业服务总线（ESB）是企业应用间信息交换的公共通道，请简述它的特征。

答案：企业服务总线是企业应用间信息交换的公共通道，具有如下特征：

（1）连接软件系统，主要提供服务代理功能和服务注册表。

（2）按照协议消息头进行数据、请求、回复的接收和分发。

（3）可以基于消息中间件、事务中间件、CORBA/IIOP 协议开发构建。

第**16**小时
层次式架构设计理论与实践

16.0 章节考点分析

第 16 小时主要学习层次式架构设计理论与实践。根据考试大纲，本小时知识点会涉及单选题型（约占 2～5 分）和案例题（25 分），本小时内容偏重于方法的掌握和应用，根据以往全国计算机技术与软件专业技术资格（水平）考试的出题规律，概念知识的考查内容多数来源于实际应用，还需要灵活运用相关知识点。

本小时知识架构如图 16.1 所示。

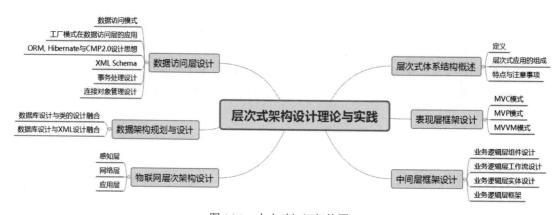

图 16.1 本小时知识架构图

 【导读小贴士】

层次式架构是软件体系结构设计中最为常用的一种架构形式，它为软件系统提供了一种在结构、行为和属性方面的高级抽象，其核心思想是将系统组成为一种层次结构，每一层为上层服务，并作为下层客户。本章重点介绍了层次式架构中的表现层、中间层、访问层和数据层的体系结构设计技术，给出了层次式架构的案例分析。

16.1　层次式体系结构概述

【基础知识点】

1. 定义

软件体系结构为软件系统提供了结构、行为和属性的高级抽象，由构成系统的元素描述这些元素的相互作用、指导元素集成的模式以及这些模式的约束组成。层次式体系结构设计是一种常见的架构设计方法，它将系统组成为一个层次结构，每一层为上层服务，并作为下层客户。在一些层次系统中，除了一些精心挑选的输出函数外，内部的层接口只对相邻的层可见。层次式体系结构的每一层最多只影响两层，同时只要给相邻层提供相同的接口，也允许每层用不同的方法实现，这种方式也为软件重用提供了强大的支持。

2. 层次式应用的组成

大部分的应用会分成表现层（或称为展示层）、中间层（或称为业务层）、访问层（或称为持久层）和数据层，如图 16.2 所示。

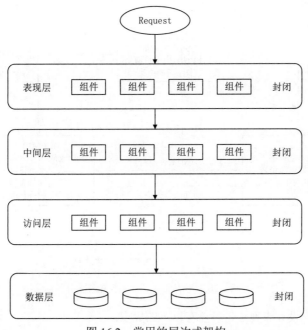

图 16.2　常用的层次式架构

3. 特点与注意事项

采用分层架构设计的一个特点就是关注点分离。每层中的组件只负责本层的逻辑，组件的划分也很容易明确组件的角色和职责，比较容易开发、测试、管理和维护。层次式体系结构是一个可靠的通用的架构，但是设计时要注意以下两点：

1）容易成为污水池反模式（Architecture Sinkhole Anti-patter）：请求流简单地穿过几个层，每层里面基本没有做任何业务逻辑，或者做了很少的业务逻辑。比如一些 Java EE 例子，业务逻辑层只是简单地调用了持久层的接口，本身没有什么业务逻辑。

2）分层架构可能会让应用变得庞大。

16.2 表现层框架设计

【基础知识点】

1. MVC（Model-View-Controller）模式

MVC 是一种软件设计模式。MVC 把一个应用的输入、处理、输出流程按照视图、控制、模型的方式进行分离，形成了控制器、模型、视图 3 个核心模块。其中：

（1）控制器（Controller）：接受用户的输入，并调用模型和视图去完成用户的需求。

（2）模型（Model）：应用程序的主体部分，表示业务数据和业务逻辑。

（3）视图（View）：用户看到并与之交流的界面。

三者协作关系如图 16.3 所示。

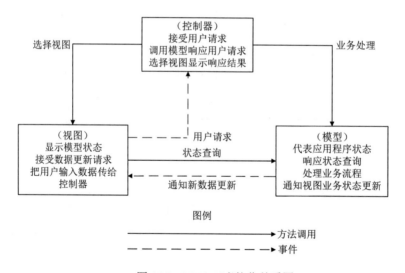

图 16.3 MVC 三者协作关系图

使用 MVC 模式来设计表现层，可以有以下的优点：

（1）允许多种用户界面的扩展。

（2）易于维护。

（3）易于构建功能强大的用户界面。

（4）增加应用的可拓展性、强壮性、灵活性。

2. MVP（Model-View-Presenter）模式

在 MVP 模式中 Model 提供数据，View 负责显示，Controller/Presenter 负责逻辑的处理。MVP 不仅仅避免了 View 和 Model 之间的耦合，还进一步降低了 Presenter 对 View 的依赖。MVP 设计模式如图 16.4 所示。

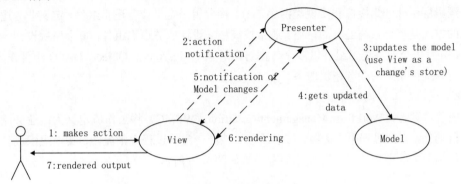

图 16.4　MVP 设计模式

使用 MVP 模式来设计表现层，可以有以下的优点：

（1）模型与视图完全分离，可以修改视图而不影响模型。

（2）所有的交互都发生在一个地方——Presenter 内部，因此可以更高效地使用模型。

（3）可以将一个 Presenter 用于多个视图，而不需要改变 Presenter 的逻辑。因为视图的变化总是比模型的变化频繁。

（4）如果把逻辑放在 Presenter 中，就可以脱离用户接口来测试这些逻辑（单元测试）。

3. MVVM（Model-View-View Model）模式

MVVM 和 MVC、MVP 类似，主要目的都是为了实现视图和模型的分离。不同的是 MVVM 中，View 与 Model 的交互通过 ViewModel 来实现，也就是 View 和 Model 不能直接通信，两者的通信只能通过 ViewModel 来实现。ViewModel 是 MVVM 的核心，通过 DataBinding 实现 View 与 Model 之间的双向绑定，其内容包括数据状态处理、数据绑定及数据转换。MVVM 流程设计模式如图 16.5 所示。

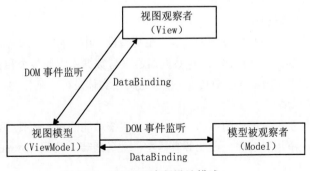

图 16.5　MVVM 流程设计模式

16.3 中间层框架设计

【基础知识点】

1. 业务逻辑层组件设计

业务逻辑层组件分为接口和实现类两个部分。接口用于定义业务逻辑组件，定义业务逻辑组件必须实现的方法是整个系统运行的核心。通常按模块来设计业务逻辑组件，每个模块设计一个业务逻辑组件，并且每个业务逻辑组件以多个数据访问对象（Data Access Object，DAO）组件作为基础，从而实现对外提供系统的业务逻辑服务。

2. 业务逻辑层工作流设计

工作流管理联盟（Workflow Management Coalition，WFMC）将工作流定义为：业务流程的全部或部分自动化，在此过程中，文档、信息或任务按照一定的过程规则流转，实现组织成员间的协调工作以达到业务的整体目标。工作流参考模型如图 16.6 所示。

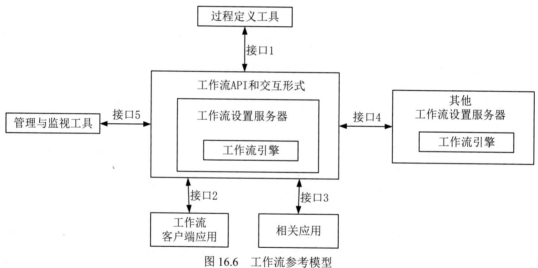

图 16.6 工作流参考模型

3. 业务逻辑层实体设计

逻辑层实体提供对业务数据及相关功能（在某些设计中）的状态编程访问。业务逻辑层实体可以使用具有复杂架构的数据来构建，这种数据通常来自数据库中的多个相关表。业务逻辑层实体数据可以作为业务过程的部分 I/O 参数传递。业务逻辑层实体是可序列化的，以保持它们的当前状态。

4. 业务逻辑层框架

业务逻辑框架位于系统架构的中间层，是实现系统功能的核心组件。采用容器的形式，便于系统功能的开发、代码重用和管理。在业务容器中，业务逻辑是按照 Domain Model-Service-Control 思想来实现的。其中：

1）Domain Model 是仅仅包含业务相关的属性的领域层业务对象。

2）Service 是业务过程实现的组成部分，是应用程序的不同功能单元，通过在这些服务之间定义良好的接口和契约联系起来。

3）Control 服务控制器，是服务之间的纽带，不同服务之间的切换就是通过它来实现的。

16.4　数据访问层设计

【基础知识点】

1.　数据访问模式

数据访问模式有 5 种，分别是：在线访问、Data Access Object、Data Transfer Object、离线数据模式、对象/关系映射（Object/Relation Mapping）。

（1）在线访问：最常用的方式。访问占用一个数据库连接，读取数据，每个数据库操作都会通过这个连接不断地与后台的数据源进行交互。

（2）Data Access Object：DAO 是标准 J2EE 设计模式，这种方式将底层数据访问操作与高层业务逻辑分离开。一个典型的 DAO 实现通常会有一个 DAO 工厂类、一个 DAO 接口、一个实现了 DAO 接口的具体类、数据传输对象。

（3）Data Transfer Object：DTO 属于 EJB 设计模式之一。DTO 是一组对象或容器，需要跨越不同的进程或是网络的边界来传输数据。

（4）离线数据模式：离线数据模式是以数据为中心，数据从数据源获取之后，将按照某种预定义的结构存放在系统中，成为应用的中心。这种方式对数据的各种操作独立于各种与后台数据源之间的连接或是事务。

（5）对象/关系映射：这种方式利用工具或平台能够帮助将应用程序中的数据转换成关系型数据库中的记录；或是将关系数据库中的记录转换成应用程序中代码便于操作的对象。

2.　工厂模式在数据访问层的应用

工厂模式定义一个用于创建对象的接口，让子类决定实例化哪一个类。工厂方法使一个类的实例化延迟到其子类。这里可能会处理对多种数据库的操作，因此，需要首先定义一个操纵数据库的接口，然后根据数据库的不同，由类工厂决定实例化哪个类。

3.　ORM，Hibernate 与 CMP2.0 设计思想

ORM（Object-Relation Mapping）在关系型数据库和对象之间作一个映射，这样，在具体操纵数据库时，就不需要再去和复杂的 SQL 语句打交道，只要像平时操作对象一样操作即可。Hibernate 是一个功能强大，可以有效地进行数据库数据到业务对象的 O/R 映射方案。Hibernate 推动了基于普通 Java 对象模型，用于映射底层数据结构的持久对象的开发。

4.　XML Schema

XML Schema 用来描述 XML 文档合法结构、内容和限制，提供丰富的数据类型。

5. 事务处理设计

事务必须服从 ISO/IEC 所制定的 ACID 原则。ACID 是原子性（Atomicity）、一致性（Consistency）、隔离性（Isolation）和持久性（Durability）的缩写。事务的原子性表示事务执行过程中的任何失败都将导致事务所做的任何修改失效。一致性表示当事务执行失败时，所有被该事务影响的数据都应该恢复到事务执行前的状态。隔离性表示在事务执行过程中对数据的修改，在事务提交之前对其他事务不可见。持久性表示已提交的数据在事务执行失败时，数据的状态都应该正确。

6. 连接对象管理设计

建立一个数据库连接池，提供一套高效的连接分配、使用策略，保证了数据库连接的有效复用。

16.5 数据架构规划与设计

【基础知识点】

（1）数据库设计与类的设计融合。对类和类之间关系的正确识别是数据模型的关键所在。好模型的目标是将工程项目整个生存期内的花费减至最小，同时也会考虑到随时间的推移系统将可能发生的变化，因而设计时也要考虑能适应这些变化。

（2）数据库设计与 XML 设计融合。XML 文档的存储方式有两种：基于文件的存储方式和数据库存储方式。

16.6 物联网层次架构设计

【基础知识点】

（1）感知层：用于识别物体、采集信息。感知层包括二维码标签和识读器、RFID 标签和读写器、摄像头、GPS、传感器、M2M 终端、传感器网关等，主要功能是识别对象、采集信息，与人体结构中皮肤和五官的作用类似。

（2）网络层：用于传递信息和处理信息。网络层包括通信网与互联网的融合网络、网络管理中心、信息中心和智能处理中心等。网络层将感知层获取的信息进行传递和处理，类似于人体结构中的神经中枢和大脑。

（3）应用层：实现广泛智能化。应用层是物联网与行业专业技术的深度融合，结合行业需求实现行业智能化，这类似于人们的社会分工。

16.7 练习题

1. 软件体系结构为软件系统提供了（   ）的高级抽象，由构成系统的元素描述这些元素的相互作用、指导元素集成的模式以及这些模式的约束组成。

    A．继承、多态、实现   B．关联、扩展、泛化

    C．结构、行为、属性   D．构件定义、访问方式、组织部署

解析：软件体系结构为软件系统提供了结构、行为和属性的高级抽象，由构成系统的元素描述这些元素的相互作用、指导元素集成的模式以及这些模式的约束组成。

答案：C

2．MVC 模式是一种目前广泛流行的软件设计模式。近年来，随着 Java EE 的成熟，MVC 成为了 Java EE 平台上推荐的一种设计模式。MVC 强制性地把一个应用的（　　）流程进行分离，形成了控制器、模型、视图三个核心模块。

  A．启动、运行、结束　　　　　　　　B．输入、处理、输出

  C．前端/客户端、服务端、数据库　　　D．接受请求、处理请求、返回请求

解析：MVC 模式是一种目前广泛流行的软件设计模式。近年来，随着 Java EE 的成熟，MVC 成为了 Java EE 平台上推荐的一种设计模式。MVC 强制性地把一个应用的输入、处理、输出流程进行分离，形成了控制器、模型、视图三个核心模块。

答案：B

3．工作流管理联盟（Workflow Management Coalition）将工作流定义为：业务流程的全部或部分自动化，在此过程中，文档、信息或任务按照一定的过程规则流转，实现组织成员间的协调工作以达到业务的整体目标。工作流参考模型包括的组件是（　　）。

  A．过程定义工具、工作流引擎、工作流客户端应用、相关应用、管理与监视工具

  B．工作流定义工具、工作流引擎、工作流客户端应用、相关应用、管理与监视工具

  C．工作流定义工具、工作流引擎、工作流客户端应用、工作流 API、管理与监视工具

  D．过程定义工具、工作流引擎、工作流客户端应用、工作流 API、管理与监视工具

解析：工作流参考模型包括的组件是过程定义工具、工作流引擎、工作流客户端应用、相关应用、管理与监视工具。

答案：A

4．事务必须服从 ISO/IEC 所制定的 ACID 原则。关于 ACID，以下说法错误的是（　　）。

  A．事务的原子性表示事务执行过程中的任何失败都将导致事务所做的任何修改失效

  B．一致性表示当事务执行失败时，所有被该事务影响的数据都应该恢复到事务执行前的状态

  C．隔离性表示在事务执行过程中对数据的修改，在事务提交之后对其他事务不可见

  D．持久性表示已提交的数据在事务执行失败时，数据的状态都应该正确

解析：隔离性表示在事务执行过程中对数据的修改，在事务提交之"前"对其他事务不可见。

答案：C

5．物联网的感知层用于识别物体、采集信息。下列（　　）不属于感知层设备。

  A．摄像头　　　　　B．GPS　　　　　C．扫描仪　　　　　D．指纹

解析：感知层主要功能是识别对象、采集信息，与人体结构中皮肤和五官的作用类似。但指纹是人的特征属性，不是感知层设备。

答案：D

第**17**小时
云原生架构设计理论与实践

17.0　章节考点分析

第 17 小时主要学习云原生架构设计理论与实践。根据考试大纲，本小时知识点会涉及单选题型（约占 2～4 分）、案例题（25 分）和论文题，本小时节内容偏重于方法掌握和应用，根据以往全国计算机技术与软件专业技术资格（水平）考试的出题规律，概念知识的考查内容多数来源于实际应用，还需要灵活运用相关知识点。

本小时知识架构如图 17.1 所示。

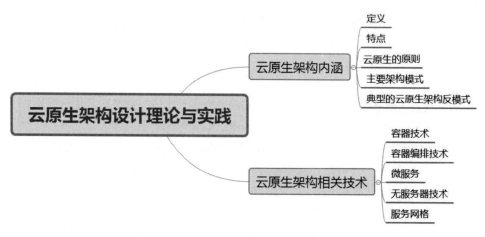

图 17.1　本小时知识架构

【导读小贴士】

云原生（Cloud Native）是近几年云计算领域炙手可热的话题，云原生技术已成为驱动业务增长的重要引擎。同时，作为新型基础设施的重要支撑技术，云原生也逐渐在人工智能、大数据、边缘计算、5G 等新兴领域崭露头角。伴随各行业上云的逐步深化，云原生化转型进程将进一步加速。

17.1　云原生架构内涵

【基础知识点】

1. 定义

云原生架构是基于云原生技术的一组架构原则和设计模式的集合，旨在将云应用中的非业务代码部分进行最大化地剥离，从而让云设施接管应用中原有的大量非功能特性（如弹性、韧性、安全、可观测性、灰度等），使业务不再有非功能性业务中断困扰的同时，具备轻量、敏捷、高度自动化的特点。

2. 特点

基于云原生架构的应用特点包括：

（1）代码结构发生巨大变化：不再需要掌握文件及其分布式处理技术，不再需要掌握各种复杂的网络技术，简化让业务开发变得更敏捷、更快速。

（2）非功能性特性大量委托给云原生架构来解决：比如高可用能力、容灾能力、安全特性、可运维性、易用性、可测试性、灰度发布能力等。

（3）高度自动化的软件交付：基于云原生的自动化软件交付可以把应用自动部署到成千上万的节点上。

3. 云原生的原则

云原生具有以下原则：

（1）服务化原则：通过服务化架构把不同生命周期的模块分离出来，分别进行业务迭代。

（2）弹性原则：弹性是指系统的部署规模可以随着业务量的变化而自动伸缩。

（3）可观测原则：通过日志、链路跟踪和度量等手段，使得多次服务调用的耗时、返回值和参数都清晰可见。

（4）韧性原则：软件所依赖的软硬件组件出现各种异常时，软件表现出来的抵御能力。

（5）所有过程自动化原则：让自动化工具理解交付目标和环境差异，实现整个软件交付和运维的自动化。

（6）零信任原则：不应该信任网络内部和外部的任何人/设备/系统，需要基于认证和授权重构访问控制的信任基础。

（7）架构持续演进原则：架构具备持续演进能力。

4. 主要架构模式

云原生涉及的主要架构模式有：

（1）服务化架构模式：要求以应用模块为颗粒度划分一个应用软件，以接口契约（例如 IDL）定义彼此业务关系，以标准协议（HTTP、gRPC 等）确保彼此的互联互通，结合领域模型驱动（Domain Driven Design，DDD）、测试驱动开发（Test Driven Development，TDD）、容器化部署提升每个接口的代码质量和迭代速度。

（2）Mesh 化架构模式：Mesh 化架构是把中间件框架（如 RPC、缓存、异步消息等）从业务进程中分离，让中间件 SDK 与业务代码进一步解耦，从而使得中间件升级对业务进程没有影响，甚至迁移到另外一个平台的中间件也对业务透明。

（3）Serverless 模式：业务流量到来/业务事件发生时，云会启动或调度一个已启动的业务进程进行处理，处理完成后云自动会关闭/调度业务进程，等待下一次触发。开发者不用关心应用运行地点、操作系统、网络配置、CPU 性能等，将应用的整个运行都委托给云。Serverless 模式适合事件驱动的数据计算任务、计算时间短的请求/响应应用、没有复杂相互调用的长周期任务。

（4）存储计算分离模式：分布式环境中的 CAP 困难主要是针对有状态应用，由于一致性（Consistency，C），可用性（Availability，A），分区容错性（Partition Tolerance，P）三者无法同时满足，最多满足其中两个。所以无状态应用不存在一致性这个维度，可以获得很好的可用性和分区容错性，因而获得更好的弹性。

（5）分布式事务模式。由于业务需要访问多个微服务，所以会带来分布式事务问题，否则数据就会出现不一致。因此架构师需要根据不同的场景选择合适的分布式事务模式，常用的有：

- XA 模式（传统采用 XA 模式）：由于 XA 规范是实现分布式事务处理的标准，通常采用两阶段提交（2 Prepare Commit，2PC）的方法，具有很强的一致性，但是由于需要两次网络交互，所以性能差。
- 基于消息的最终一致性（BASE）：在可用性和一致性相冲突的情况下，为了权衡二者，BASE 提出只要满足基本可用（BA）和最终一致性（E），接受数据的软状态或未确定状态（S），来优先实现性能，所以这类系统通常具备很高的性能。但正是由于应用的特点，选择可用性和一致性的妥协方案，导致通用性有限。
- TCC 模式：采用 Try-Confirm-Cancel 二阶段模式，事务隔离性可控，高效，但需要应用代码将业务模型拆成二阶段，所以对业务侵入性强，设计开发维护等成本很高。
- SAGA 模式：每个正向事务都对应一个补偿事务，若正向事务执行失败，则会执行补偿事务进行回滚。所以开发维护成本高。
- 开源项目 SEATA 的 AT 模式：它将 TCC 模式中的二阶段委托给底层代码框架，并且取消了行锁，所以非常高性能且无代码开发工作量，且可以自动执行回滚操作，但存在一些使用场景限制。

（6）可观测架构：可观测架构包括 Logging、Tracing、Metrics，其中 Logging 提供多个级别跟踪，例如 INFO/ DEBUG/WARNING/ERROR；Tracing 收集一个请求从前端到后端的访问日志聚合，形成完整调用链路跟踪；Metrics 则提供对系统量化的多维度度量，包括并发度、耗时、可用时长、容量等。

（7）事件驱动架构：事件驱动架构（Event Driven Architecture，EDA）是一种应用/组件间的集成架构模式。适用于增强服务韧性、数据变化通知、构建开放式接口、事件流处理、命令查询的责任分离（Command Query Responsibility Segregation，CQRS）把对服务状态有影响的命令用事件来发起，而对服务状态没有影响的查询才使用同步调用的 API 接口等。

5. 典型的云原生架构反模式

架构设计有时候需要根据不同的业务场景选择不同的方式，常见的云原生反模式有：

（1）庞大的单体应用：缺乏依赖隔离，代码耦合，责任和模块边界不清晰，模块间接口缺乏治理，变更影响扩散，不同模块间的开发进度和发布时间要求难以协调，一个子模块不稳定导致整个应用都变慢，扩容时只能整体扩容而不能对达到瓶颈的模块单独扩容等。

（2）单体应用"硬拆"为微服务：强行把耦合度高、代码量少的模块进行服务化拆分；拆分后服务的数据是紧密耦合的；拆分后成为分布式调用，严重影响性能。

（3）缺乏自动化能力的微服务：人均负责模块数上升，人均工作量增大，也增加了软件开发成本。

17.2　云原生架构相关技术

【基础知识点】

1. 容器技术

容器作为标准化软件基础单元，它将应用及其所有依赖项打包发布，由于依赖项齐备，应用不再受环境限制，在不同计算环境间快速、可靠地运行。容器部署模式与其他模式的比较如图 17.2 所示。

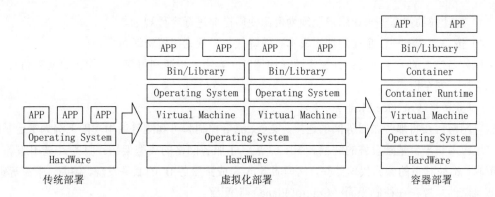

图 17.2　传统、虚拟化、容器部署模式的比较

2．容器编排技术

容器编排技术包括资源调度、应用部署与管理、自动修复、服务发现与负载均衡、弹性伸缩、声明式 API、可扩展性架构、可移植性。

3．微服务

微服务模式将后端单体应用拆分为松耦合的多个子应用，每个子应用负责一组子功能。这些子应用称为"微服务"，多个"微服务"共同形成了一个物理独立但逻辑完整的分布式微服务体系。这些微服务相对独立，通过解耦研发、测试与部署流程，提高整体迭代效率。微服务设计约束如下：

（1）微服务个体约束：微服务应用的功能在业务领域划分上应是相互独立的。

（2）微服务与微服务之间的横向关系：在合理划分好微服务间的边界后，从可发现性和可交互性处理微服务间的横向关系。可发现性是指当服务 A 发布和扩/缩容的时候，依赖服务 A 的服务 B 在不重新发布的前提下，能够自动感知到服务 A 的变化。可交互性是指服务 A 采用什么样的方式可以调用服务 B。

（3）微服务与数据层之间的纵向约束：提倡数据存储隔离（Data Storage Segregation，DSS）原则，对于数据的访问都必须通过相对应的微服务提供的 API 来访问。

（4）全局视角下的微服务分布式约束：高效运维整个系统，从技术上实现全自动化的 CI/CD 流水线满足对开发效率的诉求，并在这个基础上支持蓝绿、金丝雀等不同发布策略，以满足对业务发布稳定性的诉求。

4．无服务器技术

无服务器技术的特点：

（1）全托管的计算服务——客户只需要编写代码构建应用，无须关注同质化的、负担繁重的基于服务器等基础设施的开发、运维、安全、高可用等工作。

（2）通用性——结合云 BaaS（后端云服务）API 的能力，能够支撑云上所有重要类型的应用。

（3）自动弹性伸缩——让用户无须为资源使用提前进行容量规划。

（4）按量计费——让企业的使用成本有效降低，无须为闲置资源付费。

无服务器技术的关注点是：计算资源弹性调度（容错、资源利用率、性能、数据驱动）、负载均衡和流控、安全性。

5．服务网格（Service Mesh）

服务网格旨在将那些微服务间的连接、安全、流量控制和可观测等通用功能下沉为平台基础设施，实现应用与平台基础设施的解耦。图 17.3 展示了服务网格的典型架构。服务 A 调用服务 B 的所有请求，都被其下的服务代理截获，代理服务 A 完成到服务 B 的服务发现、熔断、限流等策略，而这些策略的总控是在控制平面（Control Plane）上配置。

服务网格的主要技术：Istio、Linkerd、Consul。

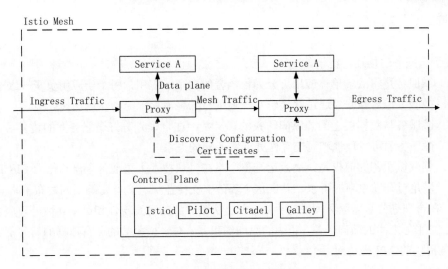

图 17.3　服务网格的典型架构

17.3　练习题

1. 云的时代需要新的技术架构，来帮助企业应用能够更好地利用云计算优势，充分释放云计算的技术红利。云计算无法为企业带来的改进是（　　）。

  A．通过 DevSecOps 应用开发模式，业务功能开发更加敏捷，提升迭代速度，成本更低

  B．企业软件架构可以获得强大的可伸缩性和高可用性

  C．结合云平台全方位企业级安全服务和安全合规能力，保障企业应用在云上安全构建，业务安全运行

  D．企业的开发人员只须关注业务代码部分的开发，非业务功能可以完全委托给云原生架构来解决

解析： 云原生架构旨在将云应用中的非业务代码部分进行最大化的剥离，从而让云设施接管应用中原有的大量非功能特性（如弹性、韧性、安全、可观测性、灰度等），但无法接管所有的非功能特性。

答案： D

2. 下列关于云原生架构原则的描述，错误的是（　　）。

  A．服务化原则、弹性原则、韧性原则

  B．可观测原则、所有过程自动化原则

  C．零信任原则、接口隔离原则

  D．架构持续演进原则

解析： 接口隔离原则是面向对象设计原则，其含义是使用多个专门的接口比使用单一的总接口

好。它不是云原生架构原则。

答案： C

3．关于微服务的描述，错误的是（　　）。

A．微服务是将后端单体应用拆分为松耦合的多个子应用，每个子应用负责一组子功能

B．微服务相对独立，通过解耦研发、测试与部署流程，提高整体迭代效率

C．微服务与数据层之间的纵向约束的含义是：在合理划分好微服务间的边界后，主要从微服务的可发现性和可交互性处理服务间的关系

D．驾驭微服务的前提是：高效运维整个系统，从技术上要准备全自动化的 CI/CD 流水线满足对开发效率的诉求，并在这个基础上支持蓝绿、金丝雀等不同发布策略

解析： 在合理划分好微服务间的边界后，主要从微服务的可发现性和可交互性处理服务间的关系，是属于微服务之间的横向关系。正确的纵向约束是：对于微服务的私有数据的访问都必须通过当前微服务提供的 API 来访问。

答案： C

4．无服务器技术的特点之一是全托管的计算服务：客户只需要编写代码构建应用，无须关注同质化的、负担繁重的基于服务器等基础设施的（　　）等工作。

A．开发、测试、发布、交付

B．开发、运维、安全、高可用

C．机房建设、服务器装机、操作系统安装、软件安装

D．资源调度、性能压测、负载均衡、数据统计

解析： 无服务器技术的特点如下。

全托管的计算服务：客户只需要编写代码构建应用，无须关注同质化的、负担繁重的基于服务器等基础设施的开发、运维、安全、高可用等工作。

通用性：结合云 BaaS API 的能力，能够支撑云上所有重要类型的应用。

自动弹性伸缩：让用户无须为资源使用提前进行容量规划。

按量计费：让企业的使用成本有效降低，无须为闲置资源付费。

答案： B

5．容器作为标准化软件单元，它将应用及其所有依赖项打包，使应用不再受（　　）限制，在不同计算环境间快速、可靠地运行。

　　A．环境　　　　　　B．操作系统　　　　　C．硬件　　　　　D．网络

解析： 在容器的帮助下，应用程序无须关注操作系统及更加低层的硬件、网络、存储的限制。选项 B、C、D 的说法有局限性，选项 A 更贴切。

答案： A

第**18**小时
面向服务架构设计理论与实践

18.0 章节考点分析

第 18 小时主要学习面向服务架构设计理论与实践。根据考试大纲，本小时知识点会涉及单选题型（约占 2~5 分）和案例题（25 分），本小时内容偏重于方法的掌握和应用，根据以往全国计算机技术与软件专业技术资格（水平）考试的出题规律，概念知识的考查内容多数来源于实际应用，还需要灵活运用相关知识点。

本小时知识架构如图 18.1 所示。

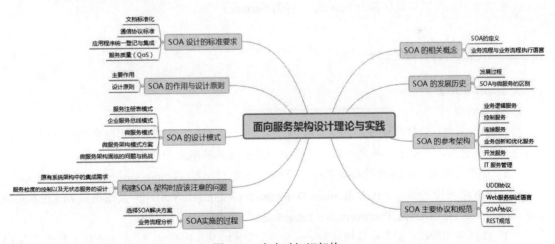

图 18.1 本小时知识架构

【导读小贴士】

在面向服务的体系结构（Service-Oriented Architecture，SOA）中，服务的概念有了延伸，泛指系统对外提供的功能集。例如，在一个大型企业内部，可能存在进销存、人事档案和财务等多个系统，在实施 SOA 后，每个系统用于提供相应的服务，财务系统作为资金运作的重要环节，也向整个企业信息化系统提供财务处理的服务，那么财务系统的开放接口可以看成是一个服务。

18.1　SOA 的相关概念

【基础知识点】

（1）SOA 的定义。从软件的基本原理定义，可以认为 SOA 是一个组件模型，它将应用程序的不同功能单元（称为服务）通过这些服务之间定义良好的接口和契约联系起来。接口是采用中立的方式进行定义的，它应该独立于实现服务的硬件平台、操作系统和编程语言。这使得构建在各种这样的系统中的服务可以一种统一和通用的方式进行交互。

（2）业务流程与业务流程执行语言（Business Process Execution Language，BPEL）。业务流程是指为了实现某种业务目的行为所进行的流程或一系列动作。使用 BPEL，用户可以通过组合、编排和协调 Web 服务自上而下地实现面向服务的体系结构。BPEL 目前用于整合现有的 Web Services，将现有的 Web Services 按照要求的业务流程整理成为一个新的 Web Services，在这个基础上，形成一个从外界看来和单个 Service 一样的 Service。

18.2　SOA 的发展历史

【基础知识点】

1. 发展过程

（1）萌芽阶段：这种广泛使用的 XML，允许组织定义文档的元数据，实现企业内部和企业之间的电子数据交换，规定了服务之间以及服务内部数据交换的格式和结构。

（2）标准化阶段：国际标准和规范——简单对象访问协议（Simple Object Access Protocol，SOAP）、Web 服务描述语言（Web Services Description Language，WSDL）及通用服务发现和集成协议（Universal Description, Discovery and Integration，UDDI）。

（3）成熟应用阶段：3 个重量级规范——SCA、SDO、WS-Policy。SCA 和 SDO 构成了 SOA 编程模型的基础，而 WS-Policy 建立了 SOA 组件之间安全交互的规范。

2. SOA 与微服务的区别

（1）微服务相比于 SOA 更加精细，微服务更多地以独立的进程的方式存在，互相之间并无影响。SOA 架构与微服务架构的对比如图 18.2 所示。

（2）微服务提供的接口方式更加通用化，例如 HTTP RESTful 方式，各种终端都可以调用，无关语言、平台限制。

（3）微服务更倾向于分布式去中心化的部署方式，在互联网业务场景下更适合。

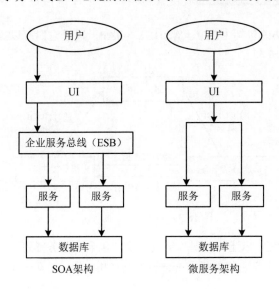

图 18.2　SOA 架构与微服务架构对比图

18.3　SOA 的参考架构

IBM 的 Websphere 业务集成参考架构是典型的以服务为中心的企业集成架构，它可划分为 6 大类：

（1）业务逻辑服务（Business Logic Service）。用于实现业务逻辑的服务和执行业务逻辑的能力，其中包括业务应用服务（Business Application Service）、业务伙伴服务（Partner Service）以及应用和信息资产（Application and Information Asset）。

（2）控制服务（Control Service）。包括实现人（People）、流程（Process）和信息（Information）集成的服务，以及执行这些集成逻辑的能力。

（3）连接服务（Connectivity Service）。通过提供企业服务总线，实现分布在各种架构元素中服务间的连接性。

（4）业务创新和优化服务（Business Innovation and Optimization Service）。用于监控业务系统运行时服务的业务性能，并通过及时了解到的业务性能和变化，采取措施适应变化的市场。

（5）开发服务（Development Service）。贯彻整个软件开发生命周期的开发平台，从需求分析到建模、设计、开发、测试和维护等全面的工具支持。

（6）IT 服务管理（IT Service Management）。支持业务系统运行的各种基础设施管理能力或服务，如安全服务、目录服务、系统管理和资源虚拟化。

18.4　SOA 主要协议和规范

Web 服务最基本的协议包括 UDDI、WSDL、SOAP，通过它们可以提供直接而又简单的 Web Service 支持，如图 18.3 所示。

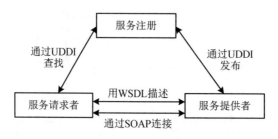

图 18.3　基本 Web 服务协议

（1）UDDI 协议：统一描述、发现和集成协议。包含了服务描述与发现的标准规范，它使得商业实体能够彼此发现；定义它们怎样在 Internet 上互相作用，并在一个全球的注册体系架构中共享信息。

（2）Web 服务描述语言（Web Services Description Language，WSDL）：WSDL 是一个用来描述 Web 服务和说明如何与 Web 服务通信的 XML 语言。描述了 Web 服务的 3 个基本属性。

1）服务做些什么——服务所提供的操作（方法）。

2）如何访问服务——和服务交互的数据格式以及必要协议。

3）服务位于何处——协议相关的地址，如 URL。

（3）SOAP 协议：SOAP 是在分散或分布式的环境中交换信息的简单的协议，是一个基于 XML 的协议。

（4）REST 规范：为了让不同的软件或者应用程序在任何网络环境下都可以进行信息的互相传递。微服务对外就是以 REST API 的形式暴露给调用者。RESTful 即 REST 形式的，是对遵循 REST 设计思想同时满足设计约束的一类架构设计或应用程序的统称，这一类都可称为 RESTful，可以理解为资源表述性状态转移：

1）资源：将互联网中一切暴露给客户端的事物都可以看作是一种资源。

2）表述：REST 中用表述描述资源在 Web 中某一个时间的状态。

3）状态转移：分为两种，应用状态——对某个时间内用户请求会话相关信息的快照，保存在客户端。资源状态——在服务端保存，是对某个时间资源请求表述的快照。

4）超链接：通过在页面中嵌入链接和其他资源建立联系。

18.5　SOA 设计的标准要求

（1）文档标准化。SOA 服务具有平台独立的自我描述 XML 文档。Web 服务描述语言是用于描述服务的标准语言。

（2）通信协议标准。SOA 服务用消息进行通信，该消息通常使用 XML Schema 来定义（也称作 XML Schema Definition，XSD）。

（3）应用程序统一登记与集成。在一个企业内部，SOA 服务通过一个扮演目录列表（Directory Listing）角色的登记处（Registry）来进行维护。应用程序在登记处（Registry）寻找并调用某项服务。统一描述、定义和集成是服务登记的标准。

（4）服务质量（QoS）主要包括：

1）可靠性：服务消费者和服务提供者之间传输文档时的传输特性（且仅仅传送一次、最多传送一次、重复消息过滤、保证消息传送）。

2）安全性：Web 服务安全规范用来保证消息的安全性。

3）策略：服务提供者有时候会要求服务消费者与某种策略通信。例如，服务提供商可能会要求消费者提供 Kerberos 安全标示才能取得某项服务。

4）控制：在 SOA 中，进程是使用一组离散的服务创建的。BPEL4WS 或者 WSBPEL（Web Service Business Process Execution Language）是用来控制这些服务的语言。

5）管理：针对运行在多种环境下的所有服务，必须有一个统一管理系统，以便系统管理员能够有效管理。任何根据 WSDM 实现的服务都可以由一个 WSDM 适应（WSDM-compliant）的管理方案来管理。

18.6　SOA 的作用与设计原则

（1）SOA 的主要作用：打破信息孤岛，把应用和资源转换成服务。以及把这些服务变成标准的服务，形成资源的共享。

（2）SOA 的设计原则主要有：

1）无状态。以避免服务请求者依赖于服务提供者的状态。

2）单一实例。以高内聚的实现方法，来避免功能冗余。

3）明确定义的接口。服务的接口由 WSDL 定义，用于指明服务的公共接口与其内部专用实现之间的界线。

4）自包含和模块化。服务封装了那些在业务上稳定、重复出现的活动和组件，实现服务的功能实体是完全独立自主的，独立进行部署、版本控制、自我管理和恢复。

5）粗粒度。服务数量不应该太大，依靠消息交互而不是远程过程调用（Remote Procedure Call，RPC），通常消息量较大，但是服务之间的交互频度较低。

6）服务之间的松耦合性。服务使用者看到的是服务的接口，其位置、实现技术和当前状态等对使用者是不可见的，服务私有数据对服务使用者是不可见的。

7）重用能力。服务应该是可以复用的。

8）互操作性、兼容和策略声明。为了确保服务规约的全面和明确，利用策略来定义可配置的互操作语义，来描述特定服务的期望、控制其行为。利用策略声明确保服务期望和语义兼容性方面的完整和明确。

18.7 SOA 的设计模式

1．服务注册表模式

服务注册表支持驱动 SOA 治理的服务合同、策略和元数据的开发、发布和管理。

（1）服务注册：应用开发者，也叫服务提供者，向注册表公布它们的功能。

（2）服务位置：也就是服务应用开发者，帮助它们查询注册服务，寻找符合自身要求的服务。

（3）服务绑定：服务的消费者利用检索到的服务合同来开发代码，开发的代码将与注册的服务绑定、调用注册的服务以及与它们实现互动。

2．企业服务总线模式

企业服务总线模式提供一种标准的软件底层架构，各种程序组件能够以服务单元的方式"插入"到该平台上运行，并且组件之间能够以标准的消息通信方式来进行交互。其核心功能如下：

（1）提供位置透明性的消息路由和寻址服务。程序组件之间无须关注对方的路由和寻址。

（2）提供服务注册和命名的管理功能。

（3）支持多种消息传递范型（如请求/响应、发布/订阅等）。

（4）支持多种可以广泛使用的传输协议。

（5）支持多种数据格式及其相互转换。

（6）提供日志和监控功能。

3．微服务模式

微服务架构将一个大型的单个应用或服务拆分成多个微服务，可扩展单个组件而不是整个应用程序堆栈，从而满足服务等级协议。微服务架构围绕业务领域将服务进行拆分，每个服务可以独立进行开发、管理和迭代，彼此之间使用统一接口进行交流，实现了在分散组件中的部署、管理与服务功能，使产品交付变得更加简单，从而达到有效拆分应用，实现敏捷开发与部署的目的。微服务模式的特点如下：

（1）复杂应用解耦：微服务架构将单一模块应用分解为多个微服务，同时保持总体功能不变。

（2）独立：微服务在系统软件生命周期中是独立开发、测试及部署的。

（3）技术选型灵活：微服务架构下系统应用的技术选型是去中心化的，每个开发团队可根据自身应用的业务需求发展状况选择合适的体系架构与技术。

（4）容错：由于各个微服务相互独立，故障会被隔离在单个服务中，并且系统其他微服务可通过重试、平稳退化等机制实现应用层的容错，从而提高系统应用的容错性。

（5）松耦合，易扩展：微服务架构中每个服务之间都是松耦合的，可以根据实际需求实现独立扩展，体现微服务架构的灵活性。单体应用架构与微服务架构的示意如图 18.4 所示。

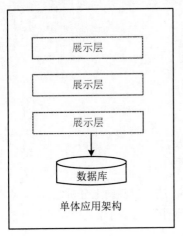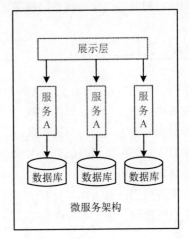

图 18.4　单体应用架构与微服务架构示意图

4．微服务架构模式方案

微服务架构模式方案主要包括：

（1）聚合器微服务：聚合器充当流程指挥者，调用多个微服务实现系统应用程序所需功能。

（2）链式微服务：客户端或服务在收到请求后，会发生多个服务间的嵌套递归调用，返回经过合并处理的响应。

（3）数据共享微服务：该模式适用于在单体架构应用到微服务架构的过渡阶段，服务之间允许存在强耦合关系，例如存在多个微服务共享缓存与数据库存储的现象。

（4）异步消息传递微服务：对于一些不必要以同步方式运行的业务逻辑，可以使用消息队列代替 REST 实现请求、响应，加快服务调用的响应速度。

5．微服务架构面临的问题与挑战

（1）服务发现与服务调用链跟踪变得困难。

（2）很难实现传统数据库的强一致性，转而追求最终一致性。

18.8　构建 SOA 架构时应该注意的问题

（1）原有系统架构中的集成需求包括：应用程序集成的需求、终端用户界面集成的需求、流程集成的需求以及已有系统信息集成的需求。

（2）服务粒度的控制以及无状态服务的设计的表述如下。

1）服务粒度的控制：对于将暴露在整个系统外部的服务推荐使用粗粒度的接口，而相对较细粒度的服务接口通常用于企业系统架构的内部。

2）无状态服务的设计：SOA 系统架构中的具体服务应该都是独立的、自包含的请求，在实现这些服务的时候不需要前一个请求的状态，也就是说服务不应该依赖于其他服务的上下文和状态，即 SOA 架构中的服务应该是无状态的服务。

18.9 SOA 实施的过程

（1）选择 SOA 解决方案主要从以下 3 个方面进行：

1）尽量选择能进行全局规划的方案。

2）选择时充分考虑企业自身的需求。

3）从平台、实施等技术方面进行考察。

（2）业务流程分析主要关注：

1）建立服务模型：自顶向下分解法、业务目标分析法、自底向上分析法。

2）建立业务流程：建立业务对象（实体、过程、事件等业务对象）、建立服务接口、建立服务流程。

18.10 练习题

1. 下列关于 SOA 与微服务的描述，错误的是（　　）。

A. 微服务相比于 SOA 更加精细，微服务更多地以独立的进程的方式存在，互相之间并无影响

B. 微服务提供的接口方式更加通用化，例如 HTTP RESTful 方式，各种终端都可以调用，无关语言、平台限制

C. 微服务更倾向于分布式去中心化的部署方式，在互联网业务场景下更适合

D. 微服务更容易实现出高并发的特性，有助于实现互联网业务的秒杀促销活动

解析：微服务在实现高并发方面是局限的。只有没有调用关系的微服务，相对于单体服务来说，才有并发性的提升。

答案：D

2. 下列选项（　　）不是关于 SOA 的服务架构。

A. 业务逻辑服务　　　　　　　　　B. 中间件服务

C. 连接服务　　　　　　　　　　　D. 控制服务

解析：SOA 的参考架构中包括业务逻辑服务（Business Logic Service）、控制服务（Control Service）、连接服务（Connectivity Service）、业务创新和优化服务（Business Innovation and Optimization Service）、开发服务（Development Service）、IT 服务管理（IT Service Management）。

答案：B

3. WSDL 规范：Web 服务描述语言（Web Services Description Language）是一个用来描述 Web 服务和说明如何与 Web 服务通信的 XML 语言，描述了 Web 服务的三个基本属性，即（　）。

a. 服务做些什么　b. 如何访问服务　c. 服务位于何处　d. 服务是否可用

　A. abc　　　　　　B. acd　　　　　　C. bcd　　　　　　D. abd

解析： 服务做些什么：服务所提供的操作（方法）。如何访问服务：和服务交互的数据格式以及必要协议。服务位于何处：协议相关的地址，如 URL。

答案： A

4. SOA 的设计原则为无状态、单一实例、明确定义的接口、（　）、粗粒度、服务之间的松耦合性、重用能力、互操作性。

　A. 复用性和构件化　　　　　　　B. 自包含和模块化

　C. 独立性和构件化　　　　　　　D. 隔离性和归一化

解析： SOA 的设计原则为无状态、单一实例、明确定义的接口、自包含和模块化、粗粒度、服务之间的松耦合性、重用能力、互操作性。

答案： B

5. 微服务架构将一个大型的单个应用或服务拆分成多个微服务，可扩展单个组件而不是整个应用程序堆栈，从而满足服务等级协议。微服务架构围绕业务领域将服务进行拆分，每个服务可以（　），彼此之间使用统一接口进行交流，实现了在分散组件中的部署、管理与服务功能，使产品交付变得更加简单，从而达到有效拆分应用，实现敏捷开发与部署的目的。

　A. 独立进行开发、管理、迭代　　　B. 独立进行部署、运维、升级

　C. 独立进行测试、交付、验收　　　D. 独立进行发布、发现、访问

解析： 微服务架构围绕业务领域将服务进行拆分，每个服务可以独立进行开发、管理和迭代，彼此之间使用统一接口进行交流，实现了在分散组件中的部署、管理与服务功能。

答案： A

第**19**小时
嵌入式系统架构设计理论与实践

19.0　章节考点分析

　　第 19 小时主要学习嵌入式系统架构设计的理论和工作中的实践。根据新版考试大纲，本小时知识点会涉及案例分析题（25 分）。在历年考试中，案例题对该部分内容都有固定考查，综合知识选择题目中有固定分值的考查。本小时内容侧重于对知识点的记忆、理解和应用，按照以往的出题规律，嵌入式系统架构设计基础知识点基本来源于教材内。本小时知识架构如图 19.1 所示。

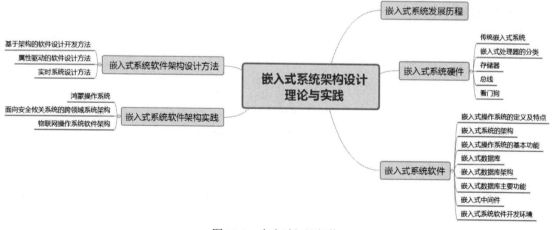

图 19.1　本小时知识架构

【导读小贴士】

嵌入式系统由硬件和软件组成，常被视为独立运行的器件或智能设备。相比于一般的微型计算机处理系统而言，嵌入式系统有着较大的特殊性和差异性，但其又与计算机系统工程和软件工程有着极大的相似性。经过之前内容的学习，本小时可以通过相似知识的关联，快速记忆。

19.1　嵌入式系统发展历程

【基础知识点】

嵌入式系统发展历程见表 19.1。

表 19.1　嵌入式系统发展历程表

发展历程	硬件	软件	主要特点
单片微型计算机（SCM）	单片机	无操作系统 汇编语言	结构和功能相对单一 处理效率低 存储容量十分有限 几乎没有用户接口
微控制器（MCU）	单片机 嵌入式微处理器 外围电路 接口电路	以简单操作系统为核心	微处理器、微控制器种类繁多 通用性比较弱 系统开销小，处理效率高 智能化控制能力突出
片上系统（SoC）	嵌入式微处理器	嵌入式操作系统	嵌入式系统兼容性好 操作系统内核小 处理效率高
以 Internet 为基础的嵌入式系统	嵌入式微处理器	嵌入式操作系统	微处理器集成网络接口 应用域网络环境中
智能化、云技术推动下的嵌入式系统	微型传感器 智能服务设备	—	低能耗，高速度，高集成，高可信，适应环境广

19.2　嵌入式系统硬件

【基础知识点】

1. 传统嵌入式系统

传统嵌入式系统主要硬件包括：

（1）微处理器：微控制器（MCU），微处理器（MPU）。

（2）存储器：RAM、ROM。

（3）总线：内总线，外总线。

（4）定时器/计数器（Timer）。

（5）看门狗（WatchDog）

（6）I/O 接口：串口，网络，USB，JTAG。

（7）外部设备：UART，LED。

2. 嵌入式处理器的分类

嵌入式处理器可以分为：

（1）微处理器（Micro Processor Unit，MPU）。特点是体积小，重量轻，成本低，可靠性高，但技术保密性差。

（2）微控制器（Micro Control Unit，MCU）。特点是单片化，体积小，功耗低，成本低，可靠性更高。

（3）信号处理器（Digital Signal Processor，DSP）。特点是系统结构和指令采用特殊设计，通常采用哈佛结构，编译效率高，指令执行速度也高。

（4）图形处理器（Graphics Processing Unit，GPU）。专注于浮点运算，弥补了 CPU 运算速度不足。

（5）片上系统（System on Chip，SoC）。采用了片内再编程技术，可使片上系统内硬件的功能像软件一样通过编程来配置，从而可以实时地进行灵活而方便的修改和开发。

3. 存储器

存储器就是一种存储程序和数据用的时序逻辑电路。存储器具有如下分类：

（1）随机存取存储器（Random Access Memory，RAM）。它的特点是一旦系统断电，存放在里面的所有数据和程序都会自动清空掉，并且再也无法恢复。根据组成元件的不同，RAM 内存又可分为以下 18 种：①动态随机存取存储器（DRAM）；②静态随机存取存储器（SRAM）；③视频内存（VRAM）；④快速页切换模式动态随机存取存储器（FPM DRAM）；⑤延伸数据输出动态随机存取存储器（EDO DRAM）；⑥爆发式延伸数据输出动态随机存取存储器（BEDO DRAM）；⑦多插槽动态随机存取存储器（MDRAM）；⑧窗口随机存取存储器（WRAM）；⑨高频动态随机存取存储器（RDRAM）；⑩同步动态随机存取存储器（SDRAM）；⑪同步图形随机存取存储器（SGRAM）；⑫同步爆发式静态随机存取存储器（SB SRAM）；⑬管线爆发式静态随机存取存储器（PB SRAM）；⑭二倍速率同步动态随机存取存储器（DDR SDRAM）；⑮同步链环动态随机存取存储器（SLDRAM）；⑯同步缓存动态随机存取存储器（CDRAM）；⑰第二代同步双倍速率动态随机存取存储器（DDRII）；⑱直接内存总线动态随机存取存储器（DRDRAM）。

（2）只读存储器（Read Only Memory，ROM）。ROM 在元件正常工作的情况下，其中的代码数据将永久保存，并且不能够进行修改。ROM 一般应用于 PC 系统程序码和主机板 BIOS 上。ROM 可以分为以下 5 种：①掩模型只读存储器（MASK ROM）；②可编程只读存储器（PROM）；③可擦可编程只读存储器（EPROM）；④电可擦可编程只读存储器（EEPROM）；⑤快闪存储器（Flash

Memory）。

4. 总线

总线是功能部件间传输信息的公共通信干线。总线的拓扑结构有星型、树状、环型、总线型和交叉开关型等 5 种。总线的类型可以按照计算机所传输的信息种类、按连接部件进行划分。

（1）按照计算机所传输的信息种类可以分为：

数据总线：用于处理器与 RAM 间传输待处理和待存储的数据。

地址总线：用于传输 RAM 中存储数据的地址。

控制总线：用于传输处理器控制单元信号到周边设备。

（2）按连接部件分类。

片内总线：内部总线，连接 ALU、寄存器、指令部件等芯片内部元件。

系统总线：内部总线，又称板级总线，连接微控制器/处理器，主存，I/O 接口。

局部总线：内部总线，连接少量组件用于交换数据。

通信总线：外部总线，又称外设总线，连接外部设备或外部系统。

5. 看门狗

看门狗为嵌入式系统提供必需的系统恢复能力，在系统发生软件问题和程序跑飞时重新启动系统。它的基本原理是由计数器自动计数，程序定期将其重置，如果系统卡死或程序跑飞，计数器溢出，进入中断处理，在设定时间间隔内，系统保留状态后复位重启。

19.3 嵌入式系统软件

【基础知识点】

1. 嵌入式操作系统的定义及特点

嵌入式操作系统（Embedded Operating System，EOS）是指用于嵌入式系统的操作系统。与通用的操作系统相比，嵌入式操作系统具有：可剪裁性，可移植性，强实时性，强紧凑性，高质量代码，强定制性，标准接口，强稳定性，弱交互性，强确定性，操作简捷、方便，较强的硬件适应性，可固化性的特点。

2. 嵌入式系统的架构

嵌入式操作系统分为面向控制、通信领域以及面向消费电子产品两类。嵌入式操作系统的架构如图 19.2 所示。

3. 嵌入式操作系统的基本功能

（1）操作系统内核架构包括：

1）宏内核。用于管理用户程序和硬件间的系统资源，在宏内核中用户服务和内核服务在同一空间中实现，代码耦合度非常高，内核的功能组件代码可以互相调用。

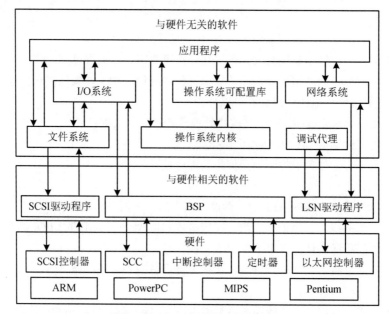

图 19.2　嵌入式操作系统的架构

2）微内核。微内核管理所有系统资源，在微内核中用户服务和内核服务在不同空间中实现，系统结构清晰，代码量少。

（2）任务管理。任务是嵌入式操作系统调度最小单位，类似于计算机操作系统中进程的概念。任务有 3 种工作状态：

1）执行状态：任务获得处理机，程序在处理机中执行。

2）就绪状态：任务已获得处理机以外资源，待获得处理机即可执行。

3）阻塞状态：执行状态任务因等待事件发生无法执行而放弃处理机。

嵌入式操作系统大都支持优先级抢占调度算法和时间片轮转调度算法。在实时系统的任务调度中，存在大量的实时调度方法，大致可以分为：

1）离线调度算法：系统运行前确定调度信息，如时间驱动，确定性，缺乏灵活性。

2）在线调度算法：系统运行中动态获得调度信息，如优先级驱动，灵活性较大。

3）抢占调度算法：运行任务可能被打断，更复杂，更耗资源。

4）非抢占调度算法：运行任务不被打断。

5）静态调度算法：任务优先级在设计时确定，不变化，简单，缺乏灵活性。

6）动态调度算法：任务优先级在运行中确定，不断变化，灵活，耗资源。

实时调度算法中还有强实时调度算法，具体可以分为：

1）最早截止时间优先（Earliest Deadline First，EDF）调度算法：根据任务截止时间确定优先级，截止时间越早，其优先级越高。

2）最低松弛度优先（Least Laxity First，LLF）调度算法：根据任务紧急或松弛程度确定优先级，紧急程度越高，优先级越高。

3）单调速率（Rate Monotonic Scheduling，RMS）调度算法：根据任务周期确定有限期，周期越短，优先级越高。这种算法被认为是最优的。

（3）存储管理。存储管理的主要目的是解决多个用户使用主存的问题，存储管理方法主要包括分区、分页、分段、段页式存储管理以及虚拟存储管理等。

（4）任务间通信。任务间通信管理也是嵌入式操作系统的关键功能之一。它主要为操作系统的应用程序提供多种类型的数据传输、任务同步/异步操作等手段。

4．嵌入式数据库

嵌入式数据库具有嵌入式、实时性、移动性、伸缩性的特点。嵌入式数据库可以按照如下方式分类：

（1）按嵌入对象分为：软件嵌入数据库、设备嵌入数据库、内存数据库。

（2）按系统结构分为：嵌入数据库、移动数据库、小型 C/S 结构数据库。

（3）按存储位置分为：①基于内存的数据库系统：采用内存存储，属于实时事务最佳技术；②基于文件的数据库：以文件方式磁盘存储，安全性低；③基于网络的数据库：远程服务器存储，无须解析 SQL，支持更多 SQL 操作，客户端小，便于代码重用。

5．嵌入式数据库架构

数据库管理系统与嵌入式数据库对比见表 19.2。

表 19.2 数据库管理系统与嵌入式数据库使用对比

对比页	数据库管理系统	嵌入式数据库
操作用户	允许非开发人员操作	只允许应用程序访问和控制
访问控制	数据与程序分离，便于访问控制	应用程序负责访问和控制
发布部署	独立安装、部署和管理	与应用程序一同发布

（1）基于内存的数据库系统。典型产品是 eXtremeDB 嵌入式数据库，它具有：最小化资源消耗、保持极小堆空间、维持极小代码体积、消除额外代码层、提供动态数据结构本地支持等特点。

（2）基于文件的嵌入式数据库系统架构。典型产品是 SQLite，它的特点是：开源的内嵌式关系型数据库、集成在程序中，无须配置管理，服务器客户端同进程，简化管理，减少网络开销、对数据类型有独特处理。

（3）基于网络的嵌入式数据库系统架构。C/S 架构的数据库、B/S 架构的数据库以及云数据库等都属于这种类型。

6．嵌入式数据库主要功能

除了具有与通用数据库相似的功能外，嵌入式数据库还具有的功能包括：足够高效的数据存储机制、数据安全控制（锁机制）、实时事务管理机制、数据库恢复机制（历史数据存储）。

7. 嵌入式中间件

嵌入式中间件是在嵌入式系统中处于嵌入式应用和操作系统之间层次的中间软件，其主要作用是对嵌入式应用屏蔽底层操作系统的异构性，常见功能有网络通信、内存管理和数据处理等。典型的嵌入式中间件有消息中间件、分布式对象中间件。

8. 嵌入式系统软件开发环境

嵌入式系统软件开发环境的特点是：集成开发环境，交叉开发，开放式架构，可扩展性，可操作性，可移植性，可配置性，实时性，可维护性，用户界面友好。

19.4 嵌入式系统软件架构设计方法

【基础知识点】

（1）基于架构的软件设计开发方法（Architecture -Based Software Design，ABSD）。这种方法的详细内容在第 9 小时中，这里不再赘述。

（2）属性驱动的软件设计方法（Attribute -Driven Design，ADD）。ADD 是把一组质量属性（可用性、性能、安全性等）场景作为输入，利用对质量属性实现与架构设计之间的关系的了解（如体系结构风格、质量战术等）对软件架构进行设计的一种方法。这种方法在满足质量属性的基础上建立模块分解过程，通过输入质量场景，利用质量属性战术实现架构设计。采用 ADD 方法进行软件开发时，需要经历评审、选择驱动因子、选择系统元素、选择设计概念、实体化元素和定义接口、草拟视图和分析评价等 7 个阶段。

（3）实时系统设计方法（Design Approach for Real -Time System，DARTS）。DARTS 基于传统结构化分析方法，扩展了行为建模部分。DARTS 方法分为 5 个部分：用实时结构化分析方法开发系统规范、将系统划分为多个并发任务、定义任务间接口、设计每个任务、设计过程的成果。

DARTS 方法的优势如下：

1）强调将系统分解为并发任务，并提供确认任务的标准。

2）提供定义任务间接口的指南。

3）强调用任务架构图的重要性。

4）提供从实时结构化分析规格到实时结构化设计的转换。

DARTS 方法的不足如下：

1）DARTS 使用信息隐藏技术封装数据存储，封装性不好。

2）如果实时结构化分析阶段完成得不好，那么任务的结构化工作就会更加困难。

19.5 嵌入式系统软件架构实践

【基础知识点】

1. 鸿蒙操作系统

鸿蒙操作系统架构采用了分布式设计理念，实现了分布式软总线、分布式设备系统的虚拟化、分布式数据管理和分布式任务调度 4 种分布式能力。

鸿蒙操作系统的架构是一种层次式架构，由内核层、系统服务层、应用框架层、应用层组成，如图 19.3 所示。

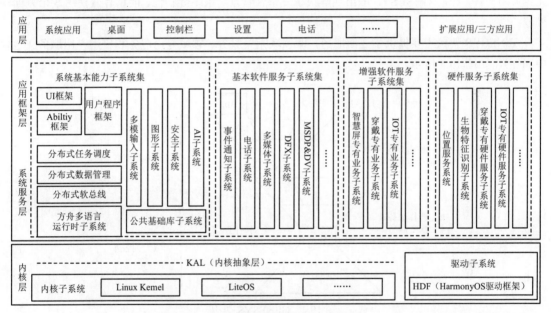

图 19.3 鸿蒙操作系统层次式架构

（1）内核层。内核层采用微内核设计，内核层中的内核抽象层屏蔽多内核差异，对上层提供基础内核能力，如进程/线程管理、内存管理、文件系统、网络管理、外设管理等。驱动子系统则提供统一外设访问能力，驱动开发框架，驱动管理框架。

（2）系统服务层。属于核心能力集合的部分，为应用程序提供服务。

（3）应用框架层。为应用服务提供多语言用户程序框架、能力框架，以及各种硬件服务对外开放的 API。

（4）应用层。包括系统应用和第三方非系统应用，能够实现特定的业务功能，支持跨设备调度与分发，为用户提供一致、高效的应用体验。

鸿蒙操作系统架构具有 4 个技术特性：

（1）分布式架构用于终端操作系统，实现跨终端无缝协同体验。

（2）确定时延引擎和高性能进程间通信技术，实现系统的流畅。

（3）基于微内核架构，重塑终端设备的可信安全。

（4）统一集成开发环境，一次开发，多端部署，实现跨终端生态共享。

2. 面向安全攸关系统的跨领域系统架构（Generic Embedded System，GENESYS）

GENESYS 是一种跨领域的通用嵌入式架构平台。GENESYS 采用消息交换方式实现软硬件构件的抽象级别的提升，使得构件在接口规范基础上可以被重用，而不需要知道构件的内部实现。GENESYS 设计了故障或错误的隔离框架，构件在瞬态故障引起失效后，可选择性地重启和用构件复制来屏蔽瞬态和永久错误。同时 GENESYS 可以减少构件的功率需求或者在不需要时（功率门）完全关闭构件。因此 GENESYS 的出现解决了复杂性管理、系统健壮性、能量有效使用 3 个方面的挑战。

GENESYS 架构主要提供了 3 组服务，即领域无关服务、领域专用服务和应用专用服务（包含中间件），如图 19.4 所示。

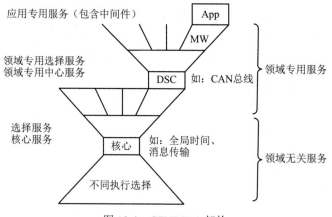

图 19.4　GENESYS 架构

（1）领域无关服务。包括核心服务和选择服务，如嵌入式系统中的全局时间和消息传输等服务为核心服务。信息安全服务、外部存储器管理器或者 Internet 网关服务等属于选择服务。

（2）领域专用服务是由领域特有的服务子集加上待开发领域特征的特定服务组合。GENESYS 架构从硬件、软件的观点遵循了面向构件的风格，分离了计算与通信，将计算构件和通信设施作为独立构件进行设计。GENESYS 架构的主要特征及优势包括：

1）精确的构件定位。具体体现为简单化、跨领域重用、规模的经济型、健壮性、可降低系统集成工作量这 5 个特征。

2）开放性。体现为具有可集成性、可升级性、可扩展性、遗产系统集成、降低成本这 5 个特征。

3）三级集成。具有芯片级集成、设备级集成、系统级集成的集成。

4）分层的服务。体现具有可重用性、领域定位、工效经济型的特性。

5）确定的核心。体现在具有及时性、降低复杂性、可测试性、认证、故障掩蔽的特征。

6）标准的互联集成。体现在对远程访问的保护、降低集成工作难度、常规人机交互、具有安全性 4 个方面。

3. 物联网操作系统软件架构

物联网操作系统至今没有一个明确的定义。物联网操作系统通常包括芯片层、终端层、边缘层、云端层等多个层面内容。物联网操作系统使用的软件以及技术主要有：开源物联网操作系统（FreeRTOS）、公共服务组件（网络协议、外设支持、可移植操作系统接口 POSIX 等）定制性服务组件有：消息队列遥测传输协议（MQTT），安全超文本传输协议（HTTPS），加密消息标准 PKCS #11 支持，安全套件等。物联网操作系统主要特征有：内核实时性、内核尺寸伸缩性、架构可扩展性、高可靠性、低功耗。

19.6　练习题

1. 以下关于鸿蒙操作系统的叙述中，不正确的是（　　）。

A. 鸿蒙操作系统整体架构采用分层的层次化设计，从下向上依次为：内核层、系统服务层、框架层和应用层

B. 鸿蒙操作系统内核层采用宏内核设计，拥有更强的安全特性和低时延特点

C. 鸿蒙操作系统架构采用了分布式设计理念，实现了分布式软总线、分布式设备系统的虚拟化、分布式数据管理和分布式任务调度等四种分布式能力

D. 架构的系统安全性主要体现在搭载 HarmonyOS 的分布式终端上，可以保证"正确的人，通过正确的设备，正确地使用数据"

解析：鸿蒙操作系统采用微内核架构，整体采用层次式架构，采用分布式理念且实现了分布式安全框架。

答案：B

2. GENESYS 架构的主要特征及优势是什么？

答案：GENESYS 架构的主要特征及优势包括：

（1）精确的构件定位。具体体现为简单化、跨领域重用、规模的经济型、健壮性、可降低系统集成工作量这 5 个特征。

（2）开放性。体现为具有可集成性、可升级性、可扩展性、遗产系统集成、降低成本这 5 个特征。

（3）三级集成。具有芯片级集成、设备级集成、系统级集成。

（4）分层的服务。体现具有可重用性、领域定位、工效经济型的特性。

（5）确定的核心。体现在具有及时性、降低复杂性、可测试性、认证、故障掩蔽的特征。

（6）标准的互联集成。体现在对远程访问的保护、降低集成工作难度、常规人机交互、具有安全性 4 个方面。

3. 鸿蒙操作系统架构具有哪几个技术特性？

答案：鸿蒙操作系统架构具有 4 个技术特性：

（1）分布式架构用于终端操作系统，实现跨终端无缝协同体验。

（2）确定时延引擎和高性能进程间通信技术，实现系统的流畅。

（3）基于微内核架构，重塑终端设备的可信安全。

（4）统一集成开发环境，一次开发，多端部署，实现跨终端生态共享。

4．嵌入式系统软件架构设计方法中的实时系统设计方法（DARTS）具有哪些优势和不足？

答案：DARTS 方法的优势：

（1）强调将系统分解为并发任务，并提供确认任务的标准。

（2）提供定义任务间接口的指南。

（3）强调用任务架构图的重要性。

（4）提供从实时结构化分析规格到实时结构化设计的转换。

DARTS 方法的不足：

（1）DARTS 使用信息隐藏技术封装数据存储，封装性不好。

（2）如果实时结构化分析阶段完成得不好，那么任务的结构化工作就会更加困难。

第**20**小时
通信系统架构设计理论与实践

20.0　章节考点分析

　　第 20 小时主要学习通信系统架构设计的理论和工作中的实践。根据新版考试大纲，本小时知识点会涉及案例分析题（25 分），而在历年考试中，案例题对该部分内容的考查并不多，虽在综合知识选择题目中经常考查，但分值也不高。本小时内容侧重于对知识点的记忆和理解，按照以往的出题规律，通信系统架构设计基础知识点多来源于教材内的基础网络设备、网络架构和教材外最新时事热点技术。本小时知识架构如图 20.1 所示。

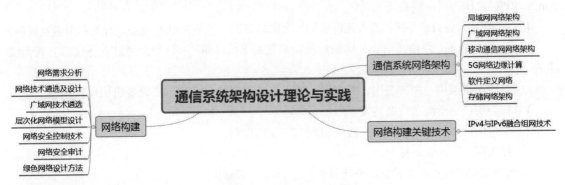

图 20.1　本小时知识架构

　【导读小贴士】

　　通信系统架构是软件架构的基础设施和系统环境，在架构实践中，软件的性能、可用性、可靠性等质量属性很大程度上，受到基础设施和环境的影响，良好的基础设施能够有效地帮助提高系统架构的性能和可用性，增强可靠性。

20.1　通信系统网络架构

【基础知识点】

通信网络主要形式：局域网、广域网、移动通信网。

1. 局域网网络架构

局域网是单一机构专用计算机的网络。通常由计算机、交换机、路由器等设备组成。特点是覆盖地理范围小、数据传输速率高、低误码率、可靠性高、支持多种传输介质、支持实时应用。局域网按网络拓扑分类有总线型、环型、星型、树型、层次型等类型，按传输介质分类有有线局域网、无线局域网。

局域网网络架构有 4 种类型：

（1）单核心架构。使用单台核心二层或三层交换设备作为网络核心。

优点：结构简单，设备投资节约，接入方便。

缺点：地理范围受限，核心单点故障，扩展能力有限，接入设备较多时核心端口密度要求高。

（2）双核心架构。采用两台核心三层及以上交换机作为网络核心。

优点：网络拓扑结构可靠性高，接入较为方便。

缺点：投资较单核心高，核心端口密度要求较高。

（3）环型架构。采用多台核心三层及以上交换机组成双动态弹性分组环（Resilient Packet Ring，RPR），作为网络核心。

优点：RPR 具备自愈保护，节省光纤资源，提供多等级、可靠的 QoS 服务，有效利用带宽资源。

缺点：投资较高，路由冗余设计实施难度较高且易形成环路，多环智能通过业务接口互通无法直通。

（4）层次型架构。由核心层、汇聚层、接入层三层交换设备和用户设备组成层次模型。

1）核心层：负责高速数据转发。

2）汇聚层：提供充足接口，与接入层间实现互访控制。

3）接入层：用户设备接入。

层次型架构的优点：易扩展，分级排查网络故障便于维护。

2. 广域网网络架构

广域网利用公用分组交换网、无线分组交换网、卫星通信网构建通信子网连接分布的局域网以实现资源子网的共享。广域网由骨干网、分布网、接入网组成。广域网网络架构可以分为：

（1）单核心架构。以单台核心三层交换设备作为网络核心。

优点：结构简单，设备投资节约，局域网互访效率高，新局域网接入方便。

缺点：核心单点故障，扩展能力欠佳，核心设备端口密度要求较高。

（2）双核心架构。以两台核心三层及以上交换机作为网络核心。

优点：网络拓扑结构可靠，路由可热切换，可靠性高，局域网接入较为方便。

缺点：投资较单核心高，路由冗余设计实施难度较高，核心端口密度要求较高。

（3）环型架构。以多台核心三层及以上交换机组成路由环路作为网络核心。

优点：接入方便。

缺点：投资较高，路由冗余设计实施难度较高且易形成环路，核心端口密度要求较高。

（4）半/全冗余架构。以多台核心路由设备间互连组成网络核心，如任意核心存在两条以上到其他核心的链路为半冗余架构，如任何两个核心间均存在链路为全冗余架构。

优点：结构灵活，路由灵活，方便扩展，可靠性高。

缺点：结构零散，不便管理，不便排障。

（5）对等子域架构。将半冗余核心划为两个独立子域，子域间通过一条或多条链路互连。

优点：路由控制灵活。

缺点：子域间冗余设计实施难度较高，易形成环路或存在非法路由风险，子域互连设备性能要求高。

（6）层次子域架构。半冗余核心划为多个独立子域，子域间存在层次关系，高层次子域连接多个低层次子域。

优点：扩展性较好，路由控制灵活。

缺点：子域路由冗余设计实施难度较高，易形成环路或存在非法路由风险，子域互连设备性能要求高。

3．移动通信网网络架构

5G 系统为移动终端用户提供数据网络互连，数据网络可以是互联网、IP 媒体子系统、专用网络。用户设备通过 5G 系统接入数据网络的方式有透明模式和非透明模式。在透明模式下 5G 系统通过用户面功能接口接入运营商网络，然后通过防火墙或者代理连至 Internet。非透明模式下，5G 系统可以直接或通过其他网络连接至运营商网络或 Internet。

4．5G 网络边缘计算

5G 网络边缘计算能为垂直行业提供诸如以时间敏感、高带宽为特征的业务就近分流服务。一来为用户提供极佳的服务体验，二来降低了移动网络后端处理的压力。

5．软件定义网络（Software Defined Network，SDN）

SDN 是一种新型网络创新架构，核心思想是通过控制与转发分离，将网络中交换设备的控制逻辑集中到一个计算设备上，控制面集中管控，提升网络管理配置能力。

6．存储网络架构

存储网络设计磁盘存储访问方式：直连式存储，网络附加存储，存储区域网络。

（1）直连式存储（Direct Attached Storage，DAS）：存储设备通过 IDE/ATA/SCSI 接口或光纤通道直接连接到单台计算机，计算机通过 I/O 访问存储设备，存储设备可以是硬盘驱动器、RAID 阵列、CD、DVD、磁带驱动器。

（2）网络附加存储（Network Attached Storage，NAS）：存储设备通过标准的网络拓扑结构连接到计算机群组，计算机通过 IP 局域网或广域网 TPC 或 UDP 协议，通过 RPC 接口访问 NAS 存储设备。

（3）存储区域网络（Storage Area Network，SAN）：一种采用网状通道技术专门为存储建立的独立于 TCP/IP 网络之外的专用网络，通过网状通道交换机连接存储阵列和服务器。

3 种存储网络架构的对比见表 20-1。

表 20-1   存储网络架构的对比

对比项	DAS	NAS	SAN
架构类别	单机存储架构	网络存储架构	网络存储架构
访问方式	I/O 总线	网络	网络
资源利用	单机存储	共享存储	共享存储
访问媒介	总线	以太网	以太网/光纤通道
优势特点	易用易管理 设备成本低	易用易管理 可扩展性高 设备成本较低	高性能 低延迟 灵活性高

20.2   网络构建关键技术

【基础知识点】

IPv4 与 IPv6 融合组网技术。目前网络演进还存在较长时间 IPv4 到 IPv6 过渡期或 IPv4 和 IPv6 网络共存期。现阶段主要存在 3 种过渡技术：双协议栈、隧道技术、网络地址翻译技术。

（1）双协议栈：两种协议在同一平台上双栈共存，同时运行。

（2）隧道技术：包括 ISATAP 隧道、6to4 隧道、over6 隧道、6over4 隧道。

（3）网络地址翻译（Network Address Translator，NAT）技术：将 IPv4 地址和 IPv6 地址分别看作内部地址和外部地址，或者相反，以实现地址转换。

20.3   网络构建

【基础知识点】

1. 网络需求分析

网络需求分析主要从业务需求、用户需求、应用需求、计算机平台需求和网络需求来进行分析。

2. 网络技术遴选及设计

网络技术遴选及设计可以使用生成树协议、虚拟局域网（VLAN）、无线局域网（WLAN）、线路冗余设计、服务器冗余设计等方式。

3. 广域网技术遴选

广域网技术遴选可以采用远程接入技术、广域网互连技术，如数字数据网络（DDN）、同步数字体系（SDH）、多业务传送平台（MSTP）、虚拟专用网络（VPN）等。广域网性能优化策略有：预留带宽、利用拨号线路、传输数据压缩、链路聚合、数据基于优先级排序、基于协议预留带宽等方式。

4. 层次化网络模型设计

层次化设计的优点是能降低成本，充分利用模块化设备/部件，网络变化或演化容易。层次化网络设计一般采用三层模型设计思路：接入层、汇聚层、核心层。每层的特点已经在第 3 小时的内容中介绍过了，这里不再赘述。

层次化设计的原则：

（1）控制网络层次。

（2）从接入层开始，向上分析规划。

（3）尽量采用模块化设计。

（4）严格控制网络结构。

（5）严格控制层次化结构。

5. 网络安全控制技术

实施网络安全控制的相关技术主要有：

（1）防火墙。防护墙是网络间的安全屏障，可以保护本地网络资源。防火墙可以允许/拒绝/重定向数据流以及审计进出网络的访问或服务。防火墙的体系有：硬件防火墙、软件防火墙、嵌入式防火墙。防火墙的种类有包过滤、应用层网关、代理服务等。

（2）虚拟专用网络技术。该技术利用公共网络建立私有专用网络，具有成本低、接入方便、可扩展性强、管理和控制方便等优点。

（3）访问控制技术。访问控制技术主要有：自主访问控制（DAC）、强制访问控制（MAC）、基于角色的访问控制（RBAC）、基于任务的访问控制（TBAC）和基于对象的访问控制（OBAC）。

（4）网络安全隔离。将攻击隔离在网络外，保证网络内信息不外泄。形式有：子网隔离、物理隔离、VLAN 隔离、逻辑隔离。

（5）网络安全协议。网络安全协议可参考第 5 小时的内容，这里不再赘述。

6. 网络安全审计

网络安全审计用来测试，评估和分析网络脆弱性，能够实现自动响应、数据生成、分析、浏览、事件存储、事件选择等功能。

7. 绿色网络设计方法

绿色网络设计采用精简设计、重用设计、回收设计的思路。设计原则有：

（1）标准化：减少转换设备，兼容异构方案。

（2）集成化：减少设备总量，降低资源需求。

（3）虚拟化：灵活调配，按需使用。

（4）智能化：降低人力成本，降低资源占用。

20.4 练习题

1．局域网网络架构有 4 种类型，以下说法错误的是（ ）。

    A．单核心架构使用单台核心二层或三层交换设备作为网络核心

    B．单核心架构的优点是结构简单，设备投资节约，接入方便

    C．双核心架构采用两台核心三层及以上交换机作为网络核心

    D．环型架构的缺点是投资较单核心高，核心端口密度要求较高

解析：双核心架构的缺点是投资较单核心高，核心端口密度要求较高。

答案：D

2．以下不属于网络安全协议的是（ ）。

    A．FTP   B．SSL   C．HTTPS   D．SET

解析：文件传输协议（File Transport Protocol，FTP）是网络上两台计算机传送文件的协议，运行在 TCP 之上，是通过 Internet 将文件从一台计算机传输到另一台计算机的一种途径。

答案：A

3．以下关于层次化网络设计原则的叙述中，错误的是（ ）。

    A．一般将网络划分为核心层、汇聚层、接入层三个层次

    B．应当首先设计核心层，再根据必要的分析完成其他层次设计

    C．为了保证网络的层次性，不能在设计中随意加入额外连接

    D．除去接入层，其他层次应尽量采用模块化方式，模块间边界应非常清晰

解析：按照层次式网络设计原则，首先要控制网络层次，一般将网络划分为核心层、汇聚层、接入层三个层次；再从接入层开始向上分析规划，因此 B 选项错误；其次尽量采用模块化设计，除去接入层，其他层次应尽量采用模块化方式；再次要严格控制网络结构，模块间边界应非常清晰；最后严格控制层次化结构，为了保证网络的层次性，不能在设计中随意加入额外连接。

答案：B

4．（ ）是一种新型网络创新架构，核心思想是通过控制与转发分离，将网络中交换设备的控制逻辑集中到一个计算设备上，控制面集中管控，提升网络管理配置能力。

    A．5G 网络架构   B．软件定义网络

    C．移动通信网网络   D．存储网络

解析：软件定义网络是一种新型网络创新架构，核心思想是通过控制与转发分离，将网络中交换设备的控制逻辑集中到一个计算设备上，控制面集中管控，提升网络管理配置能力。

答案：B

第**21**小时
安全架构设计理论与实践

21.0　章节考点分析

　　第 21 小时主要学习信息系统中安全架构设计的理论和工作中的实践。根据考试大纲，本小时知识点会涉及案例分析题和论文题（各占 25 分），而在历年考试中，综合知识选择题目中也有过诸多考查。本小时内容侧重于知识点记忆，按照以往的出题规律，安全架构设计基础知识点主要来源于教材，但随着形势和技术的发展，也可能会联系最新时事考查新颁布的安全标准。本小时知识架构如图 21.1 所示。

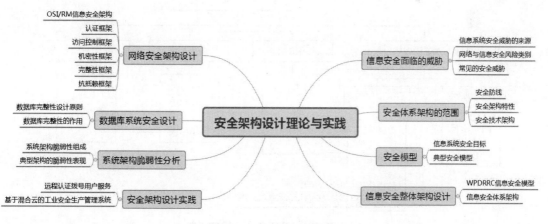

图 21.1　本小时知识架构

【导读小贴士】

随着科技的发展，信息系统的安全受到诸多方面的威胁，设计信息系统安全架构需要从各个方面考虑，这是一项具有相当技术含量的工作。信息系统的安全跨越物理、网络、硬件、操作系统、软件、管理等诸多层面，是一个复杂的立体空间工程，为此业界组织了诸多机构，制定了诸多标准，也形成了不少设计方法和框架。

伴随多年的技术发展，网络安全政策法规和制度标准体系基本形成，关键信息基础设施安全保护体系和能力显著增强，数据安全治理和个人信息保护工作取得积极进展。在顶层设计框架下，数据与文件加密、数据完整性、通信安全、访问控制技术、抗攻击技术和安全评估与认证是主要的考查内容。

21.1 信息安全面临的威胁

【基础知识点】

1. 信息系统安全威胁的来源

威胁可以来源于物理环境、通信链路、网络系统、操作系统、应用系统、管理系统。

2. 网络与信息安全风险类别

网络与信息安全风险类别可以分为人为蓄意破坏（被动型攻击，主动型攻击）、灾害性攻击、系统故障、人员无意识行为，如图 21.2 所示。

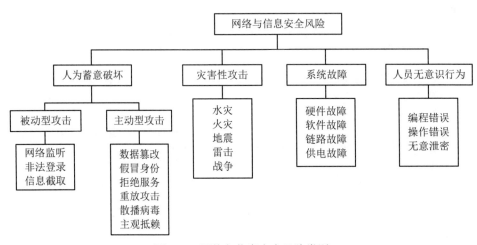

图 21.2　网络与信息安全风险类别

3. 常见的安全威胁

常见的威胁主要有：

（1）信息泄露。信息被泄露或透露给某个非授权的实体。

（2）破坏信息的完整性。数据被非授权地进行增删、修改或破坏而受到损失。

（3）拒绝服务。对信息或其他资源的合法访问被无条件地阻止。

（4）非法使用（非授权访问）。某一资源被某个非授权的人或以非授权的方式使用。

（5）窃听。用各种可能的合法或非法的手段窃取系统中的信息资源和敏感信息。如对通信线路中传输的信号进行搭线监听，或利用通信设备在工作过程中产生的电磁泄漏截取有用信息等。

（6）业务流分析。通过对系统进行长期监听，利用统计分析方法对诸如通信频度、通信的信息流向、通信总量的变化等态势进行研究，从而发现有价值的信息和规律。

（7）假冒。通过欺骗通信系统（或用户）达到非法用户冒充成为合法用户，或者特权小的用户冒充成为特权大的用户的目的。黑客大多是采用假冒的方式进行攻击。

（8）旁路控制。攻击者利用系统的安全缺陷或安全性上的脆弱之处获得非授权的权利或特权。如，攻击者通过各种攻击手段发现原本应保密，但是却又暴露出来的一些系统"特性"。利用这些"特性"，攻击者就可以绕过防线守卫者侵入系统的内部。

（9）授权侵犯。被授权以某一目的使用某一系统或资源的某个人，却将此权限用于其他非授权的目的，也称作"内部攻击"。

（10）特洛伊木马。软件中含有一个察觉不出的或者无害的程序段，当它被执行时，会破坏用户的安全。这种应用程序称为特洛伊木马。

（11）陷阱门。在某个系统或某个部件中设置了"机关"，使得当提供特定的输入数据时，允许违反安全策略。

（12）抵赖。这是一种来用户的攻击，例如，否认自己曾经发布过的某条消息、伪造一份对方来信等。

（13）重放。所截获的某次合法的通信数据备份，出于非法的目的而被重新发送。

（14）计算机病毒。所谓计算机病毒，是一种在计算机系统运行过程中能够实现传染和侵害的功能程序。

（15）人员渎职。一个授权的人为了钱或利益，或由于粗心，将信息泄露给一个非授权的人。

（16）媒体废弃。信息被从废弃的磁盘或打印过的存储介质中获得。

（17）物理侵入。侵入者通过绕过物理控制而获得对系统的访问。

（18）窃取。重要的安全物品遭到窃取，如令牌或身份卡被盗。

（19）业务欺骗。某一伪系统或系统部件欺骗合法的用户，或使系统自愿地放弃敏感信息。

21.2　安全体系架构的范围

【基础知识点】

安全体系架构的范围包括：

（1）安全防线。分别是产品安全架构、安全技术架构、审计架构。

（2）安全架构特性。安全架构应具有：可用性、完整性、机密性的特性。

（3）安全技术架构。安全技术架构主要包括身份鉴别、访问控制、内容安全、冗余恢复、审计响应、恶意代码防范、密码技术。

21.3 安全模型

【基础知识点】

1. 信息系统安全目标

信息系统安全目标是控制和管理主体对客体的访问，从而实现：

（1）保护系统可用性。

（2）保护网络服务连续性。

（3）防范非法非授权访问。

（4）防范恶意攻击和破坏。

（5）保护信息传输机密性和完整性。

（6）防范病毒侵害。

（7）实现安全管理。

2. 典型安全模型

（1）状态机模型。一个安全状态模型系统，总是从一个安全状态启动，并且在所有迁移中保持安全状态，只允许主体以和安全策略相一致的安全方式访问资源。

（2）BLP 模型（Bell-LaPadula Model）。该模型为数据规划机密性，依据机密性划分安全级别，按安全级别强制访问控制。BLP 模型的基本原理是：

1）安全级别是"机密"的主体访问安全级别为"绝密"的客体时，主体对客体可写不可读。

2）安全级别是"机密"的主体访问安全级别为"机密"的客体时，主体对客体可写可读。

3）安全级别是"机密"的主体访问安全级别为"秘密"的客体时，主体对客体可读不可写。

BLP 模型安全规则：

1）简单规则：低级别主体读取高级别客体受限。

2）星型规则：高级别主体写入低级别客体受限。

3）强星型规则：对不同级别读写受限。

4）自主规则：自定义访问控制矩阵。

（3）Biba 模型。该模型建立在完整性级别上。模型具有完整性的三个目标：保护数据不被未授权用户更改、保护数据不被授权用户越权修改（未授权更改）、维持数据内部和外部的一致性。

Biba 模型基本原理：

1）完整性级别为"中完整性"的主体访问完整性为"高完整性"的客体时，主体对客体可读不可写，也不能调用主体的任何程序和服务。

2）完整性级别为"中完整性"的主体访问完整性为"中完整性"的客体时，主体对客体可读可写。

3）当完整性级别为"中完整性"的主体访问完整性为"低完整性"的客体时，主体对客体可写不可读。

Biba 模型可以防止数据从低完整性级别流向高完整性级别，其安全规则如下：

1）星完整性规则。表示完整性级别低的主体不能对完整性级别高的客体写数据。

2）简单完整性规则。表示完整性级别高的主体不能从完整性级别低的客体读取数据。

3）调用属性规则。表示一个完整性级别低的主体不能从级别高的客体调用程序或服务。

（4）CWM 模型（Clark-Wilson Model）。将完整性目标、策略和机制融为一体，提出职责分离目标，应用完整性验证过程，实现了成型的事务处理机制，常用于银行系统。CWM 模型具有以下特征：

1）包含主体、程序、客体三元素，主体只能通过程序访问客体。

2）权限分离原则，功能可分为多主体，防止授权用户进行未授权修改。

3）具有审计能力。

（5）Chinese Wall 模型，是一种混合策略模型，应用于多边安全系统，防止多安全域存在潜在的冲突。该模型为投资银行设计，常见于金融领域。工作原理是通过自主访问控制（DAC）选择安全域，通过强制访问控制（MAC）完成特定安全域内的访问控制。

Chinese Wall 模型的安全规则：

1）墙内客体可读取。

2）不同利益冲突组客体可读取。

3）访问其他公司客体和其他利益冲突组客体后，主体对客体写入受限。

21.4　信息安全整体架构设计

【基础知识点】

（1）WPDRRC 信息安全模型。WPDRRC 模型包括 6 个环节：预警（Warning）、保护（Protect）、检测（Detect）、响应（React）、恢复（Restore）、反击（Counterattack）；3 个要素：人员、策略、技术。

（2）信息安全体系架构。具体可以从以下 5 个方面开展安全体系的架构设计工作：

1）物理安全（前提）：包括环境安全、设备安全、媒体安全。

2）系统安全（基础）：包括网络结构安全、操作系统安全、应用系统安全。

3）网络安全（关键）：包括访问控制、通信保密、入侵检测、网络安全扫描、防病毒。

4）应用安全：包括资源共享、信息存储。

5）安全管理：包括健全的体制、管理平台、人员安全防范意识。

21.5　网络安全架构设计

【基础知识点】

（1）OSI/RM 信息安全架构，如图 21.3 所示。其中，安全服务和安全机制的对应关系如图 21.4 所示。

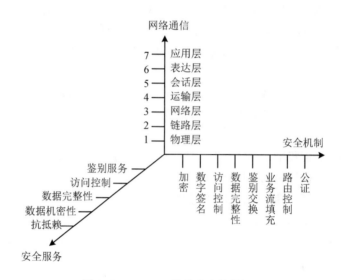

图 21.3　OSI/RM 信息安全架构

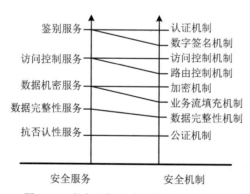

图 21.4　安全服务和安全机制的对应关系

OSI 定义了分层多点的安全技术体系架构，又叫深度防御安全架构，它通过以下 3 种方式将防御能力分布至整个信息系统中。

1）多点技术防御：通过网络和基础设施，边界防御（流量过滤、控制、如前检测），计算环境等方式进行防御。

2）分层技术防御：外部和内部边界使用嵌套防火墙，配合入侵检测进行防御。

3）支撑性基础设施：使用公钥基础设施以及检测和响应基础设施进行防御。

（2）认证框架。认证又叫鉴权，其目的是防止其他实体占用和独立操作被鉴别实体的身份。鉴别的方式有：已知的（口令）、拥有的（IC 卡，令牌等）、不可变特征（生物特征）、受信第三方鉴别、环境（主机地址）。鉴别服务阶段分为：安装、修改鉴权信息、分发、获取、传送、验证、停活、重新激活、取消安装。

（3）访问控制框架。当发起者请求对目标进行特殊访问时，访问控制管制设备（Access Control Enforcement Facilities，AEF）就通知访问控制决策设备（Access Control Decision Facilities，ADF），ADF 可以根据上下文信息（包括发起者的位置、访问时间或使用中的特殊通信路径）以及可能还有以前判决中保留下来的访问控制决策信息（Access Control Decision Information，ADI）做出允许或禁止发起者试图对目标进行访问的判决。

（4）机密性框架。机密性服务目的是确保信息仅仅是对被授权者可用。机密性机制包括：通过禁止访问提供机密性、通过加密提供机密性。

（5）完整性框架。完整性服务目的是组织威胁或探测威胁，保护数据及其相关属性的完整性。完整性服务分类有：未授权的数据创建、数据创建、数据删除、数据重放。完整性机制类型分为阻止媒体访问与探测非授权修改两种。

（6）抗抵赖框架。抗抵赖服务的目的是提供特定事件或行为的证据。抗抵赖服务阶段分为：证据生成、证据传输、存储及回复、证据验证、解决纠纷这 5 个阶段。

21.6　数据库系统安全设计

【基础知识点】

1. 数据库完整性设计原则

完整性设计原则具体包括：

（1）依据完整性约束类型设计其实现的系统层次和方式，并考虑性能。

（2）在保障性能的前提下，尽可能应用实体完整性约束和引用完整性约束。

（3）慎用触发器。

（4）制订并使用完整性约束命名规范。

（5）测试数据库完整性，尽早排除冲突和性能隐患。

（6）设有数据库设计团队，参与数据库工程全过程。

（7）使用 CASE 工具，降低工作量，提高工作效率。

2. 数据库完整性的作用

数据库完整性的作用体现在以下几个方面：

（1）防止不合语义的数据入库。

（2）降低开发复杂性，提高运行效率。

（3）通过测试尽早发现缺陷。

21.7 系统架构脆弱性分析

【基础知识点】

1. **系统架构脆弱性组成**

系统架构脆弱性包括物理装备脆弱性、软件脆弱性、人员管理脆弱性、规章制度脆弱性、安全策略脆弱性等。

2. **典型架构的脆弱性表现**

（1）分层架构。分层脆弱性体现在：

1）层间脆弱性：一旦某个底层发生错误，那么整个程序将会无法正常运行。

2）层间通信脆弱性：如在面向对象方法中，将会存在大量对象成员方法的调用（消息交互），这种层层传递，势必造成性能的下降。

（2）C/S 架构。这种架构的脆弱性有：客户端脆弱性、网络开放性脆弱性、网络协议脆弱性。

（3）B/S 架构。如果 B/S 架构使用的是 HTTP 协议，会更容易被病毒入侵。

（4）事件驱动架构。事件驱动架构的脆弱性体现在：组件脆弱性、组件间交换数据的脆弱性、组件间逻辑关系的脆弱性、事件驱动容易死循环、高并发脆弱性、固定流程脆弱性。

（5）MVC 架构。MVC 架构的脆弱性体现在以下 3 方面：

1）复杂性脆弱性。如一个简单的界面，如果严格遵循 MVC 方式，使得模型、视图与控制器分离，会增加结构的复杂性，并可能产生过多的更新操作，降低运行效率。

2）视图与控制器连接紧密脆弱性。视图与控制器是相互分离但却是联系紧密的部件，如果没有控制器的存在，视图应用是有限的。反之亦然，这就妨碍了它们的独立重用。

3）视图对模型低效率访问脆弱性。依据模型操作接口的不同，视图可能需要多次调用才能获得足够的显示数据。对未变化数据的不必要的频繁访问也将损害操作性能。

（6）微内核架构。微内核架构的脆弱性体现在：

1）整体优化脆弱性。微内核系统的核心态只实现了最基本的系统操作，因此内核以外的外部程序之间的独立运行使得系统难以进行良好的整体优化。

2）进程通信开销脆弱性。微内核系统的进程间通信开销也较单一内核系统要大得多。

3）通信损失脆弱性。微内核把系统分为各个小的功能块，从而降低了设计难度，系统的维护与修改也容易，但带来的问题是通信效率的损失。

（7）微服务架构。微服务架构的脆弱性体现在：

1）分布式结构复杂带来的脆弱性。开发人员需要处理分布式系统的复杂结构。

2）服务间通信带来的脆弱性。开发人员要设计服务之间的通信机制，通过写代码来处理消息传递中速度过慢或者不可用等局部失效问题。

3）服务管理复杂性带来的脆弱性。在生产环境中要管理多个不同的服务实例，这意味着开发团队需要全局统筹。

21.8 安全架构设计实践

【基础知识点】

1. 远程认证拨号用户服务（Remote Authentication Dial-In User Service，RADIUS）

RADIUS 是应用最广泛的高安全级别认证、授权、审计协议（Authentication, Authorization, Accounting, AAA），具有高性能和高可扩展性，且可用多种协议实现。

RADIUS 通常由协议逻辑层，业务逻辑层和数据逻辑层 3 层组成层次式架构。

（1）协议逻辑层：起到分发处理功能，相当于转发引擎。

（2）业务逻辑层：实现认证、授权、审计三种类型业务及其服务进程间的通信。

（3）数据逻辑层：实现统一的数据访问代理池，降低数据库依赖，减少数据库压力，增强系统的数据库适应能力。

2. 基于混合云的工业安全生产管理系统

混合云融合了公有云和私有云。在基于混合云的工业安全生产管理系统中，工厂内部的产品设计、数据共享、生产集成使用私有云实现。公有云则用于公司总部与智能工厂间的业务管理、协调和统计分析等。整个生产管理系统架构采用层次式架构，分为设备层、控制层、设计/管理层、应用层，如图 21.5 所示。

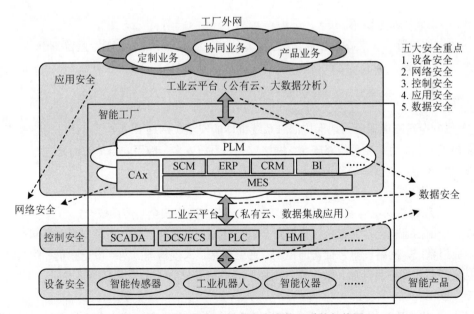

图 21.5 基于混合云的安全生产管理系统架构图

（1）设备层：包括智能工厂生产用设备，包括智能传感器、智能仪器仪表、工业机器人、其他生产设备。

（2）控制层：包括智能设备控制用自动控制系统，包括采集与监视控制系统（Supervisory Control and Data Acquisition，SCADA）、分布式控制系统（Distributed Control System，DCS）、现场总线控制系统（Fieldbus Control System，FCS）、可编程控制器（Programmable Logic Controller，PLC）（内置编程程序）、人机接口（Human Machine Interface，HMI），其他现场控制程序。

（3）设计/管理层：包括智能工厂所有控制开发，业务控制和数据管理相关系统及其功能的集合，实现了数据集成和应用，包括制造执行系统（Manufacturing Execution System，MES）（很多企业称之为生产信息管理系统）、计算机辅助设计/工程/制造 CAD/CAE/CAM、供应链管理（Supply Chain Management，SCM）、企业资源规划（ERP）、客户关系管理（Customer Relationship Management，CRM）、供应商关系管理（Supplier Relationship Management，SRM）、商业智能分析（Business Intelligence，BI）、产品生命周期管理（Product Life-Cycle Management，PLM）。

（4）应用层：云平台上的信息处理，包括数据处理与管理、数据与行业应用相结合，如定制业务、协同业务、产品服务。

在设计基于混合云的工业安全生产管理系统时，需要考虑的安全问题有：设备安全、网络安全、控制安全、应用安全和数据安全。

21.9 练习题

1. 以下属于主动攻击的是（　　）。

    A．网络监听　　　　B．信息截取　　　　C．非法登录　　　　D．假冒身份

解析：主动攻击会对信息进行修改、伪造，而被动攻击只是非法获取信息，不会对信息进行任何修改。

答案：D

2. 信息安全策略应该全面地保护信息系统整体的安全，网络安全体系设计是网络逻辑设计工作的重要内容之一，可从物理线路安全、网络安全、系统安全、应用安全等方面来进行安全体系的设计与规划。其中，数据库的容灾属于（　　）的内容。

    A．物理线路安全与网络安全　　　　　　　B．网络安全与系统安全

    C．物理线路安全与系统安全　　　　　　　D．网络安全与应用安全

解析：依据信息安全体系架构，物理安全包括环境、设备和媒体，系统安全包括网络结构、操作系统、应用系统，网络安全包括访问控制、通信保密、入侵检测、网络安全扫描、防病毒，应用安全包括资源共享和信息存储。数据库容灾属于对信息存储方面的安全和网络方面的安全。

答案：D

3.（　　）模型为数据规划机密性，依据机密性划分安全级别，按安全级别强制访问控制。

    A．BLP 模型　　　B．状态机模型　　　C．Biba 模型　　　D．CWM 模型

解析：Bell-LaPadula 模型（BLP 模型）。该模型为数据规划机密性，依据机密性划分安全级别，按安全级别强制访问控制。

答案：A

4. "在某个系统或某个部件中设置了'机关'，使得当提供特定的输入数据时，允许违反安全策略。"属于哪一种安全威胁？

    A. 特洛伊木马   B. 陷阱门   C. 窃取   D. 非法使用

解析：陷阱门是在某个系统或某个部件中设置了"机关"，使得当提供特定的输入数据时，允许违反安全策略。

答案：B

5. 软件脆弱性是软件中存在的弱点（或缺陷），利用它可以危害系统安全策略，导致信息丢失、系统价值和可用性降低。嵌入式系统软件架构通常采用分层架构，它可以将问题分解为一系列相对独立的子问题，局部化在每一层中，从而有效地降低单个问题的规模和复杂性，实现复杂系统的分解。但是，分层架构仍然存在脆弱性。常见的分层架构的脆弱性包括（　　）等两方面。

    A. 底层发生错误会导致整个系统无法正常运行、层与层之间功能引用可能导致功能失效

    B. 底层发生错误会导致整个系统无法正常运行、层与层之间引入通信机制势必造成性能下降

    C. 上层发生错误会导致整个系统无法正常运行、层与层之间引入通信机制势必造成性能下降

    D. 上层发生错误会导致整个系统无法正常运行、层与层之间的功能引用可能导致功能失效

解析：层次式架构的软件脆弱性主要表现在层间脆弱性和层间通信脆弱性两个方面，层间脆弱性体现在某个底层的错误会导致整个系统都无法正常工作，层间通信脆弱性表现在层次间引入通信机制会造成大量消息交互，从而造成系统性能下降。

答案：B

第22小时
大数据架构设计理论与实践

22.0　章节考点分析

第 22 小时主要学习大数据方向软件架构的发展和工作中的实践。根据考试大纲，本小时知识点会涉及案例分析题和论文题（如果是案例分析题占 25 分，如果是论文题则为 75 分）。本小时内容侧重于理解性记忆，按照以往的出题规律，部分基础知识点来源于教材，部分考查内容需要灵活运用相关知识点。本小时知识架构如图 22.1 所示。

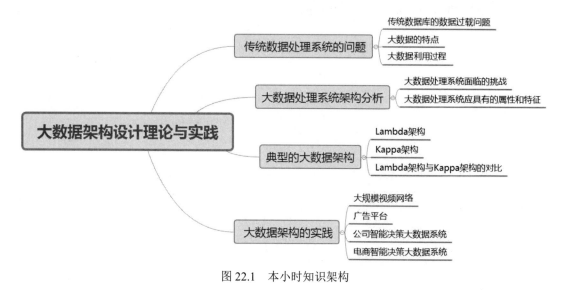

图 22.1　本小时知识架构

【导读小贴士】

大数据架构主要面向大数据的容量体量、类型多样、高速实时、客观真实、价值可观、变化多样和复杂多源的特性，既要构建高质量属性的架构解决方案，又受制于成本、性能、可扩展性等诸多条件。同时，云计算、物联网以及边缘计算等客观环境的发展，也对大数据架构的设计提出了弹性、容器化等新的要求。

伴随多年的研究，当前主要技术实践中以 Lambda 架构、Kappa 架构和 IOTA 架构较为典型，但新版考试大纲中主要考查 Lambda 架构、Kappa 架构在设计中的理论、理解及实践。

22.1　传统数据处理系统的问题

【基础知识点】

1. 传统数据库的数据过载问题

传统应用的数据系统架构设计时，应用直接访问数据库系统。当用户访问量增加时，数据库无法支撑日益增长的用户请求的负载，从而导致数据库服务器无法及时响应用户请求，出现超时的错误。关于这个问题的常用解决方法如下：

（1）增加异步处理队列，通过工作处理层批量处理异步处理队列中的数据修改请求。

（2）建立数据库水平分区，通常建立 Key 分区，以主键/唯一键 Hash 值作为 Key。

（3）建立数据库分片或重新分片，通常专门编写脚本来自动完成，且要进行充分测试。

（4）引入读写分离技术，主数据库处理写请求，通过复制机制分发至从数据库。

（5）引入分库分表技术，按照业务上下文边界拆分数据组织结构，拆分单数据库压力。

2. 大数据的特点

大数据具有体量大、时效性强的特点，并非构造单调，而是类型多样；处理大数据时，传统数据处理系统因数据过载，来源复杂，类型多样等诸多原因性能低下，需要采用以新式计算架构和智能算法为代表的新技术；大数据的应用重在发掘数据间的相关性，而非传统逻辑上的因果关系；因此，大数据的目的和价值就在于发现新的知识，洞悉并进行科学决策。现代大数据处理技术，主要分为以下几种：

（1）基于分布式文件系统 Hadoop。

（2）使用 Map/Reduce 或 Spark 数据处理技术。

（3）使用 Kafka 数据传输消息队列及 Avro 二进制格式。

3. 大数据利用过程

大数据的利用过程分为：采集、清洗、统计和挖掘 4 个过程。

22.2　大数据处理系统架构分析

【基础知识点】

（1）大数据处理系统面临的挑战主要有：

1）如何利用信息技术等手段处理非结构化和半结构化数据。

2）如何探索大数据复杂性、不确定性特征描述的刻画方法及大数据的系统建模。

3）数据异构性与决策异构性的关系对大数据知识发现与管理决策的影响。

（2）大数据处理系统应具有的属性和特征包括：鲁棒性和容错性、低延迟、横向扩展（通过增强机器性能扩展）、通用、可扩展、即席查询（用户按照自己的要求进行查询）、最少维护和可调试。

22.3　典型的大数据架构

【基础知识点】

1．Lambda 架构

Lambda 架构是一种用于同时处理离线和实时数据的、可容错的、可扩展的分布式系统，如图 22.2 所示。

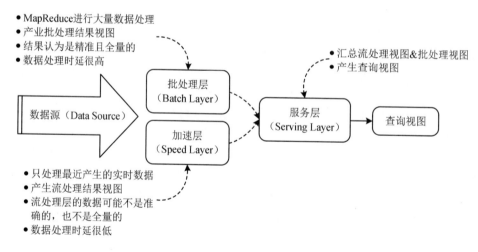

图 22.2　Lambda 架构

Lambda 架构分为以下 3 层：

（1）批处理层。该层核心功能是存储主数据集，主数据集数据具有原始、不可变、真实的特征。批处理层周期性地将增量数据转储至主数据集，并在主数据集上执行批处理，生成批视图。架构实现方面可以使用 Hadoop HDFS 或 HBase 存储主数据集，再利用 Spark 或 MapReduce 执行周期批处理，之后使用 MapReduce 创建批视图。

（2）加速层。该层的核心功能是处理增量实时数据，生成实时视图，快速执行即席查询。架构实现方面可以使用 Hadoop HDFS 或 HBase 存储实时数据，利用 Spark 或 Storm 实现实时数据处理和实时视图。

（3）服务层。该层的核心功能是响应用户请求，合并批视图和实时视图中的结果数据集得到最终数据集。具体来说就是接收用户请求，通过索引加速访问批视图，直接访问实时视图，然后合并两个视图的结果数据集生成最终数据集，响应用户请求。架构实现方面可以使用 HBase 或 Cassandra 作为服务层，通过 Hive 创建可查询的视图。

Lambda 架构优缺点：

Lambda 架构的优点：容错性好，查询灵活度高，弹性伸缩，易于扩展。

Lambda 架构的缺点：编码量大，持续处理成本高，重新部署和迁移成本高。

与 Lambda 架构相似的模式有事件溯源模式、命令查询职责分离模式。

2. Kappa 架构

Kappa 架构是在 Lambda 架构的基础上进行了优化，删除了 Batch Layer 的架构，将数据通道以消息队列进行替代，如图 22.3 所示。

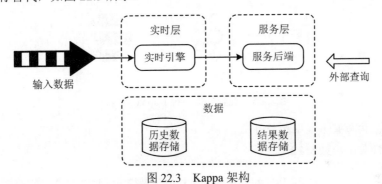

图 22.3　Kappa 架构

Kappa 架构分为如下 2 层：

（1）实时层。该层核心功能是处理输入数据，生成实时视图。具体来说是采用流式处理引擎逐条处理输入数据，生成实时视图。架构实现方式是采用 Apache Kafka 回访数据，然后采用 Flink 或 Spark Streaming 进行处理。

（2）服务层。该层核心功能是使用实时视图中的结果数据集响应用户请求。实践中使用数据湖中的存储作为服务层。

因此 Kappa 架构本质上是通过改进 Lambda 架构中的加速层，使它既能够进行实时数据处理，同时也有能力在业务逻辑更新的情况下重新处理以前处理过的历史数据。

Kappa 架构的优点是将离线和实时处理代码进行了统一，方便维护。缺点是消息中间件有性能瓶颈、数据关联时处理开销大、抛弃了离线计算的可靠性。

Kappa 架构常见变形是 Kappa+架构，如图 22.4 所示；混合分析系统 Kappa 架构，如图 22.5 所示。

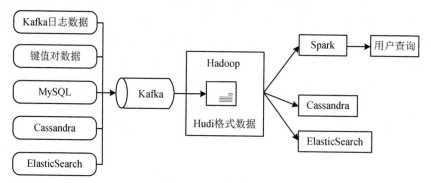

图 22.4　Kappa+架构

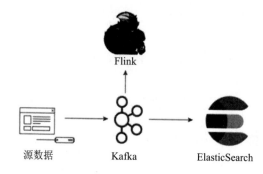

图 22.5　混合分析系统 Kappa 架构

3. Lambda 架构与 Kappa 架构的对比

两种架构特性对比，见表 22.1。

表 22.1　Lambda 架构和 Kappa 架构特性对比

对比内容	Lambda 架构	Kappa 架构
复杂度与开发维护成本	维护两套系统（引擎），复杂度高，成本高	维护一套系统（引擎）复杂度低，成本低
计算开销	周期性批处理计算，持续实时计算 计算开销大	必要时进行全量计算 计算开销相对较小
实时性	满足实时性	满足实时性
历史数据处理能力	批式全量处理，吞吐量大 历史数据处理能力强 批视图与实时视图存在冲突可能	流式全量处理，吞吐量相对较低 历史数据处理能力相对较弱

对于两种架构设计的选择可以从以下 4 个方面考虑，见表 22.2。

表 22.2 影响 Lambda 架构和 Kappa 架构选择的决策因素

设计考虑	Lambda 架构	Kappa 架构
业务需求与技术要求	依赖 Hadoop、Spark、Storm 技术	依赖 Flink 计算引擎,偏流式计算
复杂度	实时处理和离线处理结果可能不一致	频繁修改算法模型参数
开发维护成本	成本预算充足	成本预算有限
历史数据处理能力	频繁使用海量历史数据	仅使用小规模数据集

22.4 大数据架构的实践

【基础知识点】

1. 大规模视频网络

某网采用以 Lambda 架构搭建的大数据平台处理里约奥运会大规模视频网络观看数据,具体平台架构设计如图 22.6 所示。

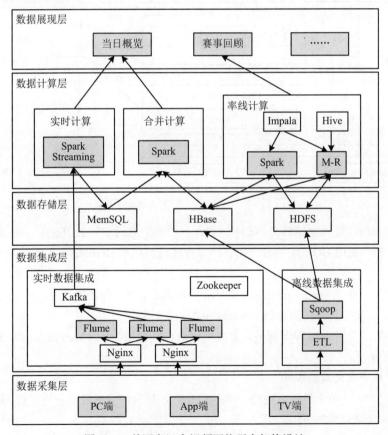

图 22.6 某网奥运会视频网络平台架构设计

对于图 22.6 中的数据计算层可以分为离线计算、实时计算、合并计算 3 个部分。

（1）离线计算部分：用于存储持续增长的批量离线数据，并且会周期性地使用 Spark 和 Map/Reduce 进行批处理，将批处理结果更新到批视图之后使用 Impala 或者 Hive 建立数据仓库，将结果写入 HDFS 中。

（2）实时计算部分：采用 Spark Streaming，只处理实时增量数据，将处理后的结果更新到实时视图。

（3）合并计算部分：合并批视图和实时视图中的结果，生成最终数据集，将最终数据集写入 HBase 数据库中用于响应用户的查询请求。

2. 广告平台

某网基于 Lambda 架构的广告平台，分为批处理层（Batch Layer）、加速层（Speed Layer）、服务层（Serving Layer），如图 22.7 所示。

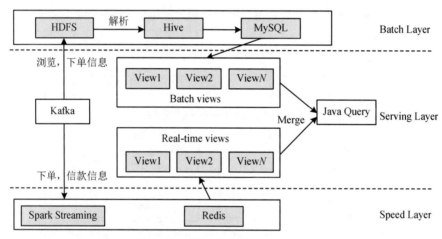

图 22.7 某网广告平台 Lambda 架构

（1）批处理层：每天凌晨将 Kafka 中浏览、下单等消息同步到 HDFS 中，将 HDFS 中数据解析为 Hive 表，然后使用 HQL 或 Spark SQL 计算分区统计结果 Hive 表，将 Hive 表转储到 MySQL 中作为批视图。

（2）加速层：使用 Spark Streaming 实时监听 Kafka 下单、付款等消息，计算每个追踪链接维度的实时数据，将实时计算结果存储在 Redis 中作为实时视图。

（3）服务层：采用 Java Web 服务，对外提供 HTTP 接口，Java Web 服务读取 MySQL 批视图表和 Redis 实时视图表。

3. 公司智能决策大数据系统

某证券公司智能决策大数据系统是一个基于 Kappa 架构的实时日志分析平台，如图 22.8 所示。具体的实时处理过程如下：

（1）日志采集：用统一的数据处理引擎 Filebeat 实时采集日志并推送给 Kafka 缓存。

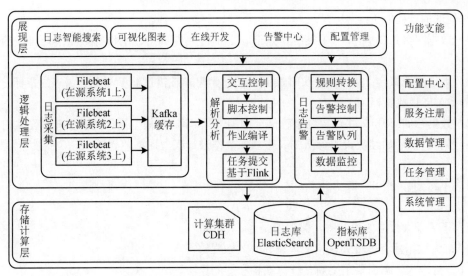

图 22.8　某证券公司大数据系统 Kappa 架构

（2）日志清洗解析：利用基于大数据计算集群的 Flink 计算框架实时读取 Kafka 消息并进行清洗，解析日志文本转换成指标。

（3）日志存储：日志转储到 ElasticSearch 日志库，指标转储到 OpenTSDB 指标库。

（4）日志监控：单独设置告警消息队列，保持监控消息时序管理和实时推送。

4. 电商智能决策大数据系统

该智能决策大数据平台基于 Kappa 架构，使用统一的数据处理引擎 Funk 可实时处理流数据，并将其存储到数据仓库工具 Hive 与分布式缓存 Tair 中，以供后续决策服务的使用。如图 22.9 所示。

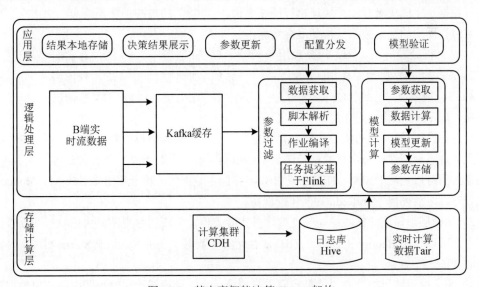

图 22.9　某电商智能决策 Kappa 架构

实时处理的过程如下：

（1）数据采集：B 端实时采集用户点击、下单、广告曝光、出价等数据然后推送给 Kafka 缓存。

（2）数据清洗聚合：由 Flink 实时读取 Kafka 消息，按需过滤参与业务需求的指标，将聚合时间段的数据转换成指标。

（3）数据存储：Flink 将计算结果转储至 Hive 日志库，将模型需要的参数转储至实时计算数据库 Tair 缓存，然后后续决策服务从 Tair 中获取数据进行模型训练。

22.5 练习题

1. 以下关于大数据的说法中，错误的是（   ）。
   A. 大数据拥有体量大、构造单调、时效性强等特点
   B. 处理大数据需要采用新式计算架构和智能算法等新技术
   C. 大数据的应用着重相关剖析，而不是因果剖析
   D. 大数据的目的在于发现新的知识，洞悉并进行科学决策

解析：大数据具有体量大、时效性强的特征，并非构造单调，而是类型多样；处理大数据时，传统数据处理系统因数据过载，来源复杂，类型多样等诸多原因性能低下，需要采用以新式计算架构和智能算法为代表的新技术；大数据的应用重在发掘数据间的相关性，而非传统逻辑上的因果关系；因此，大数据的目的和价值就在于发现新的知识，洞悉并进行科学决策。

答案：A

2. Lambda 架构分为三层： （1） 的核心功能是存储主数据集。 （2） 的核心功能是处理增量实时数据，生成实时视图，快速执行即席查询。 （3） 的核心功能是响应用户请求，合并批视图和实时视图中的结果数据集得到最终数据集。
   （1）A. 批处理层   B. 流处理层   C. 加速层   D. 存储层
   （2）A. 批处理层   B. 服务层   C. 加速层   D. 视图层
   （3）A. 视图层   B. 流处理层   C. 服务层   D. 存储层

解析：Lambda 架构分为 3 层：

（1）批处理层。该层的核心功能是存储主数据集，主数据集数据具有原始、不可变、真实的特征。批处理层周期性地将增量数据转储至主数据集，并在主数据集上执行批处理，生成批视图。架构实现方面可以使用 Hadoop HDFS 或 HBase 存储主数据集，再利用 Spark 或 Map/Reduce 执行周期批处理，之后使用 Map/Reduce 创建批视图。

（2）加速层。该层的核心功能是处理增量实时数据，生成实时视图，快速执行即席查询。架构实现方面可以使用 Hadoop HDFS 或 HBase 存储实时数据，利用 Spark 或 Storm 实现实时数据处理和实时视图。

（3）服务层。该层的核心功能是响应用户请求，合并批视图和实时视图中的结果数据集得到

最终数据集。具体来说就是接收用户请求，通过索引加速访问批视图，直接访问实时视图，然后合并两个视图的结果数据集生成最终数据集，响应用户请求。架构实现方面可以使用 HBase 或 Cassandra 作为服务层，通过 Hive 创建可查询的视图。

答案： A　C　C

3．某互联网公司近期为其旗下产品升级架构，架构图如图 22.10 所示，请指出该架构图采用的是什么架构，并结合架构图说明该架构的层次结构。

解析： 根据题目给出的架构图可发现，该产品通过 Collector 收集结构化数据推送给主 Kafka。主 Kafka 再将数据写入 HDFS 分布式文件系统，而异构数据通过 DataX/Sqoop 写入 HDFS。HDFS 中的数据会通过 Offline 采用 Hive、MapReduce 或 Spark 进行离线处理，还会通过 OLAP 采用 Kylin 或 Naix 进行联机分析处理后存储至由非各类关系型数据库组成的处理结果存储。主 Kafka 会通过分发机制将数据分发给 Kafka，从而将数据转交给 Flink/Storm 订阅者。Flink/Storm 会对数据进行流式实时处理，再将处理结果存储至处理结果存储。OneDataAPI 通过非关系型数据库中的处理结果对数据平面 DataFace 和业务系统提供数据服务。通过分析架构图可知，该架构图采用的是 Lambda 架构。

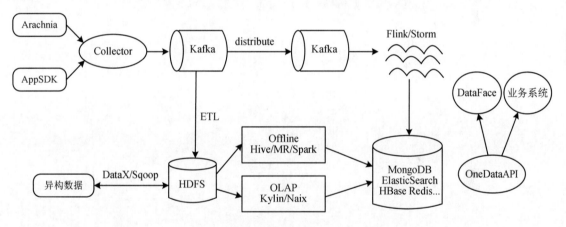

图 22.10　练习题用图

答案： 该架构图采用的是 Lambda 架构，该架构由如下层次组成：

（1）数据采集层：Collector、DataX/Sqoop。

（2）数据源：HDFS。

（3）批处理层：Offline（Hive/MR/Spark），OLAP（Kylin/Naix）。

（4）加速层：Flink/Storm。

（5）服务层：结果视图存储（MongoDB、ElasticSearch、HBase、Redis…），OneDataAPI。

第5篇
架构设计补充知识

第**23**小时
知识产权

23.0　章节考点分析

第 23 小时主要学习国家与行业标准、知识产权的内容。根据考试大纲，本小时知识点会涉及单项选择题，按以往全国计算机技术与软件专业技术资格（水平）考试的出题规律约占 3 分。本小时内容属于补充知识范畴，考题类型固定。本小时知识架构如图 23.1 所示。

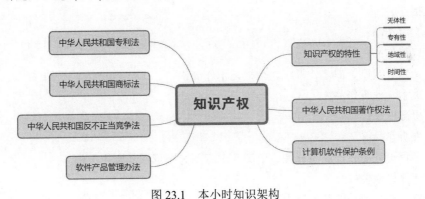

图 23.1　本小时知识架构

　【导读小贴士】

作为一个合格的系统架构设计师不仅要技术水平过硬，更要懂得法律法规的重要性，以作为衡量日常工作行为规范的准绳。本小时精选了一些考试中会涉及的知识产权方面的法律法规的条款，这部分内容不难理解，希望广大考生认真学习。

23.1 知识产权的特性

知识产权具有如下特性。

1．无体性

知识产权的对象没有具体形体，不能用五官触觉去感受，是一种抽象财富。

2．专有性

知识产权的专有性指除权利人同意或法律规定外，权利人以外的任何人不得享有或使用该项权利。

3．地域性

知识产权的地域性是指知识产权只在授予其权利的国家或确认其权利的国家产生，并且只能在该国范围内受法律保护，而其他国家则对其没有必须给予法律保护的义务。

4．时间性

知识产权一旦超过规定的法律期限，相关知识产品即成为整个社会的共同财富，为全人类共同使用。

23.2 中华人民共和国著作权法

第三条 本法所称的作品，是指文学、艺术和科学领域内具有独创性并能以一定形式表现的智力成果，包括：

（一）文字作品；

（二）口述作品；

（三）音乐、戏剧、曲艺、舞蹈、杂技艺术作品；

（四）美术、建筑作品；

（五）摄影作品；

（六）视听作品；

（七）工程设计图、产品设计图、地图、示意图等图形作品和模型作品；

（八）计算机软件；

（九）符合作品特征的其他智力成果。

第五条 本法不适用于：

（一）法律、法规，国家机关的决议、决定、命令和其他具有立法、行政、司法性质的文件，及其官方正式译文；

（二）单纯事实消息；

（三）历法、通用数表、通用表格和公式。

第十条 著作权包括下列人身权和财产权：

（一）发表权，即决定作品是否公之于众的权利；

（二）署名权，即表明作者身份，在作品上署名的权利；

（三）修改权，即修改或者授权他人修改作品的权利；

（四）保护作品完整权，即保护作品不受歪曲、篡改的权利；

（五）复制权，即以印刷、复印、拓印、录音、录像、翻录、翻拍、数字化等方式将作品制作一份或者多份的权利；

（六）发行权，即以出售或者赠与方式向公众提供作品的原件或者复制件的权利；

（七）出租权，即有偿许可他人临时使用视听作品、计算机软件的原件或者复制件的权利，计算机软件不是出租的主要标的的除外；

（八）展览权，即公开陈列美术作品、摄影作品的原件或者复制件的权利；

（九）表演权，即公开表演作品，以及用各种手段公开播送作品的表演的权利；

（十）放映权，即通过放映机、幻灯机等技术设备公开再现美术、摄影、视听作品等的权利；

（十一）广播权，即以有线或者无线方式公开传播或者转播作品，以及通过扩音器或者其他传送符号、声音、图像的类似工具向公众传播广播的作品的权利，但不包括本款第十二项规定的权利；

（十二）信息网络传播权，即以有线或者无线方式向公众提供，使公众可以在其选定的时间和地点获得作品的权利；

（十三）摄制权，即以摄制视听作品的方法将作品固定在载体上的权利；

（十四）改编权，即改变作品，创作出具有独创性的新作品的权利；

（十五）翻译权，即将作品从一种语言文字转换成另一种语言文字的权利；

（十六）汇编权，即将作品或者作品的片段通过选择或者编排，汇集成新作品的权利；

（十七）应当由著作权人享有的其他权利。

著作权人可以许可他人行使前款第五项至第十七项规定的权利，并依照约定或者本法有关规定获得报酬。

著作权人可以全部或者部分转让本条第一款第五项至第十七项规定的权利，并依照约定或者本法有关规定获得报酬。

第十八条 自然人为完成法人或者非法人组织工作任务所创作的作品是职务作品，除本条第二款的规定以外，著作权由作者享有，但法人或者非法人组织有权在其业务范围内优先使用。作品完成两年内，未经单位同意，作者不得许可第三人以与单位使用的相同方式使用该作品。

有下列情形之一的职务作品，作者享有署名权，著作权的其他权利由法人或者非法人组织享有，法人或者非法人组织可以给予作者奖励：

（一）主要是利用法人或者非法人组织的物质技术条件创作，并由法人或者非法人组织承担责任的工程设计图、产品设计图、地图、示意图、计算机软件等职务作品；

（二）报社、期刊社、通讯社、广播电台、电视台的工作人员创作的职务作品；

（三）法律、行政法规规定或者合同约定著作权由法人或者非法人组织享有的职务作品。

第十九条 受委托创作的作品，著作权的归属由委托人和受托人通过合同约定。合同未作明确约定或者没有订立合同的，著作权属于受托人。

第二十条　作品原件所有权的转移，不改变作品著作权的归属，但美术、摄影作品原件的展览权由原件所有人享有。

作者将未发表的美术、摄影作品的原件所有权转让给他人，受让人展览该原件不构成对作者发表权的侵犯。

第二十二条　作者的署名权、修改权、保护作品完整权的保护期不受限制。

第二十四条　在下列情况下使用作品，可以不经著作权人许可，不向其支付报酬，但应当指明作者姓名或者名称、作品名称，并且不得影响该作品的正常使用，也不得不合理地损害著作权人的合法权益：

（一）为个人学习、研究或者欣赏，使用他人已经发表的作品；

（二）为介绍、评论某一作品或者说明某一问题，在作品中适当引用他人已经发表的作品；

（三）为报道新闻，在报纸、期刊、广播电台、电视台等媒体中不可避免地再现或者引用已经发表的作品；

（四）报纸、期刊、广播电台、电视台等媒体刊登或者播放其他报纸、期刊、广播电台、电视台等媒体已经发表的关于政治、经济、宗教问题的时事性文章，但著作权人声明不许刊登、播放的除外；

（五）报纸、期刊、广播电台、电视台等媒体刊登或者播放在公众集会上发表的讲话，但作者声明不许刊登、播放的除外；

（六）为学校课堂教学或者科学研究，翻译、改编、汇编、播放或者少量复制已经发表的作品，供教学或者科研人员使用，但不得出版发行；

（七）国家机关为执行公务在合理范围内使用已经发表的作品；

（八）图书馆、档案馆、纪念馆、博物馆、美术馆、文化馆等为陈列或者保存版本的需要，复制本馆收藏的作品；

（九）免费表演已经发表的作品，该表演未向公众收取费用，也未向表演者支付报酬，且不以营利为目的；

（十）对设置或者陈列在公共场所的艺术作品进行临摹、绘画、摄影、录像；

（十一）将中国公民、法人或者非法人组织已经发表的以国家通用语言文字创作的作品翻译成少数民族语言文字作品在国内出版发行；

（十二）以阅读障碍者能够感知的无障碍方式向其提供已经发表的作品；

（十三）法律、行政法规规定的其他情形。

23.3　计算机软件保护条例

第二条　本条例所称计算机软件（以下简称软件），是指<u>计算机程序及其有关文档</u>。

第三条　本条例下列用语的含义：

（一）计算机程序，是指为了得到某种结果而可以由计算机等具有信息处理能力的装置执行的代码化指令序列，或者可以被自动转换成代码化指令序列的符号化指令序列或者符号化语句序列。同一计算机程序的源程序和目标程序为同一作品。

（二）文档，是指用来描述程序的内容、组成、设计、功能规格、开发情况、测试结果及使用方法的文字资料和图表等，如程序设计说明书、流程图、用户手册等。

（三）软件开发者，是指实际组织开发、直接进行开发，并对开发完成的软件承担责任的法人或者其他组织；或者依靠自己具有的条件独立完成软件开发，并对软件承担责任的自然人。

（四）软件著作权人，是指依照本条例的规定，对软件享有著作权的自然人、法人或者其他组织。

第四条　受本条例保护的软件必须由开发者独立开发，并已固定在某种有形物体上。

第五条　中国公民、法人或者其他组织对其所开发的软件，不论是否发表，依照本条例享有著作权。

第六条　本条例对软件著作权的保护不延及开发软件所用的思想、处理过程、操作方法或者数学概念等。

第九条　软件著作权属于软件开发者，本条例另有规定的除外。

如无相反证明，在软件上署名的自然人、法人或者其他组织为开发者。

第十条　由两个以上的自然人、法人或者其他组织合作开发的软件，其著作权的归属由合作开发者签订书面合同约定。无书面合同或者合同未作明确约定，合作开发的软件可以分割使用的，开发者对各自开发的部分可以单独享有著作权；但是，行使著作权时，不得扩展到合作开发的软件整体的著作权。合作开发的软件不能分割使用的，其著作权由各合作开发者共同享有，通过协商一致行使；不能协商一致，又无正当理由的，任何一方不得阻止他方行使除转让权以外的其他权利，但是所得收益应当合理分配给所有合作开发者。

第十一条　接受他人委托开发的软件，其著作权的归属由委托人与受托人签订书面合同约定；无书面合同或者合同未作明确约定的，其著作权由受托人享有。

第十四条　软件著作权自软件开发完成之日起产生。

自然人的软件著作权，保护期为自然人终生及其死亡后 50 年，截止于自然人死亡后第 50 年的 12 月 31 日；软件是合作开发的，截止于最后死亡的自然人死亡后第 50 年的 12 月 31 日。

法人或者其他组织的软件著作权，保护期为 50 年，截止于软件首次发表后第 50 年的 12 月 31 日，但软件自开发完成之日起 50 年内未发表的，本条例不再保护。

23.4　中华人民共和国专利法

第二条　本法所称的发明创造是指发明、实用新型和外观设计。

发明，是指对产品、方法或者其改进所提出的新的技术方案。

实用新型，是指对产品的形状、构造或者其结合所提出的适于实用的新的技术方案。

外观设计，是指对产品的整体或者局部的形状、图案或者其结合以及色彩与形状、图案的结合所作出的富有美感并适于工业应用的新设计。

第六条 执行本单位的任务或者主要是利用本单位的物质技术条件所完成的发明创造为职务发明创造。职务发明创造申请专利的权利属于该单位，申请被批准后，该单位为专利权人。该单位可以依法处置其职务发明创造申请专利的权利和专利权，促进相关发明创造的实施和运用。

非职务发明创造，申请专利的权利属于发明人或者设计人；申请被批准后，该发明人或者设计人为专利权人。

利用本单位的物质技术条件所完成的发明创造，单位与发明人或者设计人订有合同，对申请专利的权利和专利权的归属作出约定的，从其约定。

第七条 对发明人或者设计人的非职务发明创造专利申请，任何单位或者个人不得压制。

第八条 两个以上单位或者个人合作完成的发明创造、一个单位或者个人接受其他单位或者个人委托所完成的发明创造，除另有协议的以外，申请专利的权利属于完成或者共同完成的单位或者个人；申请被批准后，申请的单位或者个人为专利权人。

第九条 同样的发明创造只能授予一项专利权。但是，同一申请人同日对同样的发明创造既申请实用新型专利又申请发明专利，先获得的实用新型专利权尚未终止，且申请人声明放弃该实用新型专利权的，可以授予发明专利权。

两个以上的申请人分别就同样的发明创造申请专利的，专利权授予最先申请的人。

第二十五条 对下列各项，不授予专利权：

（一）科学发现；

（二）智力活动的规则和方法；

（三）疾病的诊断和治疗方法；

（四）动物和植物品种；

（五）原子核变换方法以及用原子核变换方法获得的物质；

（六）对平面印刷品的图案、色彩或者二者的结合作出的主要起标识作用的设计。

对前款第（四）项所列产品的生产方法，可以依照本法规定授予专利权。

23.5　中华人民共和国商标法

第五条 两个以上的自然人、法人或者其他组织可以共同向商标局申请注册同一商标，共同享有和行使该商标专用权。

第六条 法律、行政法规规定必须使用注册商标的商品，必须申请商标注册，未经核准注册的，不得在市场销售。

第十条 下列标志不得作为商标使用：

（一）同中华人民共和国的国家名称、国旗、国徽、国歌、军旗、军徽、军歌、勋章等相同或者近似的，以及同中央国家机关的名称、标志、所在地特定地点的名称或者标志性建筑物的名称、图形相同的；

（二）同外国的国家名称、国旗、国徽、军旗等相同或者近似的，但经该国政府同意的除外；

（三）同政府间国际组织的名称、旗帜、徽记等相同或者近似的，但经该组织同意或者不易误导公众的除外；

（四）与表明实施控制、予以保证的官方标志、检验印记相同或者近似的，但经授权的除外；

（五）同"红十字"、"红新月"的名称、标志相同或者近似的；

（六）带有民族歧视性的；

（七）带有欺骗性，容易使公众对商品的质量等特点或者产地产生误认的；

（八）有害于社会主义道德风尚或者有其他不良影响的。

县级以上行政区划的地名或者公众知晓的外国地名，不得作为商标。但是，地名具有其他含义或者作为集体商标、证明商标组成部分的除外；已经注册的使用地名的商标继续有效。

第十一条　下列标志不得作为商标注册：

（一）仅有本商品的通用名称、图形、型号的；

（二）仅直接表示商品的质量、主要原料、功能、用途、重量、数量及其他特点的；

（三）其他缺乏显著特征的。

前款所列标志经过使用取得显著特征，并便于识别的，可以作为商标注册。

第三十一条　两个或者两个以上的商标注册申请人，在同一种商品或者类似商品上，以相同或者近似的商标申请注册的，初步审定并公告申请在先的商标；同一天申请的，初步审定并公告使用在先的商标，驳回其他人的申请，不予公告。

第五十六条　注册商标的专用权，以核准注册的商标和核定使用的商品为限。

第五十七条　有下列行为之一的，均属侵犯注册商标专用权：

（一）未经商标注册人的许可，在同一种商品上使用与其注册商标相同的商标的；

（二）未经商标注册人的许可，在同一种商品上使用与其注册商标近似的商标，或者在类似商品上使用与其注册商标相同或者近似的商标，容易导致混淆的；

（三）销售侵犯注册商标专用权的商品的；

（四）伪造、擅自制造他人注册商标标识或者销售伪造、擅自制造的注册商标标识的；

（五）未经商标注册人同意，更换其注册商标并将该更换商标的商品又投入市场的；

（六）故意为侵犯他人商标专用权行为提供便利条件，帮助他人实施侵犯商标专用权行为的；

（七）给他人的注册商标专用权造成其他损害的。

23.6　中华人民共和国反不正当竞争法

第九条　经营者不得实施下列侵犯商业秘密的行为：

（一）以盗窃、贿赂、欺诈、胁迫、电子侵入或者其他不正当手段获取权利人的商业秘密；

（二）披露、使用或者允许他人使用以前项手段获取的权利人的商业秘密；

（三）违反保密义务或者违反权利人有关保守商业秘密的要求，披露、使用或者允许他人使用其所掌握的商业秘密；

（四）教唆、引诱、帮助他人违反保密义务或者违反权利人有关保守商业秘密的要求，获取、披露、使用或者允许他人使用权利人的商业秘密。

经营者以外的其他自然人、法人和非法人组织实施前款所列违法行为的，视为侵犯商业秘密。

<u>第三人明知或者应知商业秘密权利人的员工、前员工或者其他单位、个人实施本条第一款所列违法行为，仍获取、披露、使用或者允许他人使用该商业秘密的，视为侵犯商业秘密。</u>

本法所称的商业秘密，是指不为公众所知悉、具有商业价值并经权利人采取相应保密措施的技术信息、经营信息等商业信息。

23.7 软件产品管理办法

第四条 软件产品的开发、生产、销售、进出口等活动应遵守我国有关法律、法规和标准规范。任何单位和个人不得开发、生产、销售、进出口含有以下内容的软件产品：

（一）侵犯他人知识产权的；

（二）含有计算机病毒的；

（三）可能危害计算机系统安全的；

（四）含有国家规定禁止传播的内容的；

（五）不符合我国软件标准规范的。

23.8 练习题

1．以下关于软件著作权产生时间的叙述中，正确的是（ ）。

A．软件著作权产生自软件首次公开发表时

B．软件著作权产生自开发者有开发意图时

C．软件著作权产生自软件开发完成之日起

D．软件著作权产生自软件著作权登记时

解析：根据《计算机软件保护条例》第十四条规定，软件著作权自软件开发完成之日起产生。

答案：C

2．X 公司接受 Y 公司的委托开发了一款应用软件，双方没有订立任何书面合同。在此情形下，（ ）享有该软件的著作权。

A．X、Y 公司共同   B．X 公司

C．Y 公司   D．X、Y 公司均不

解析：根据《中华人民共和国著作权法》第十九条以及《计算机软件保护条例》第十一条规定，受委托创作的作品，著作权的归属由委托人和受托人通过合同约定。合同未作明确约定或者没有订立合同的，著作权属于受托人。

答案： B

3．谭某是 CZB 物流公司的业务系统管理员。任职期间，谭某根据公司的业务要求开发了"报关业务系统"，并由公司使用。以下说法正确的是（　　）。

　　A．报关业务系统 V1.0 的著作权属于谭某

　　B．报关业务系统 V1.0 的著作权属于 CZB 物流公司

　　C．报关业务系统 V1.0 的著作权属于谭某和 CZB 物流公司

　　D．报关业务系统 V1.0 的著作权不属于谭某和 CZB 物流公司

解析： 根据题干，谭某是在任职期间根据公司业务要求开发的该系统，因此根据《中华人民共和国著作权法》第十八条规定，谭某开发的软件属于职务作品。

答案： B

4．著作权中，（　　）的保护期不受期限限制。

　　A．发表权　　　　　B．发行权　　　　　C．展览权　　　　　D．署名权

解析： 著作权中的人身权的保护期不受限制。即作者的署名权、修改权、保护作品完整权的保护期不受限制。

答案： D

5．甲、乙两人在同一天就同样的发明创造提交了专利申请，专利局将分别向各申请人通报有关情况，并提出多种可能采用的解决办法。下列说法中，不可能采用（　　）。

　　A．甲、乙作为共同申请人

　　B．甲或乙一方放弃权利并从另一方得到适当的补偿

　　C．甲、乙都不授予专利权

　　D．甲、乙都授予专利权

解析： 根据《中华人民共和国专利法》第九条规定，"同一的发明创造只能被授予一项专利"，因此在同一天，两个不同的人就同样的发明创造申请专利的，专利局将分别向各申请人通报有关情况，请他们自己去协商解决这一问题，解决的方法一般有两种，一种是两申请人作为一件申请的共同申请人；另一种是其中一方放弃权利并从另一方得到适当的补偿。

答案： D

第**24**小时
应用数学

24.0　章节考点分析

第 24 小时主要学习运筹学等内容。

根据考试大纲，本小时涉及单项选择题，占 2 分左右。考查运筹学的相关知识，涉及题型范围较广，难度较大。本小时节选部分常规考题类型，希望广大考生尽量掌握。本小时知识架构如图 24.1 所示。

图 24.1　本小时知识架构

【导读小贴士】

运筹学属于管理科学的一种，经常用于解决现实生活中的复杂问题，特别是改善或优化现有系统的效率。考试中大概有 4 分左右的题目出自运筹学。由于运筹学研究的内容十分广泛，本小时精选了一些基础的、难度不大的、多次出现的题目进行解析，供广大考生学习。尽管我们不需要掌握太多、太复杂的运筹学方法，但学好运筹学有助于启发思维，对日后的工作、学习都会有一定的帮助。

24.1　图论之最小生成树

【基础知识点】

（1）定义：在连通的带权图的所有生成树中，权值和最小的那棵生成树（包含图中所有顶点的树），称作最小生成树。

（2）针对问题：带权图的最短路径问题。

（3）最小生成树的解法有普里姆（Prim）算法和克鲁斯卡尔（Kruskal）算法，我们常用克鲁斯卡尔算法。

【例】图 24.2 标明了六个城市（A～F）之间的公路（每条公路旁标注了其长度公里数）。为将部分公路改造成高速公路，使各个城市之间均可通过高速公路通达，至少要改造总计（　　）公里的公路，这种总公里数最少的改造方案共有（　　）个。

A．1000　　　　　B．1300　　　　　C．1600　　　　　D．2000

A．1　　　　　　B．2　　　　　　　C．3　　　　　　　D．4

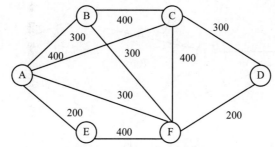

图 24.2　由线路相连接的城市

【解】依次选取长度最小的边，图 24.2 中有 6 个节点，则需要 5 条边（边数=节点数-1），因此有：AE、FD 为 200，AB、BF、AF、CD 为 400，所以最终方案有 3 种，如图 24.3 所示。

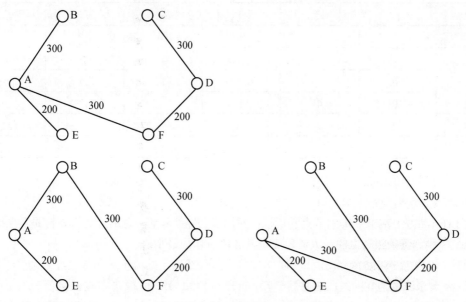

图 24.3　3 种最终方案

24.2　图论之最大流量

【基础知识点】

（1）最大流量问题是一个特殊的线性规划问题。

（2）针对问题：道路运输能力问题，管道流量问题等。

【例】 图 24.4 标出了某地区的运输网。

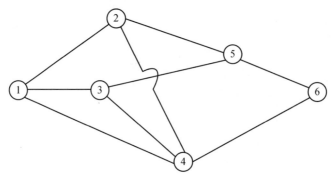

图 24.4　某地区的运输网

各节点之间的运输能力见表 24.1。

表 24.1　各节点之间的运输能力　　　　　　　　　　　　单位：万吨每小时

节点	①	②	③	④	⑤	⑥
①		6	10	10		
②	6			4	7	
③	10			1	14	
④	10	4	1			5
⑤		7	14			21
⑥				5	21	

从节点①到节点⑥的最大运输能力（流量）可以达到（　　）万吨每小时。

A．26　　　　　　B．23　　　　　　C．22　　　　　　D．21

【解】 在本题中，从节点①到节点⑥可以同时沿多条路径运输，总的最大流量应是各条路径上的最大流量之和，每条路径上的最大流量应是其各段流量的最小值。

解题时，每找出一条路径算出流量后，该路径上各段线路上的流量应扣除已经算过的流量，形成剩余流量。剩余流量为 0 的线段应将其删除（断开）。例如，路径①③⑤⑥的最大流量为 10 万吨，计算过后，该路径上各段流量应都减少 10 万吨。从而①③之间断开，③⑤之间的剩余流量是 4 万吨，⑤⑥之间的剩余流量为 11 万吨，如图 24.5 所示。

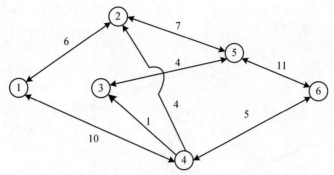

图 24.5　①③之间断开后的运输网

同理，依次执行类似步骤：

（1）路径①②⑤⑥的剩余最大流量为 6 万吨。计算过后，该路径上各段流量应都减少 6 万吨。从而①②之间断开，②⑤之间的剩余流量是 1 万吨，⑤⑥之间的剩余流量为 5 万吨，如图 24.6 所示。

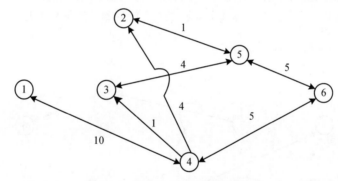

图 24.6　①②之间断开后的运输网

（2）路径①④⑥的剩余最大流量为 5 万吨。计算过后，该路径上各段流量应都减少 5 万吨。从而④⑥之间将断开，①④之间的剩余流量是 5 万吨，如图 24.7 所示。

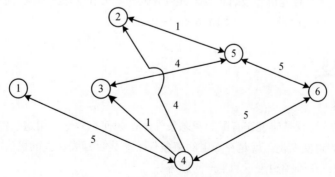

图 24.7　④⑥之间断开后的运输网

（3）路径①④③⑤⑥的剩余最大流量为 1 万吨。计算过后，该路径上各段流量应都减少 1 万吨。从而④③之间断开，①④之间的剩余流量是 4 万吨，③⑤之间的剩余流量是 3 万吨，⑤⑥之间的剩余流量是 4 万吨，如图 24.8 所示。

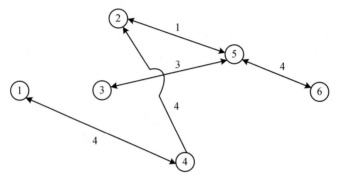

图 24.8　④③之间断开后的运输网

（4）路径①④②⑤⑥的剩余最大流量为 1 万吨。计算过后，该路径上各段流量应都减少 1 万吨。从而②⑤之间断开，①④之间、④②之间、⑤⑥之间的剩余流量是 3 万吨，如图 24.9 所示。

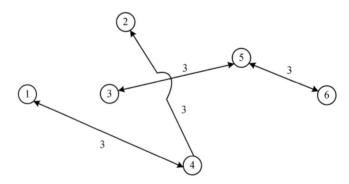

图 24.9　②⑤之间断开后的运输网

至此，从节点①到节点⑥已经没有可通的路径，因此，从节点①到节点⑥的最大流量应该是所有可能运输路径上的最大流量之和，即 10+6+5+1+1=23 万吨。

24.3　线性规划

【基础知识点】

（1）定义：线性规划是研究在有限的资源条件下，如何有效地使用这些资源达到预定目标的数学方法。从数学的角度来说，就是在一组约束条件下寻找目标表达式的极值问题。

（2）针对问题：在资源约束下的生产问题等。

（3）线性规划的常用解法是图解法和联立方程组法。

【例】 某工厂计划生产甲、乙两种产品。生产每套产品所需的设备台时，A、B 两种原材料，可获取利润以及可利用资源数量见表 24.2，则应按（   ）方案来安排计划以使该工厂获利最多。

表 24.2 设备、原材料资源表

项目	甲	乙	可利用资源
设备/台时	2	3	14
原材料 A/千克	8	0	16
原材料 B/千克	0	3	12
利润/万元	2	3	

A．生产甲 2 套，乙 3 套 B．生产甲 1 套，乙 4 套
C．生产甲 3 套，乙 4 套 D．生产甲 4 套，乙 2 套

【解】 设甲生产 x 套，乙生产 y 套，则有：

$$\begin{cases} ①2x+3y \leqslant 14 \\ ②x \leqslant 2 \\ ③y \leqslant 4 \end{cases}$$

（1）图解法：将 3 个不等式均转化为方程，并在二维直角坐标系中表达为对应的直线。则这三条直线与 X 轴和 Y 轴围成的公共区间即为解区间。根据不等号判定，解区间是在三条直线的左方、下方。据此画图如图 24.10 所示。利润 $N=2x+3y$，若 N 是一个常数，则该式表现为一条等值直线，当 N 变化时该式为一组平滑移动的等值线族。

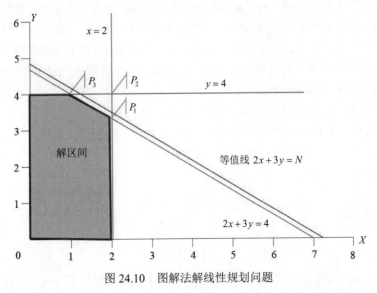

图 24.10 图解法解线性规划问题

三条直线有 P_1、P_2、P_3 三个交点，其中 P_2 在解区间以外，显然是不可行解。P_1、P_3 均为可行

解，又在同一条等值线上（N 相同，均为 14），因此均为数学最优解。

而根据题意，x 与 y 均应为整数，所以 P_1 不符合，只有 P_3（1，4）符合，对应的答案为 B。

（2）联立方程组法：

1）将不等式①②变形为等式，并联立解方程得

$$\begin{cases} x = 2 \\ y = 10/3 \end{cases}$$

代入不等式③，符合，表明这是一组可行解。

代入表达式 $2x+3y$，得到 14。

2）同样联立等式②③解得

$$\begin{cases} x = 2 \\ y = 4 \end{cases}$$

代入不等式①，不符合，表明这是一组不可行解。

3）同样联立等式①③解得

$$\begin{cases} x = 1 \\ y = 4 \end{cases}$$

代入不等式②，符合，表明这是一组可行解。

代入表达式 $2x+3y$，得到 14。

显然，1）、3）两组解在数学上均能得到最大获利，但是 10/3 套显然并不符合题义要求，只有 x 取 1，y 取 4 时，利润最大，是 14 万元。答案为 B。

总结：

图解法很直观，有解、无解、最优解所在位置一目了然，不会丢失正解；而联立方程组法可能丢失正解（例如最优解在 X 轴或 Y 轴交点上，而不在各直线之间的交点上）。同时，如果条件不等式很多（$n>3$），图解法也有明显的计算优势，其计算量是 $O(n)$；而联立方程组法的计算量是 $O(n^2)$。但是，如果未知数为 3 个或以上，则图解法的难度将增大，这时联立方程组法将成为主要的方法。

线性规划问题的解有以下可能：

（1）有唯一最优解，在解区间多边形的某个顶点上。

（2）有无穷多最优解，只要能找到两个不同的最优解，则一定有无穷多个最优解。

（3）无界解，有无穷多的解，但是没有最优解，原因是缺少必要的约束条件。

（4）无可行解，原因是约束条件互相矛盾。

24.4　动态规划

【基础知识点】

（1）定义：动态规划是一种将问题实例分解为更小的、相似的子问题，并存储子问题的解而避免计算重复的子问题，以解决最优化问题的算法策略。

（2）针对问题：装货最大价值问题。

【例】用一辆载重量为 10 吨的卡车装运某仓库中的货物（不用考虑装车时货物的大小），这些货物单件的重量和运输利润见表 24.3。适当选择装运一些货物各若干件，就能获得最大总利润（　　）元。

表 24.3　重量运输和利润表

货物	A	B	C	D	E	F
每件重量/吨	1	2	3	4	5	6
每件运输利润/元	53	104	156	216	265	318

　　A．530　　　　　　B．534　　　　　　C．536　　　　D．538

【解】若想获得最高利润最理想的方式是 10 吨都装满，且装的货物是单位利润最高的那些货物。因此，将每种货物的单位利润计算出来，见表 24.4。由表中数据可知，D 单位利润最大，可以装 2 件 8 吨，剩余 2 吨可以选择单位利润第二大的 A，装 2 件，此时的最大利润为 538 元。答案为 D。

表 24.4　运输利润表

货物（类）	A	B	C	D	E	F
每件重量/吨	1	2	3	4	5	6
每件运输利润/元	53	104	156	216	265	318
单位利润/元	53	53	52	54	53	53

24.5　决策分析

【基础知识点】

（1）定义：决策分析指从若干可能的方案中通过决策分析技术，例如期望值法或决策树法等选择其一的决策过程，是一种定量分析方法。

（2）针对问题：期望值问题，决策树问题。

（3）预期货币价值或者期望货币值（Expected Monetary Value，EMV）：把某方案的每个可能结果所获得的收益与其发生概率相乘之后加总，即得到该方案的 EMV。通过比较各方案的 EMV 来决策采用哪一个方案。该方法常常与决策树技术相辅相成。

（4）解题技巧：决策树在最左边做决策，所以需要从右向左逐层计算化简，特别是条件复杂时更应如此。

【例】某货运公司要从 A 地向 B 地的用户发送一批价值为 9000 元的货物。从 A 地到 B 地有水、陆两条路线。走陆路时比较安全，其运输成本为 1000 元；走水路时一般情况下的运输成本只要 700 元，不过一旦遇到暴风雨天气，则会造成相当于这批货物总价值 10%的损失。根据历年情况，这期间出现暴风雨天气的概率为 15%，那么该货运公司该选哪一个方案？

【解】先画出决策树，如图 24.11 所示。

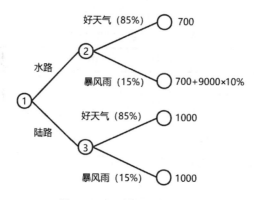

图 24.11　运输问题的决策树

根据图 24.11，走水路时，成本为 700 元的概率为 85%，成本为 1600 元的概率为 15%，因此，走水路的期望成本为(700×85%)+(1600×15%)=835 元；走陆路时，其成本为(1000×85%)+(1000×15%)=1000 元。所以，走水路的期望成本小于走陆路的成本，应该选择走水路。

24.6　不确定型决策论

【基础知识点】

（1）定义：不确定型决策是在无法估计系统行动方案所处状态概率的情况下进行的决策。它与决策分析相反，决策分析是根据不同方案的收益与概率来量化计算出客观决策依据的方法论。

（2）决策者根据自己的主观倾向进行决策，可分为 5 种准则，分别为乐观主义准则、悲观主义准则、折中主义准则、等可能性准则和后悔值准则。

1）乐观主义准则，也称为"最大最大准则"，其决策原则是"大中取大"。决策者依次在决策表中的各个投资方案所对应的各个结果中选择出最大结果并记录，最后再从这些结果中选出最大者，其所对应的方案就是应该采取的决策方案。

2）悲观主义准则，也称为"最大最小准则"，其决策原则是"小中取大"。决策者依次在决策表中的各个投资方案所对应的各个结果中选择出最小结果并记录，再从这些结果中选出最大者，其所对应的方案就是应该采取的决策方案。

3）后悔值准则，也称为"最小最大后悔值"，该决策法的基本原理为：将每种自然状态的最高值（指收益矩阵，如果是损失矩阵应取最低值）定为该状态的理想目标，并将该状态中的其他值与最高值相比，所得之差作为未达到理想的后悔值。为了提高决策的可靠性，在每一方案中选取最大的后悔值，再在各方案的最大后悔值中选取最小值作为决策依据，与该值所对应的方案即为入选方案。

【例】某公司需要根据下一年度宏观经济的增长趋势预测决定投资策略。宏观经济增长趋势有不景气、不变和景气 3 种，投资策略有积极、稳健和保守 3 种，各种状态收益见表 24.5。

表 24.5　各种状态收益

预计收益/百万元		经济趋势预测		
		不景气	不变	景气
投资策略	积极	50	150	500
	稳健	150	200	300
	保守	400	250	200

【解】

（1）若根据乐观主义准则，表 24.5 中积极方案的最大结果是 500，稳健方案的最大结果是 300，保守方案的最大结果是 400，三者的最大值是 500。因此，选择其对应的积极投资方案。

（2）若根据悲观主义准则，表 24.5 中积极方案的最小结果是 50，稳健方案的最小结果是 150，保守方案的最小结果是 200，三者的最大值是 200。因此，选择其对应的保守投资方案。

（3）若根据后悔值准则，根据表 24.5 可以得出后悔值矩阵，见表 24.6。

表 24.6　各种状态后悔值

预计收益/百万元		经济趋势预测		
		不景气	不变	景气
投资策略	积极	350	100	0
	稳健	250	50	200
	保守	0	0	300

在表 24.6 中，积极方案的最大后悔值为 350，稳健方案的最大后悔值为 250，保守方案的最大后悔值为 300，三者中的最小值者为 250。因此，选择其对应的稳健投资方案。

24.7　练习题

1．某小区有七栋楼房①～⑦，如图 24.12 所示，各楼房之间可修水管路线的长度（单位：百米）已标记在连线旁。为修建连通各个楼房的水管，该小区内部水管的总长度至少为（　　）百米。

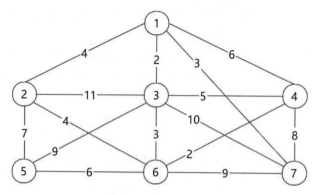

图 24.12 水管线路网络

A．20   B．21   C．24   D．27

解析：

采用最小生成树的克鲁斯卡尔算法。

找出所有长度为 2 的边，试图将它们连接，有①③、④⑥，检验后没有形成闭环，可行。

找出所有长度为 3 的边，试图将它们连接，有①⑦、③⑥，检验后没有形成闭环，可行。

找出所有长度为 4 的边，试图将它们连接。有①②和②⑥。如果全部连接则形成闭环，需舍弃其中一个，这里舍弃①②。

找出所有长度为 5 的边，试图将它们连接，有③④，如连接则形成闭环，需舍弃。

找出所有长度为 6 的边，试图将它们连接，有①④、⑤⑥，如连接①④则形成闭环，需舍弃；连接⑤⑥可行。

至此所有节点均完成连接，如图 24.13 所示。总长度为 $2 \times 2 + 3 \times 2 + 4 + 6 = 20$ 百米。

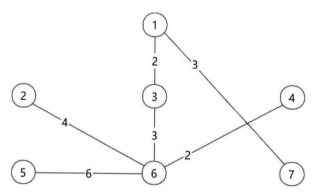

图 24.13 最短水管线路网络

答案： A

2．图 24.14 标出了某产品从产地 Vs 到销地 Vt 的运输网，箭线上的数字表示这条输线的最大通过能力（流量）（单位：万吨每小时）。产品经过该运输网从 Vs 到 Vt 的最大运输能力可以达到

（　　）万吨每小时。

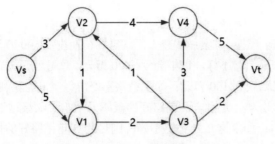

图 24.14　运输网

A．5　　　　　　　B．6　　　　　　　C．7　　　　　　　D．8

解析：从 Vs 到 Vt，每条路径的最大流量等于该路径中各段流量的最小值，如 Vs→V2→V4→Vt，最小值为 3，因此该条路径最大流量为 3。同理，Vs→V1→V3→Vt 最小值为 2。两条路径相加，最大流量为 5，其他路径没有剩余流量可供使用，因此总的最大流量为 5。

答案：A

3．已知在如下线性约束条件下：$2x+3y\leq30$，$x+2y\geq10$，$x\geq y$，$x\geq5$；$y\geq0$，则目标函数 $2x+3y$ 的极小值为（　　）。

A．16.5　　　　　　B．17.5　　　　　　C．20　　　　　　D．25

解析：由于约束条件较多，应采用图解法。

根据题意画出可行区域，如图 24.15 中阴影部分所示。

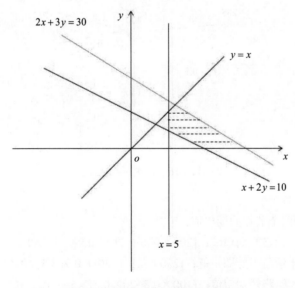

图 24.15　图解法解题示意图

显然，该题有唯一的最优解，在 $x=5$ 与 $x+2y=10$ 的交点处，联立解得 $x=5$，$y=2.5$，因此 $2x+3y$ 最小值为 $2×5+3×2.5=17.5$。

答案：B

4．生产某种产品有两个建厂方案：①建大厂，需要初期投资 500 万元。如果产品销路好，每年可以获利 200 万元；如果销路不好，每年会亏损 20 万元。②建小厂，需要初期投资 200 万元。如果产品销路好，每年可以获利 100 万元；如果销路不好，每年只能获利 20 万元。

市场调研表明，未来 2 年，这种产品销路好的概率为 70%。如果这 2 年销路好，则后续 5 年销路好的概率上升为 80%；如果这 2 年销路不好，则后续 5 年销路好的概率仅为 10%。为取得 7 年最大总收益，决策者应（　　）。

  A．建大厂，总收益超 500 万元   B．建大厂，总收益略多于 300 万元

  C．建小厂，总收益超 500 万元   D．建小厂，总收益略多于 300 万元

解析： 采用决策分析方法解答如下：

首先根据题意画出决策树示意图，如图 24.16 所示。

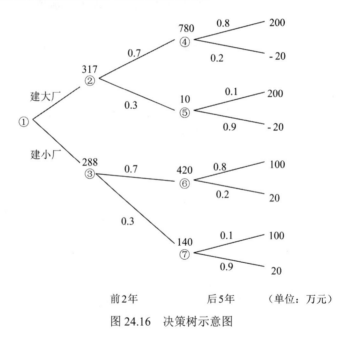

前 2 年   后 5 年   （单位：万元）

图 24.16 决策树示意图

从右往左逐层计算各个节点。

首先计算④⑤⑥⑦四个节点的期望值：

（1）建大厂后 5 年销路好期望值：$[200×0.8+(-20)×0.2]×5=780$。

（2）建大厂后 5 年销路不好期望值：$[200×0.1+(-20)×0.9]×5=10$。

（3）建小厂后 5 年销路好期望值：$(100×0.8+20×0.2)×5=420$。

（4）建小厂后 5 年销路好不期望值：$(100×0.1+20×0.9)×5=140$。

再在②③节点处按如下算式计算两年的期望值（扣除投资额），并将结果（7 年总收益）写在节点处。

（1）建大厂 2 年期望值：[200×0.7+(−20)×0.3]×2+(780×0.7+10×0.3)−500=317。

（2）建小厂 2 年期望值：(100×0.7+20×0.3)×2+(420×0.7+140×0.3)−200=288。

由于建大厂的总收益值大于建小厂的总收益值，因此决定建大厂。

答案：B

5. 某企业要投产一种新产品，生产方案有四个：A——新建全自动生产线；B——新建半自动生产线；C——购置旧生产设备；D——外包加工生产。未来该产品的销售前景估计为较好、一般和较差三种不同情况下该产品的收益值见表 24.7（单位：百万元）。

用后悔值（在同样的条件下，宣传方案所产生的收益损失值）的方案决策应该选（   ）方案。

A．新建全自动生产线　　　　　　B．新建半自动生产线

C．购置旧生产设备　　　　　　　D．外包加工生产

表 24.7　三种情况下的产品收益值　　　　　　单位：百万元

生产方案	较好	一般	较差
A	800	200	−300
B	600	250	−150
C	450	200	−100
D	300	100	−20

解析：

第一步：分别计算每个方案在收益较好、一般和较差情况下的后悔值。如：在收益较好的情况下，方案 A 的利润最高是 800，因此 A 的后悔值=800−800=0；方案 B 的后悔值=800−600=200；方案 C 的后悔值=800−450=350；方案 D 的后悔值=800−300=500。同理计算收益一般、较差情况下的后悔值，然后得到表 24.8。

表 24.8　三种情况下的后悔值　　　　　　单位：百万元

生产方案	较好	一般	较差
A	0	50	280
B	200	0	130
C	350	50	80
D	500	150	0

第二步：确定每个方案的最大后悔值。A 的最大后悔值为 280，B 为 200，C 为 350，D 为 500。

第三步：确定决策方案。选择各方案最大后悔值最小的，即方案 B 为最佳方案。

答案：B

第**25**小时
专业英语

25.0 章节考点分析

第 25 小时主要学习专业英语知识。根据考试大纲，上午单选题会有 5 道英文选择题（分值为 5 分），主要涉及信息技术与管理类的一些概念性的知识。这部分知识对于一些考生来说是难点所在，在本小时内容里总结出一些软考中常考的英文知识点供广大考生参考。

 【导读小贴士】

系统架构设计师考试英文试题的出题范围基本局限于系统架构设计方面基础性的、概念性的知识，大多属于名词解释范畴。如果考生具有一定的英文水平，同时对于基本概念掌握得比较牢固，这部分分值不难拿到。

25.1 架构风格

An architectural style defines as a family of such systems in terms of a pattern of structural organization. More specifically，an architectural style defines a vocabulary of components and connector types，and a set of constraints on how they can be combined. For many styles there may also exist one or more semantic models that specify how to determine a system's overall properties from the properties of its parts. Many of architectural styles have been developed over the years.

The best-known examples of pipe-and-filter architectures are programs written in the UNIX shell.

一种架构风格以一种结构化组织模式定义一组这样的系统。具体来说，一种架构风格定义了一个构件及连接器类型的词汇表，以及一组关于它们如何能够被关联的约束。对于许多风格来说，可能也存在一个或多个语义模型，从系统部件的特性来确定系统的整体特性。许多架构风格已经发展了很多年，众所周知的管道-过滤器架构就是用 UNIX shell 编写的程序。

25.2　非功能需求

【基础知识点】

The architecture design specifies the overall architecture and the placement of software and hardware that will be used. Architecture design is a very complex process that is often left to experienced architecture designers and consultants. The first step is to refine the nonfunctional requirements into more detailed requirements that are then employed to help select the architecture to be used and the software components to be placed on each device. In a client-based architecture, one also has to decide whether to use a two-tier, three-tier, or n-tier architecture. Then the requirements and the architecture design are used to develop the hardware and software specification. There are four primary types of nonfunctional requirements that can be important in designing the architecture. A operational requirements specify the operating environment(s) in which the system must perform and how those may change over time. Performance requirements focus on the nonfunctional requirements issues such as response time, capacity, and reliability. Security requirements are the abilities to protect the information system from disruption and data loss, whether caused by an intentional act. Cultural and political requirements are specific to the countries in which the system will be used.

架构设计指定了将要使用的软件和硬件的总体架构和布局。架构设计是一个非常复杂的过程，往往留给经验丰富的架构设计师和顾问。第一步是将非功能需求细化为更详细的要求，然后用于帮助选择要使用的体系结构以及要放置在每个设备上的软件组件。在基于客户端的架构中，还必须决定是使用两层、三层还是 n 层架构。然后使用需求和体系结构设计来开发硬件和软件规范。有 4 种主要的非功能需求类型可能在设计架构时非常重要。操作要求指定系统必须执行的操作环境以及这些操作环境如何随时间变化。性能要求侧重于非功能性需求问题，如响应时间、容量和可靠性。安全要求是指是否有能力保护信息系统免受故意行为造成的破坏和数据丢失。文化和政治要求明确了特定系统将被使用的国家。

25.3　应用架构

【基础知识点】

An application architecture specifies the technologies to be used to implement one or more information systems. It serves as an outline for detailed design, construction, and implementation. Given the models and details, include logical DFD and ERD, we can distribute data and processes to create a general design of application architecture. The design will normally be constrained by architecture standards，project objectives, and the feasibility of techniques used. The first physical DFD to be drawn is the network architecture DFD. The next step is to distribute data stores to different processors. Data partitioning and replication are two types of distributed data which most RDBMSs support. There are many distribution options used in data distribution. In the case of storing specific tables on different servers we should record each table as a data store on the physical DFD and connect each to the appropriate server.

应用架构说明了实现一个或多个信息系统所使用的技术，它作为详细设计、构造和实现的一个大纲。通过给定的包括逻辑数据流图和实体联系图在内的模型和详细资料，我们可以分配数据和过程以创建应用架构的一个概要设计。概要设计通常会受到架构标准、项目目标和所使用技术的可行性的制约。需要绘制的第一个物理数据流图是网络架构数据流图。接下来是分配数据存储到不同的处理器。数据分区和复制是大多数关系型数据库支持的两种分布式数据形式。有许多分配方法用于数据分布。在不同服务器上存储特定表的情况下，我们应该将每个表记为物理数据流图中的一个数据存储，并将其连接到相应的服务器。

25.4 软件架构重用

【基础知识点】

Software architecture reconstruction is an interpretive, interactive, and iterative process including many activities. Information extraction involves analyzing a system's existing design and implementation artifacts to construct a model of it. The result is used in the following activities to construct a view of the system. The database construction activity converts the elements and relations contained in the view into a standard format for storage in a database. The view fusion activity involves defining and manipulating the information stored in database to reconcile, augment, and establish connections between the elements. Reconstruction consists of two primary activities: visualization and interaction, pattern definition and recognition. The former provides a mechanism for the user to manipulate architectural elements, and the latter provides facilities for architecture reconstruction.

软件架构重用是一个解释性、交互式和反复迭代的过程，包括了多项活动。信息提取通过分析系统现有设计和实现工件来构造它的模型。其结果用于在后续活动中构造系统的视图。数据库构建活动把视图中包含的元素和关系转换为数据库中的标准存储格式。视图融合活动包括定义和操作数据库中存储的信息，理顺、加强并建立起元素之间的连接。重构由两个主要活动组成：可视化和交互式及模式定义与识别。前者提供了一种让用户操作架构元素的机制，后者则提供了用于架构重构的设施。

25.5 练习题

A system's architecture is a representation of a system in which there is a mapping of __(1)__ onto hardware and software components, a mapping of the __(2)__ onto the hardware architecture, and a concern for the human interaction with these components. That is, system architecture is concerned with a total system, including hardware, software, and humans.

Software architectural structures can be divided into three major categories, depending on the broad nature of the elements they show. __(3)__ embody decisions as a set of code or data units that have to be constructed or procured. __(4)__ embody decisions as to how the system is to be structured as set of elements that have run-time behavior and interactions. __(5)__ embody decisions as to how the system will relate to non-software structures in its environment (such as CPUs, file systems, networks, development teams, etc.).

（1）A．attributes   B．constraint   C．functionality   D．requirements
（2）A．physical components   B．network architecture
　　　C．software architecture   D．interface architecture
（3）A．Service structures   B．Module structures
　　　C．Deployment structures   D．Work assignment structures
（4）A．Decompostion structures   B．Layer structures
　　　C．Implementation structures   D．Component and connector structures
（5）A．Allocation structures   B．Class structures
　　　C．Concurrency structures   D．Uses structures

解析：系统架构是一个系统的一种表示，包含了功能到软硬件构件的映射、软件架构到硬件架构的映射以及对于这些组件人机交互的关注。也就是说，系统架构关注于整个系统，包括硬件、软件和使用者。

软件架构结构根据其所展示元素的广义性质，可以分为 3 个主要类别。

（1）模块结构将决策体现为一组需要被构建或采购的代码或数据单元。

（2）构件连接器结构将决策体现为系统如何被结构化为一组具有运行时行为和交互的元素。

（3）分配结构将决策体现为系统如何在其环境中关联到非软件结构，如 CPU、文件系统、网络、开发团队等。

答案：（1）C　（2）C　（3）B　（4）D　（5）A

第**26**小时
论文写作

26.0　章节考点分析

第 26 小时主要学习论文写作。根据考试大纲，论文满分为 75 分，为考试的压轴科目，俗话说"得论文者得天下"，其重要程度不言而喻。但是，"难者不会，会者不难"，考生应当正确面对、积极准备。

【导读小贴士】

系统架构设计师考试论文题目一般是四选一，范围覆盖系统建模、软件架构设计、系统设计、系统可靠性分析与设计、系统安全性和保密性设计等方面。只要考生积极提前准备、掌握论文写作框架、有针对性地训练，往往会水到渠成，顺利过关。

26.1　论文目的

我们研读考试大纲可以发现，论文最能体现"高级"两个字的真实含义。我们认为，考试设置论文的目的有四：一是考查考生是否具备足够的实践经验；二是考查考生是否具备足够的分析问题的能力；三是考查考生是否具备足够的解决问题的能力；四是考查考生是否具备足够的书面表达能力。简言之，丰富的实践经验、较强的分析问题能力、扎实的解决问题能力、流畅的书面表达能力，构成了系统架构设计师这一"高级工程师"的基本素养。

26.2　论文要求

我们试图从形式、内容两个方面来阐述论文的要求。

（1）形式方面的要求。首先，内容要丰满，即字数要够，其中摘要字数为 290～320，正文字数为 2200～2800；其次，卷面要整洁，字迹至少要容易辨认，最好不要有错别字；再次，无明显的语法、文法纰漏，行文要清晰，要有逻辑。

（2）内容方面的要求。内容要求主要包含 5 个方面：一是实践性强，切忌夸大其词、自我标榜、过分吹嘘；二是契合题意，不跑题，切忌漏洞百出、离题万里；三是具备较高的深度和水平，切忌理论堆砌、泛泛而谈；四是要体现较强的综合分析能力；五是要能体现较好的书面表达能力，要求文字流畅、条理分明、逻辑清晰、表达严谨。

形式是表，也是数量的要求；内容是里，也是质量的要求。一篇合格的论文既要有正确的形式展现，又要有丰满内容的支撑，要求数量、质量两个方面均过关。

下述情况之一的论文，不能给予及格：

（1）虚构情节、论文中有较严重的不真实或者不可信的内容出现。

（2）没有项目开发的实际经验，通篇都是浅层次、纯理论的叙述。

（3）所讨论的内容与方法过于陈旧，或者项目的水准非常低下。

（4）内容不切题意，或者内容相对很空洞，基本上是泛泛而谈且没有体现参与人的深入体会的。

（5）正文与摘要的篇幅过于短小的。

（6）文理很不通顺、错别字很多、条理与思路不清晰、字迹过于潦草等情况相对严重的。

26.3　论文框架

1. 摘要

顾名思义，摘要是论文的浓缩和精华，通过阅读摘要，读者就能大概知晓论文的内容。一般来说，摘要由下面 3 个部分组成：一是项目背景介绍，内容包括项目缘由、时间、项目名称、项目建设内容等，作者的工作角色和工作内容介绍；二是项目技术简介，结合题目要求简单介绍论文采用什么技术、方法、措施、手段等，解决了什么问题，是正文理论与实践的浓缩；三是项目效果简述。注意，摘要语言要精炼、概括，阐述要综合、浓缩，不宜详细展开，好的摘要是成功的一半。摘要不建议分段。

2. 项目背景

项目背景这部分约 400～500 字。项目背景建议使用"5W2H"模式来展开，具体如下：

（1）Why：项目的由来、缘起、项目定位、项目目标等。

（2）When：何时，为体现技术先进性建议选近三年的项目，工期建议半年至一年。

（3）Where：何地，介绍项目发生地，不能出现实际的城市名，建议形式：某省/某市。

（4）Who：项目的甲乙双方，甲方名称需脱敏处理，乙方称"我司/我单位/我厂/我公司"。

（5）What：项目名称、项目的建设内容、作者的工作内容等。

（6）How much：项目规模、项目预算等。

（7）How：项目采用的技术、框架、方法、工具、措施等。

如果摘要写得好，就可以基于摘要的脉络，进一步细化展开阐述，这不失为一种好的实践方法。注意，项目背景选择非常重要，务必重点准备，不管考试出什么题目，项目背景都可以复用。关于项目选择，我们建议首选自己参与过、亲历过、深有体会的项目，其次选未参与但熟悉或能理解的项目，最后选不熟悉但通过阅读相关文档能理解的项目。简言之，越熟悉的项目，论文的材料就越充实，论述越能充分，行文时才能思如泉涌、一气呵成。

3．过渡部分

过渡这部分约 100 字，为了避免论文上下文语义断层，需要适当加入过渡语句，起承上启下的作用。在项目背景介绍完毕，考生需要识别出项目的关键需求、项目特征、项目约束等主客观因素，提出满足这些因素需采取哪些理论、技术、措施、工具、手段，从而引出下文。

4．理论部分

理论部分约 400～600 字。论文题干针对理论部分有明确的要求，翻看历年的真题试卷，这一要求出现在第二小问比较常见。因此，作者需要单独并且完整地逐一应答，理论部分又称分论点，要注意紧扣题干，问什么答什么，无关内容不要赘述。理论部分决定了论文的水平高低，着重论述分论点的基本概念、基本原理、应用场景，适当简单举例。而基本概念、基本原理不必死记硬背，可以用自己的语言或自己的理解阐述，当然要注意阐述要严谨、科学、正确，否则有贻笑大方的可能。注意控制好字数，切忌洋洋洒洒上千字。

5．实践部分

实践部分约 1000～1200 字，是论文最重要的部分，也是最能体现作者水平高低的部分。结构上，建议与理论部分前后呼应、保持一致，做到紧扣分论点。为了便于读者阅读，建议提炼小标题，小标题需要好好斟酌，要能统领全段内容。针对每个分论点，建议采用"Why+How"来阐述，首先分析问题，然后解决问题。深入浅出，切忌纸上谈兵，实践部分不能写成干巴巴的理论堆砌。注意扬长避短，不能把实践部分写成产品介绍。

6．结尾

结尾约 300～400 字。结尾部分首先需要呼应论点，然后可以介绍项目出现的小问题、项目效果、下一步计划、作者的收获等内容。注意首尾呼应，避免前后矛盾，另外在阐述问题时简单带过即可，切忌滔滔不绝。

26.4 论文写作常见问题

（1）摘要部分常见问题：

1）项目背景介绍缺失。

2）项目主要功能简介缺失。

3）理论介绍缺失或不足。

4）摘要草草收尾。

5）字数不够，或写得太琐细。

6）摘要分段。

（2）项目背景部分常见问题：

1）只在摘要里介绍，而在正文里不介绍项目背景。

2）选择非软件项目，如硬件、网络、采购。

3）项目太陈旧。

4）项目采用的技术太陈旧。

5）虚构项目，明显不真实，违背常识。

6）"帽子"戴得太多。

7）项目与理论不匹配、不适合。

（3）过渡部分常见问题：

1）项目背景与理论之间缺少过渡句。

2）理论部分与实践部分缺少过渡句。

3）过渡生硬。

（4）理论部分常见问题：

1）篇幅太长，超过 700 字。

2）理论部分缺失。

3）未响应题干要求，或响应不足。

4）与实践部分揉在一起，未单独介绍。

5）基本概念、基本原理不清楚，介绍理论不严谨、不科学。

6）简单罗列，没有深入体会。

7）一个分论点没讲完，又讲到另一个。

8）与实践部分完全脱节。

（5）实践部分常见问题：

1）篇幅太短，阐述太单薄，浅尝辄止，泛泛而谈。

2）简单罗列，纯理论空谈。

3）自曝其短：知识点不懂、水平低下。

4）阐述框架未围绕论点/分论点，自创一套。

5）只阐述 Why，不阐述 How。

6）未从宏观/大局出发，过于强调微观细节。

7）使用不合适的、错误的技术手段去解决问题。

（6）结尾部分常见问题：

1）未呼应论点/分论点。

2）说起"问题"来滔滔不绝。

3）过于单薄，或过于冗长。

4）首尾不一致，甚至前后矛盾。

26.5　备考建议

关于理论部分，建议与科目一、科目二协同准备，在理解的基础上记住要点，千万不要死记硬背。对于项目背景，建议考生选择自己熟悉的、亲历过的，技术与理论方面选择自己熟悉的、擅长的领域。建议先精写一篇论文练习，购买一点文具店里都有售的方格子作文纸（单页 400 字），用硬笔先抽空练起来。写完一篇，自己大声朗读一遍，然后修改；再请家人读一读，然后修改，一直修改到满意为止，有条件的请专业老师批改。精心练习一篇之后，若时间允许，再把近三年的历年真题都写一遍。

26.6　范文赏析

论软件架构评估

摘要

我所在单位是国内某商业银行，2017 年 1 月我行决定开发全新一代绩效考核平台系统，我担任本次系统开发的架构师，主要负责整个系统的架构设计工作。该系统是既要满足内控管理的绩效考核，又要满足银行粉丝客户参与营销的综合性绩效平台，是银行应对互联网金融变革和笃行普惠金融的重要系统。本文结合我的实践，以绩效考核平台系统建设为例，论述软件系统架构评估。首先分析了软件架构评估所普遍关注的质量属性并阐述其具体含义，然后详细说明本次项目软件架构评估采用的 ATAM 评估方法、实施过程，评估小组经过对系统中的风险点、敏感点、权衡点进行分析后生成质量效用树。通过 ATAM 架构评估保证了绩效考核平台系统的顺利完成，目前系统已经稳定运行一年多，得到了领导、员工、客户的一致好评。

正文

我所在的单位是长三角地区某城市商业银行，机构覆盖全国多个省、直辖市。目前银行业正面临互联网金融浪潮的冲击，银行需要积极转型、自我变革，不仅要服务好优质客户，还要抓住普通大众客户，发展新零售拓展小微企业客户业务成为当下银行的战略要点，绩效考核将成为银行战略转型的有效指挥棒。正是在这一背景下我行提出建设全新一代绩效考核平台，既对传统的绩效考核做出调整，又结合互联网化的"粉丝及员工"理念，搭建多维度、多渠道、多群体的绩效考核平台。

银行绩效考核涵盖传统存贷款考核、产品营销考核、专项考核几大方面，对银行员工管辖的存贷款计价模型计算员工创造利润、产品营销结果、专项产品达标情况等可量化的指标来考核员工，对客户为银行推销的产品进行量化统计并给予奖励，银行总部通过不同的计价系数和组合策略引导全体员工向政策目标迈进，将绩效考核形成指挥棒。

本绩效考核平台系统采用 J2EE 技术开发的 B/S 架构系统，使用 SOA 架构设计方法，数据库使用 IBM DB2 10.5，Redis 内存数据库，服务器操作系统采用 Redhat 7.2 等。

软件质量特性是软件架构设计关注的一个重点，在软件架构评估中的质量属性包含性能、可用性、安全性、可修改性、可靠性、易用性、可测试性等，其中前 4 个质量属性是质量效应树的重要组成部分。具体含义如下。

（1）性能是指系统响应能力，即系统多久才能对某个事件做出响应，或在某段时间内能处理事件的个数。

（2）可用性是指系统能正常运行的时间比。

（3）安全性是指系统除了能对合法用户提供服务，还能阻止非授权用户使用的企图或拒绝服务能力。

（4）可修改性是指能快速地并以较高性价比对系统进行变更的能力。

（5）可靠性是指软件系统在应用或错误面前、在意外或错误使用情况下维持系统的功能特性的基本能力。

（6）易用性是衡量一个用户使用软件产品完成指定任务的难易程度。

常用的架构评估方法有基于问卷调查的评估方法、基于度量的评估方法、基于场景的评估方法。基于问卷调查的方法具有主观性，不太适合本项目；基于度量的方法虽然评价比较客观，但需要评价者对系统架构有精确的了解，所以也不太适合本项目；而基于场景的方法要求评估者对系统较为了解，评价比较客观，故本项目采用了基于场景的评估方法。基于场景的评估方法又分为架构分析法（SAAM）、架构权衡分析法（ATAM）和成本效益分析法（CBAM）。本项目根据不同质量属性使用了 ATAM 作为系统架构评估的方法。

在进行架构评估时，按照需要确定了评估参与者，评估小组由总行业务人员、支行行长代表、主办会计代表、客户经理和柜员代表、客户代表等；项目决策组成员包含总行行长、首席信息官、业务部主管、系统架构师、项目经理、员工代表等。架构涉众还包含项目开发人员、测试人员、运维人员等。架构评估经历了描述和介绍阶段、调查和分析阶段、测试阶段、报告阶段。下面我分别对这四个阶段进行介绍：

（一）描述和介绍阶段，由于参与评估的人员有一部分对 ATAM 评估不了解，我首先介绍了 ATAM 架构评估的方法和目的。项目决策组组长、业务主管等人介绍了绩效考核平台的业务动机。最后我作为系统架构设计师描述了整个系统采用 SOA 架构实现，如何将系统划分为若干独立子系统，各个子系统包含的功能及细节，如何与银行内的其他系统协作，怎么进行安全规划。

（二）在调查和分析阶段，结合场景不同角色的需求方都基于各自立场提出了相关需求，需求及质量场景如下：

A）在正常网络负载情况下，系统必须在 2 秒内响应用户的操作请求。

B）服务端与客户端、微信端的交互，使用 SSL 证书，实现 HTTPS 安全加密访问。

C）系统能够抵御 99.99%的黑客攻击。

D）微信端客户绑定认证使用客户在银行预留的身份证、姓名、手机号等信息。

E）支行用户和客户代表提出 Web 页面要简洁美观，各功能简单易用，尽可能让用户少输入数据项。

F）网络失效后，系统需要在 1 分钟内发现错误并启用备用网络。

G）主机房断电后，必须在 3 秒内将请求重定向到灾备机房服务器。

H）对查询请求的处理时间的要求将影响到系统的集群方式和处理过程的设计。

I）微信端的异常和员工的操作失误，不影响系统功能的正常使用。

J）科技信息部提出的更改系统加密的级别将对安全性和性能产生影响。

K）更改系统的 Web 页面必须在 2 人•天内完成，修改绩效考核计算规则必须在 1 周内完成。

L）目前对系统使用"统一的绩效认领中心"业务逻辑描述尚未达成共识，这可能导致部分业务功能模块的重复和绩效计算不准确，影响系统的可修改性。

经过分析总结我们获得了系统质量效用树，属于性能的有 A，属于可用性的有 F 和 G，属于安全性的有 B 和 C，属于可修改性的有 K，属于可靠性的有 I，属于易用性的有 E。在这些场景分析中评估人员分析了系统的架构风险、敏感点、权衡点。架构风险是指系统设计过程中潜在的、存在问题的架构决策所带来的隐患，其中 L 描述的是架构风险；敏感点是指为了实现某个特定质量属性，一个或多个构建具有的特性，其中 H 属于敏感点；权衡点是指影响多个质量属性的特性，且每个质量属性都属于敏感点，其中 J 属于权衡点。

（三）在测试阶段，结合银行的特殊性，经过项目干系人集体讨论后，确定了不同场景的优先级：系统安全性、可用性、可靠性最高，性能、可修改性其次，易用性优先级较低。在保障系统安全方面使用 SSL 数字证书的 HTTPS 访问协议，网络设备使用网闸、多层异构防火墙、入侵防护系统，数据访问使用分级授权和数据加密存储。可用性方面使用 VMware 虚拟化平台加心跳技术，当服务器出现问题的时候 VMware 虚拟机自动迁移到冗余主机。可靠性方面使用服务单独拆分、分层解耦设计，降低一个模块错误对全系统的影响，使用 Spring 拦截器对用户操作引起的错误进行统一容错处理。性能方面采用 Web 中间件集群，针对高并发读写操作数据库使用 DB2 pureScale 磁盘共享集群技术加 SSD 盘存储阵列。可修改方面系统对功能服务进行拆分，通过接口调用实现便捷修改。易用性方面采用界面设计的八大黄金法则，设计出多种风格让用户自由选择。

（四）报告阶段，经过架构的评估，将评估的过程和结果都汇总整理成文档。其中包括架构分析方法文档、不同场景及各自的优先级、质量效用树、风险点决策、非风险点决策、每次评估会议的记录。经过实践证明，实施软件架构评估能正确地识别项目风险点、敏感点、权衡点，提前预判并做好应对措施，做出合理的架构决策，从而提高项目开发的成功率和质量。经过 7 个月的开发，绩效考核平台顺利上线并稳定运行一年多，充分发挥了绩效激励、赛马式营销、政策指挥棒的作用，目前已在全行推广使用，得到了领导、员工、客户的一致好评。

第6篇
架构设计模拟试题

第27小时

模拟试题 I（上午基础知识）

- 系统总线中不包括 __(1)__ 。

  （1）A. 数据总线　　　B. 地址总线　　　　C. 进程总线　　　D. 控制总线

  🍂**试题解析**　总线包括数据总线、地址总线与系统总线。

  参考答案：（1）C

- 目前处理器市场中存在 CPU 和 DSP 两种类型的处理器，分别用于不同的场景，这两种处理器具有不同的体系结构，DSP 采用 __(2)__ 。

  （2）A. 冯·诺依曼结构　　　　　　　　　B. 哈佛结构

  　　　C. FPGA 结构　　　　　　　　　　D. 与 GPU 相同的结构

  🍂**试题解析**　编程 DSP 芯片是一种具有特殊结构的微处理器，为了达到快速进行数字信号处理的目的，DSP 芯片一般都采用特殊的软硬件结构：哈佛结构。哈佛结构将存储器空间划分成两个，分别存储程序和数据。它们由两组总线连接到处理器核，允许同时对它们进行访问，每个存储器独立编址，独立访问。这种安排将处理器的数据吞吐率加倍，更重要的是同时为处理器核提供数据与指令。在这种布局下，DSP 得以实现单周期的 MAC 指令。在哈佛结构中，由于程序和数据存储器在两个分开的空间中，因此取指和执行能完全重叠运行。

  参考答案：B

- 分布式数据库系统除了包含集中式数据库系统的模式结构之外，还增加了几个模式级别，其中，__(3)__ 定义分布式数据库中数据的整体逻辑结构，使得数据使用方便，如同没有分布一样。

  （3）A. 分片模式　　　B. 全局外模式　　　C. 分配模式　　　D. 全局概念模式

  🍂**试题解析**　在分布式数据库中，局部 DBMS 中的内模式与概念模式与集中数据库是完全一致的，不同之处在于新增的全局 DBMS，而整个全局 DBMS 可以看作是相对于局部概念模式的外模式。由于外模式部分有一系列的分布模式、分片模式、全局概念模式和全局外模式，以及多级映射使得用户在使用分布式数据库时，可以使用集中式数据库同样的方式。具体模式表述如下：

1）全局外模式。全局外模式是全局应用的用户视图，是全局概念模式的子集，该层直接与用户（或应用程序）交互。

2）全局概念模式。全局概念模式定义分布式数据库中数据的整体逻辑结构，数据就如同根本没有分布一样，可用传统的集中式数据库中所采用的方法进行定义。

3）分片模式。在某些情况下，需要将一个关系模式分解成为几个数据片，分片模式正是用于完成此项工作的。

4）分配模式。分布式数据库的本质特性就是数据分布在不同的物理位置。分配模式的主要职责是定义数据片段（即分片模式的处理结果）的存放节点。

5）局部概念模式。局部概念模式是局部数据库的概念模式。

6）局部内模式。局部内模式是局部数据库的内模式。

参考答案：（3）D

● 某计算机系统页面大小为 2K，进程 P1 的页面变换表如下所示，若 P1 要访问数据的逻辑地址为十六进制 1B1AH，那么该逻辑地址经过变换后，其对应的物理地址应为十六进制 ___(4)___。

页号	物理块号
0	1
1	6
2	3
3	4

（4）A. 1B1AH　　　B. 231AH　　　C. 6B1AH　　　D. 4B1AH

试题解析　本题考查页式存储中的逻辑地址转物理地理。逻辑地址为二进制 1101100011010，由于页面大小为 2K，所以页内地址长度为 11 个二进制位，即 31BH，而逻辑页号为二进制 11，即十进制 3。通过查询页表可知对应物理块号为 4，所以物理地址为二进制 10001100011010，即十六进制 231AH。

参考答案：（4）B

● 在嵌入式系统的存储部件中，存取速度最快的是 ___(5)___。

（5）A. 内存　　　B. 寄存器组　　　C. Flash　　　D. Cache

试题解析　存储速度从快到慢分别是：寄存器组、Cache、内存、Flash。

参考答案：（5）B

● 以下描述中，___(6)___ 不是嵌入式操作系统的特点。

（6）A. 面向应用，可以进行裁剪和移植

　　B. 用于特定领域，不需要支持多任务

　　C. 可靠性高，无须人工干预独立运行，并处理各类事件和故障

　　D. 要求编码体积小，能够在嵌入式系统的有效存储空间内运行

试题解析　嵌入式操作系统是应用于嵌入式系统，实现软硬件资源的分配，任务调度，控制、协调并发活动等的操作系统软件。它除了具有一般操作系统最基本的功能如多任务调度、同步机制等之外，通常还会具备以下适用于嵌入式系统的特性：面向应用，可以进行检查和移植，以支持开放性和可伸缩性的体系结构；强实时性，以适应各种控制设备及系统；硬件适用性，对于不同硬件平台提供有效的支持并实现统一的设备驱动接口；高可靠性，运行时无须用户过多干预，并处理各类事件和故障；编码体积小，通常会固化在嵌入式系统有限的存储单元中。

参考答案：（6）B

- 为了适应软件运行环境的变化而修改软件的活动称为 ___(7)___；根据用户在软件使用过程中提出的建设性意见而进行的维护活动称为 ___(8)___。

  （7）A. 纠错性维护　　B. 适应性维护　　　C. 改善性维护　　　D. 预防性维护

  （8）A. 纠错性维护　　B. 适应性维护　　　C. 改善性维护　　　D. 预防性维护

  试题解析　软件维护的类型有 4 种：改正性维护、适应性维护、完善性维护和预防性维护。改正性维护是要改正在特定的使用条件下暴露出来的一些潜在的程序错误或设计缺陷。

  适应性维护是要在软件使用过程中数据环境发生变化或处理环境发生变化时修改软件以适应这种变化。

  完善性维护是在用户和数据处理人员使用软件过程中提出改进现有功能，增加新的功能，以及改善总体性能的要求后，修改软件以把这些要求纳入到软件之中。

  预防性维护是为了提高软件的可维护性、可靠性等，事先采用先进的软件工程方法对需要维护的软件或软件中的某一部分（重新）进行设计、编制和测试，为以后进一步改进软件打下良好基础。

  参考答案：（7）B　　（8）C

- ERP 中的企业资源包括 ___(9)___。

  （9）A. 物流、资金流和信息流　　　　　　B. 物流、工作流和信息流

  　　　C. 物流、资金流和工作流　　　　　　D. 资金流、工作流和信息流

  试题解析　企业的所有资源包括三大流：物流、资金流和信息流。而 ERP 也就是对这 3 种资源进行全面集成管理的管理信息系统。

  参考答案：（9）A

- ERP（Enterprise Resource Planning）是建立在信息技术的基础上，利用现代企业的先进管理思想，对企业的物流、资金流和 ___(10)___ 流进行全面集成管理的管理信息系统，为企业提供决策、计划、控制与经营业绩评估的全方位和系统化的管理平台。在 ERP 系统中，___(11)___ 管理模块主要是对企业物料的进、出、存进行管理。

  （10）A. 产品　　　　B. 人力资源　　　　C. 信息　　　　D. 加工

  （11）A. 库存　　　　B. 物料　　　　　　C. 采购　　　　D. 销售

  试题解析　企业资源计划（Enterprise Resource Planning，ERP）是建立在信息技术的基础上，利用现代企业的先进管理思想,对企业的物流、资金流和信息流进行全面集成管理的管理信息系统，为企业提供决策、计划、控制与经营业绩评估的全方位和系统化的管理平台。

ERP 系统主要包括：生产预测、销售管理、经营计划、主生产计划、物料需求计划、能力需求计划、车间作业计划、采购与库存管理、质量与设备管理、财务管理、有关扩展应用模块等内容。显然对企业物料的进、出、存进行管理的模块是库存管理模块。

参考答案：（10）C （11）A

● 电子政务是对现有的政府形态的一种改造，利用信息技术和其他相关技术，将其管理和服务职能进行集成，在网络上实现政府组织结构和工作流程优化重组。与电子政务相关的行为主体有三个，即政府、 (12) 及居民。国家和地方人口信息的采集、处理和利用，属于 (13) 的电子政务活动。

（12）A．部门 B．企（事）业单位 C．管理机构 D．行政机关
（13）A．政府对政府 B．政府对居民 C．居民对居民 D．居民对政府

试题解析 电子政务是对现有的政府形态的一种改造，利用信息技术和其他相关技术，将其管理和服务职能进行集成，在网络上实现政府组织结构和工作流程优化重组。与电子政务相关的行为主体有三个，即政府、企（事）业单位及居民。国家和地方人口信息的采集、处理和利用，属于政府对政府的电子政务活动。

参考答案：（12）B （13）A

● 电子政务的主要应用模式中不包括 (14) 。
（14）A．政府对政府（Government To Government）
B．政府对客户（Government To Customer）
C．政府对居民（Government To Citizen）
D．政府对企业（Government To Business）

试题解析 电子政务是政府机构应用现代信息和通信技术，将管理和服务通过网络技术进行集成，在因特网上实现政府组织结构和工作流程的优化重组，超越时间和空间及部门之间的分隔限制，向社会提供优质和全方位的、规范而透明的、符合国际水准的管理与服务。电子政务的主要模式包括 G2G、G2B、G2C、B2G、C2G，但不包括政府对客户（Government To Customer）。

参考答案：（14）B

● 给定关系 R(A,B,C,D,E)和关系 S(D,E,F,G)，对其进行自然连接运算 R⋈S 后结果集的属性列为 (15) 。
（15）A．R.A,R.B,R.C,R.D,R.E,S.D,S.E B．R.A,R.B,R.C,R.D,R.E,S.F,S.G
C．R.A,R.B,R.C,R.D,R.E,S.E,S.F D．R.A,R.B,R.C,R.D,R.E,S.D,S.E,S.F,S.G

试题解析 自然连接是在笛卡儿积中把两个关系中相同的属性组进行比较，并且在结果中将重复的属性去掉。该题的笛卡儿积有 9 个属性，R.A,R.B,R.C,R.D,R.E,S.D,S.E,S.F,S.G，去掉重复的属性，剩余 R.A,R.B,R.C,R.D,R.E,S.F,S.G。

参考答案：（15）B

● 设关系模式 R(U,F)，U={A1，A2，A3，A4}，函数依赖集 F={A1→A2，A1→A3，A2→A4}，关系 R 的候选码是 (16) 。下列结论错误的是 (17) 。

（16）A. A1　　　　　B. A2　　　　　C. A1A2　　　　　D. A1A3

（17）A. A1→ A2A3 为 F 所蕴含　　　　B. A1→ A4 为 F 所蕴含

　　　　C. A1A2→ A4 为 F 所蕴含　　　　D. A2→ A3 为 F 所蕴含

📖 **试题解析**　通过 A1 可以得到 A2、A3，通过 A2 又可以得到 A4，因此 A1 属于候选键。A3 只能由 A1 得到，A2 无法得到 A3。

参考答案：（16）A　　（17）D

- 给定学生关系 S(学号,姓名,学院名,电话,家庭住址)、课程关系 C(课程号,课程名,选修课程号)、选课关系 SC(学号,课程号,成绩)。查询"张晋"选修了"市场营销"课程的学号、学生名、学院名、成绩的关系代数表达式为：$\prod_{1,2,3,7}(\prod_{1,2,3}$　__（18）__ ⋈ __（19）__)。

（18）A. σ2=张晋（S）　　　　　　B. σ2='张晋'（S）

　　　　C. σ2=张晋（SC）　　　　　D. σ2='张晋'（SC）

（19）A. $\prod_{2,3}$(σ2='市场营销'(C))⋈SC　　B. $\prod_{2,3}$(σ2=市场营销(SC))⋈C

　　　　C. $\prod_{1,2}$(σ2='市场营销'(C))⋈SC　　D. $\prod_{1,2}$(σ2=市场营销(SC))⋈C

📖 **试题解析**　完整的表达式为：

$\prod_{1,2,3,7}((\prod_{1,2,3}$(σ2='张晋'(S)))⋈(($\prod_{1,2}$(σ2='市场营销'(C)))⋈SC))，表达式 $\prod_{1,2,3}$(σ2='张晋'(S))，在关系 S 中选择姓名为张晋的学生，投影出学号、姓名、学院名三个属性。

表达式 $\prod_{1,2}$(σ2='市场营销'(C))⋈SC，在关系 C 中选择课程名是市场营销的元组，投影出课程号、课程名两个属性，之后再与关系 SC 进行自然连接，可以得出学号、课程号、课程名、成绩五个属性。

将上述两个表达式 $\prod_{1,2,3}$(σ2='张晋'(S))与 $\prod_{1,2}$(σ2='市场营销'(C))⋈SC 进行自然连接后投影 1,2,3,7 列，即投影出学号、姓名、学院名、成绩。

参考答案：（18）B　　（19）C

- 在数据库设计的需求分析阶段应当形成__（20）__，这些文档可以作为__（21）__阶段的设计依据。

（20）A. 程序文档、数据字典和数据流图　　B. 需求说明文档、程序文档和数据流图

　　　　C. 需求说明文档、数据字典和数据流图　　D. 需求说明文档、数据字典和程序文档

（21）A. 逻辑结构设计　　　　B. 概念结构设计

　　　　C. 物理结构设计　　　　D. 数据库运行和维护

📖 **试题解析**　数据库设计主要分为用户需求分析、概念结构、逻辑结构和物理结构设计 4 个阶段。其中，在用户需求分析阶段中，数据库设计人员采用一定的辅助工具对应用对象的功能、性能、限制等要求所进行的科学分析，并形成需求说明文档、数据字典和数据流程图。用户需求分析阶段形成的相关文档用以作为概念结构设计的设计依据。

参考答案：（20）C　　（21）B

- 基于软件架构的设计（Architecture Based Software Development，ABSD）强调由商业、质量和功能需求的组合驱动软件架构设计。它强调采用__（22）__来描述软件架构，采用__（23）__来

描述需求。

（22）A．类图和序列图　　B．视角与视图　　C．构件和类图　　D．构件与功能

（23）A．用例与类图　　　B．用例与视角　　C．用例与质量场景　D．视角与质量场景

🖱️**试题解析**　根据基于软件架构的设计的定义，基于软件架构的设计（Architecture Based Software Development，ABSD）强调由商业、质量和功能需求的组合驱动软件架构设计。它强调采用视角与视图来描述软件架构，采用用例与质量属性场景来描述需求。

参考答案：（22）B　　（23）C

● 以下关于鸿蒙操作系统的叙述中，不正确的是___（24）___。

（24）A．鸿蒙操作系统整体架构采用分层的层次化设计，从下向上依次为：内核层、系统服务层、框架层和应用层

　　　B．鸿蒙操作系统内核层采用宏内核设计，拥有更强的安全特性和低时延特点

　　　C．鸿蒙操作系统架构采用了分布式设计理念，实现了分布式软总线、分布式设备系统的虚拟化、分布式数据管理和分布式任务调度等四种分布式能力

　　　D．架构的系统安全性主要体现在搭载 HarmonyOS 的分布式终端上，可以保证"正确的人，通过正确的设备，正确地使用数据"

🖱️**试题解析**　鸿蒙操作系统采用微内核架构，整体采用层次式架构，采用分布式理念且实现了分布式安全框架。

参考答案：（24）B

● 某公司欲开发一个在线交易系统，在架构设计阶段，公司的架构师识别出 3 个核心质量属性场景。其中"在并发用户数量为 1000 人时，用户的交易请求需要在 0.5 秒内得到响应"主要与___（25）___质量属性相关，通常可采用___（26）___架构策略实现该属性；"当系统由于软件故障意外崩溃后，需要在 0.5 小时内恢复正常运行"主要与___（27）___质量属性相关，通常可采用___（28）___架构策略实现该属性；"系统应该能够抵挡恶意用户的入侵行为，并进行报警和记录"主要与___（29）___质量属性相关，通常可采用___（30）___架构策略实现该属性。

（25）A．性能　　　　　B．吞吐量　　　　C．可靠性　　　　D．可修改性

（26）A．操作串行化　　B．资源调度　　　C．心跳　　　　　D．内置监控器

（27）A．可测试性　　　B．易用性　　　　C．可用性　　　　D．互操作性

（28）A．主动冗余　　　B．信息隐藏　　　C．抽象接口　　　D．记录/回放

（29）A．可用性　　　　B．安全性　　　　C．可测试性　　　D．可修改性

（30）A．内置监控器　　B．记录/回放　　　C．追踪审计　　　D．维护现有接口

🖱️**试题解析**　对于题干的描述："在并发用户数量为 1000 人时，用户的交易请求需要在 0.5 秒内得到响应"，主要与性能这一质量属性相关，实现该属性的常见架构策略包括：增加计算资源、减少计算开销、引入并发机制、采用资源调度等。"当系统由于软件故障意外崩溃后，需要在 0.5 小时内恢复正常运行"主要与可用性质量属性相关，通常可采用心跳、Ping/Echo、主动冗余、被动冗余、选举等架构策略实现该属性；"系统应该能够抵挡恶意用户的入侵行为，并进行报警和记

录"主要与安全性质量属性相关，通常可采用入侵检测、用户认证、用户授权、追踪审计等架构策略实现该属性。

参考答案：（25）A　（26）B　（27）C　（28）A　（29）B　（30）C

● 下列关于软件可靠性的叙述，不正确的是 （31） 。

（31）A．由于影响软件可靠性的因素很复杂，软件可靠性不能通过历史数据和开发数据直接测量和估算出来

　　　B．软件可靠性是指在特定环境和特定时间内，计算机程序无故障运行的概率

　　　C．在软件可靠性的讨论中，故障指软件行为与需求的不符，故障有等级之分

　　　D．排除一个故障可能会引入其他的错误，而这些错误会导致其他的故障

试题解析　软件可靠性是软件系统在规定的时间内及规定的环境条件下，完成规定功能的能力，也就是软件无故障运行的概率。这里的故障是软件行为与需求的不符，故障有等级之分。软件可靠性可以通过历史数据和开发数据直接测量和估算出来。在软件开发中，排除一个故障可能会引入其他的错误，而这些错误会导致其他的故障，因此，在修改错误以后，还需要进行回归测试。

参考答案：（31）A

● 在一个典型的电子商务应用中，三层架构（即表现层、商业逻辑层和数据访问层）常常是架构师的首选。常见的电子商务应用——网上书城的主要功能是提供在线的各种图书信息的查询和浏览，并且能够订购相关图书。用户可能频繁地进行书目查询操作，网站需要返回众多符合条件的书目并且分页显示；网站管理员需要批量对相关书目信息进行修改，并且将更新信息记录到数据库。针对前一个应用要求，架构师在数据访问层设计时，最可能考虑采用 （32） ；针对后一个应用要求，架构师最可能考虑采用 （33） 。

（32）A．在线访问模式和 DAO 模式相结合　B．在线访问模式和离线数据模式相结合
　　　C．DAO 模式和 DTO 模式相结合　　　D．DTO 模式和 O/R 映射模式相结合

（33）A．在线访问模式　　　　　　　　　B．DAO 模式
　　　C．离线数据模式　　　　　　　　　D．O/R 映射模式

试题解析　在线访问模式、Data Access Object（DAO）模式、Data Transfer Object（DTO）模式、离线数据模式和对象/关系映射（Object/Relation Mapping）模式是数据持久层（数据访问层）架构设计中常用的数据访问模式。

在网上书城应用中，用户根据查询条件查询相关的书目，返回符合条件的书目列表，可能内容非常多，而且可能每次查询的内容都不一样。针对用户书目查询的应用，如果查询返回的数据量并不是很大，同时也不频繁，则可以考虑采用在线访问的模式；如果返回的数据量较大（例如返回众多符合条件的书目并且分页显示）而且较为频繁，则可以考虑在线访问模式和离线模式相结合，通过离线数据的缓存来提高查询的性能。

网站管理员可能需要批量对相关书目信息进行修改，并且需要将更新信息返回至数据库。此类数据应用的特点表现为：与数据库交互的次数并不频繁，但是每次的数据量相对较大；同时，也希望能够使得本地操作有较好的交互体验。针对这种情况，往往适合采用离线数据访问的模式，DTO

模式也是不错的选择。如果该网上书城应用系统采用的是 IBM WebSphere 平台，则可以使用 SDO 技术，或者使用 Java 中的 CachedRowSet 技术；如果采用的是基于微软的应用系统平台，则可以采用 ADO.NET 技术。

参考答案：（32）B （33）C

● 螺旋模型在 __（34）__ 的基础上扩展而成。

（34）A．瀑布模型 B．原型模型 C．快速模型 D．面向对象模型

试题解析 螺旋模型是在原型模型的基础上扩展而成的。

参考答案：B

● __（35）__ 适用于程序开发人员在地域上分布很广的开发团队。__（36）__ 中，编程开发人员分成首席程序员和"类"程序员。

（35）A．水晶系列（Crystal）开发方法 B．开放式源码（Open Source）开发方法
　　　C．SCRUM 开发方法 D．功用驱动开发方法（FDD）
（36）A．自适应软件开发（ASD） B．极限编程（XP）开发方法
　　　C．开放统一过程开发方法（OpenUP） D．功用驱动开发方法（FDD）

试题解析

1）极限编程（Extreme Programming，XP）在所有的敏捷型方法中，XP 是最引人瞩目的。它源于 Smalltalk 圈子，特别是 Kent Beck 和 Ward Cunningham 在 20 世纪 80 年代末的密切合作。XP 在一些对费用控制严格的公司中的使用，已经被证明是非常有效的。

2）Cockburn 的水晶系列方法。水晶系列方法是由 Alistair Cockburn 提出的。它与 XP 方法一样，都有以人为中心的理念，但在实践上有所不同。Alistair 考虑到人们一般很难严格遵循一个纪律约束很强的过程，因此，与 XP 的高度纪律性不同，Alistair 探索了用最少纪律约束而仍能成功的方法，从而在产出效率与易于运作上达到一种平衡。也就是说，虽然水晶系列不如 XP 那样的产出效率，但会有更多的人能够接受并遵循它。

3）开放式源码。这里提到的开放源码指的是开放源码界所用的一种运作方式。开放式源码项目有一个特别之处，就是程序开发人员在地域上分布很广，这使得它和其他敏捷方法不同，因为一般的敏捷方法都强调项目组成员在同一地点工作。开放源码的一个突出特点就是查错排障（Debug）的高度并行性，任何人发现了错误都可将改正源码的"补丁"文件发给维护者。然后由维护者将这些"补丁"或是新增的代码并入源码库。

4）SCRUM。SCRUM 已经出现很久了，像前面所论及的方法一样，该方法强调这样一个事实，即明确定义了的可重复的方法过程只限于在明确定义了的可重复的环境中，为明确定义了的可重复的人员所用，去解决明确定义了的可重复的问题。

5）Coad 的功用驱动开发方法（Feature Driven Development，FDD）。FDD 是由 Jeff De Luca 和 Peter Coad 提出来的。像其他方法一样，它致力于短时的迭代阶段和可见可用的功能。在 FDD 中，一个迭代周期一般是两周。

6）在 FDD 中，编程开发人员分成两类：首席程序员和"类"程序员（Class Owner）。首席程

序员是最富有经验的开发人员，他们是项目的协调者、设计者和指导者，而"类"程序员则主要做源码编写。

7）自适应软件开发方法，（Adaptive Software Development，ASD）。ASD 方法由 Jim Highsmith 提出，其核心是三个非线性的、重叠的开发阶段：猜测、合作与学习。

参考答案：（35）B　（36）D

● 需求管理是一个对系统需求变更、了解和控制的过程。以下活动中，__（37）__不属于需求管理的主要活动。

（37）A．文档管理　　　B．需求跟踪　　　　C．版本控制　　　D．变更控制

试题解析　需求管理的活动包括变更控制、版本控制和需求跟踪等。

参考答案：A

● 软件测试一般分为两个大类：动态测试和静态测试。前者通过运行程序发现错误，包括__（38）__等方法；后者采用人工和计算机辅助静态分析的手段对程序进行检测，包括__（39）__等方法。

（38）A．边界值分析、逻辑覆盖、基本路径　B．桌面检查、逻辑覆盖、错误推测
　　　C．桌面检查、代码审查、代码走查　　D．错误推测、代码审查、基本路径
（39）A．边界值分析、逻辑覆盖、基本路径　B．桌面检查、逻辑覆盖、错误推测
　　　C．桌面检查、代码审查、代码走查　　D．错误推测、代码审查、基本路径

试题解析　本题考查测试的分类，测试可以分为动态测试与静态测试。

动态测试是通过运行程序发现错误，包括黑盒测试（等价类划分、边界值分析法、错误推测法）与白盒测试（各种类型的覆盖测试）。

静态测试是人工测试方式，包括桌前检查（桌面检查）、代码走查、代码审查。

参考答案：（38）A　（39）C

● 在系统开发中，原型可以划分为不同的种类。从原型是否实现功能来分，可以分为水平原型和垂直原型；从原型最终结果来分，可以分为抛弃式原型和演化式原型。以下关于原型的叙述中，正确的是__（40）__。

（40）A．水平原型适合于算法较为复杂的项目
　　　B．垂直原型适合于 Web 项目
　　　C．抛弃式原型适合于需求不确定、不完整、含糊不清的项目
　　　D．演化式原型主要用于界面设计

试题解析　本题考查原型开发方法的相关概念。

水平原型主要用在界面上。

垂直原型主要用在复杂的算法实现上，抛弃式原型主要用于界面设计。

抛弃式原型的基本思路就是开始就做一个简单的界面设计，用来让用户有直观感受，从而可以提得出需求，等需求获取到之后，可以把这个界面原型抛弃不用。

演化式原型主要用在必须易于升级和优化的场合，适合于 Web 项目。

参考答案：（40）C

第 27 小时

- 快速应用开发（Rapid Application Development，RAD）通过使用基于 __(41)__ 的开发方法获得快速开发，当 __(42)__ 时，最适合采用 RAD 方法。

  （41）A．用例　　　B．数据结构　　　C．剧情　　　D．构件
  （42）A．一个新系统要采用很多新技术　　B．新系统与现有系统有较高的互操作性
  　　　C．系统模块化程度较高　　D．用户不能很好地参与到需求分析中

  🖋试题解析　快速应用开发是一种比传统生存周期法快得多的开发方法，它强调极短的开发周期。RAD 模型是瀑布模型的一个高速变种，通过使用基于构件的开发方法获得快速开发。如果对需求理解得很好且约束了项目范围，利用这种模型可以很快地开发出功能完善的信息系统。但是 RAD 也具有以下局限性：

  1）并非所有应用都适合 RAD，RAD 对模块化要求比较高。如果有哪一项功能不能被模块化，那么 RAD 所需要的构件就会有问题；如果高性能是一个指标且该指标必须通过调整接口使其适应系统构件才能获得，则 RAD 也可能不能奏效。

  2）开发者和客户必须在很短的时间完成一系列的需求分析，任何一方配合不当都会导致 RAD 项目失败。

  3）RAD 只能用于管理信息系统的开发，不适合技术风险很高的情况。例如，当一个新系统要采用很多新技术，或当新系统与现有系统有较高的互操作性时就不适合使用 RAD。

  参考答案：（41）D　　（42）C

- 软件架构维护过程不包括 __(43)__ 。

  （43）A．架构知识管理　B．架构修改管理　C．架构版本管理　D．架构构件管理

  🖋试题解析　软件架构维护过程包括架构知识管理、架构修改管理、架构版本管理等。

  参考答案：（43）D

- 下列软件架构演化时期，__(44)__ 是在系统设计时规定了演化的具体条件，将系统置于"安全"模式下，演化只发生在某些特定约束满足时，可以进行一些规定好的演化操作。

  （44）A．设计时演化　B．运行前演化　　C．有限制运行时演化　　D．运行时演化

  🖋试题解析　设计时演化：发生在体系结构模型与之相关的代码编译之前；运行前演化：发生在执行之前、编译之后；有限制运行时演化：只发生在某些特定约束满足时；运行时演化：发生在运行时不能满足要求时。

  参考答案：（44）C

- 根据所修改的内容不同，软件的动态演化不包括 __(45)__ 。

  （45）A．属性改名　B．行为变化　　C．拓扑结构改变　　D．格式变化

  🖋试题解析　动态演化的内容：属性改名、行为变化、拓扑结构改变、风格变化。

  参考答案：（45）D

- 架构权衡分析方法（Architecture Tradeoff Analysis Method，ATAM）是在基于场景的架构分析方法（Scenarios-Based Architecture Analysis Method，SAAM）基础之上发展起来的，主要包括场景和需求收集、__(46)__ 、属性模型构造和分析、属性模型折中等 4 个阶段。ATAM 方法

要求在系统开发之前，首先对这些质量属性进行 __(47)__ 和折中。

（46）A．架构视图和场景实现   B．架构风格和场景分析

       C．架构设计和目标分析   D．架构描述和需求评估

（47）A．设计   B．实现   C．测试   D．评价

试题解析 ATAM 是在基于场景的架构分析方法基础之上发展起来的，主要包括场景和需求收集、架构视图和场景实现、属性模型构造和分析、属性模型折中等 4 个阶段。该方法要求在系统开发之前，首先对这些质量属性进行评价和折中。

参考答案：（46）A   （47）D

● 某公司内部的库存管理系统和财务系统均为独立开发且具有 C/S 结构，公司在进行信息系统改造时，明确指出要采用最小的代价实现库存系统和财务系统的一体化操作与管理。针对这种应用集成需求，以下集成方法中，最适合的是 __(48)__ 。

（48）A．数据集成   B．界面集成   C．方法集成   D．接口集成

试题解析 根据题干条件，库存管理系统和财务系统都是独立开发且具有 C/S 结构，并且集成时要求采用最小的代价实现库存系统和财务系统的一体化操作与管理，因此只需要将两个系统的用户界面集成在一起即可在最小代价的条件下满足集成要求。

参考答案：B

● CPS 技术体系的四大核心技术要求中，"一平台"是 __(49)__ 。

（49）A．感知和自动控制   B．工业软件

       C．工业网络   D．工业云和智能服务平台

试题解析 CPS 技术分为 4 大核心技术要素："一硬"（感知和自动控制，是 CPS 实现的硬件支撑）、"一软"（工业软件，CPS 核心）、"一网"（工业网络，是网络载体）、"一平台"（工业云和智能服务平台，是支撑上层解决方案的基础）。

参考答案：（49）D

● 人工智能的关键技术包括自然语言处理、计算机视觉、知识图谱、机器学习。机器学习分类中，__(50)__ 是利用已标记的有限训练数据集，通过某种学习策略/方法建立一个模型，从而实现对新数据/实例标记/映射。

（50）A．监督学习   B．无监督学习   C．半监督学习   D．强化学习

试题解析 按学习模式不同分为监督学习（需提供标注的样本集）、无监督学习（不需提供标注的样本集）、半监督学习（需提供少量标注的样本集）、强化学习（需反馈机制）。

参考答案：（50）A

● 云计算的服务方式不包括 __(51)__ 。

（51）A．软件即服务 B．计算即服务   C．平台即服务   D．基础设施即服务

试题解析 云计算的服务方式包括：

1）软件及服务（SaaS）：服务提供商将应用软件统一部署在云计算服务器上。

2）平台即服务（PaaS）：服务提供商将分布式开发环境与平台作为一种服务来提供。

第 27 小时

3）基础设施即服务（IaaS）：服务提供商将多台服务器组成"云端"基础设施作为计量服务提供给客户。

参考答案：（51）B

● 以下属于主动攻击的是 __（52）__ 。

（52）A．网络监听　　B．信息截取　　C．非法登录　　D．假冒身份

试题解析　主动攻击会对信息进行修改、伪造，而被动攻击只是非法获取信息，不会对信息进行任何修改。

参考答案：（52）D

● 信息安全策略应该全面地保护信息系统整体的安全，网络安全体系设计是网络逻辑设计工作的重要内容之一，可从物理线路安全、网络安全、系统安全、应用安全等方面来进行安全体系的设计与规划。其中，数据库的容灾属于 __（53）__ 的内容。

（53）A．物理线路安全与网络安全　　　　B．网络安全与系统安全

　　　　C．物理线路安全与系统安全　　　　D．网络安全与应用安全

试题解析　依据信息安全体系架构，物理安全包括环境、设备和媒体；系统安全包括网络结构、操作系统、应用系统；网络安全包括访问控制、通信保密、入侵检测、网络安全扫描、防病毒；应用安全包括资源共享和信息存储。数据库的容灾属于对信息存储方面的安全和网络方面的安全。

参考答案：（53）D

● __（54）__ 模型为数据规划机密性，依据机密性划分安全级别，按安全级别强制访问控制。

（54）A．BLP 模型　　B．状态机模型　　C．Biba 模型　　D．CWM 模型

试题解析　Bell-LaPadula 模型（BLP 模型）为数据规划机密性，依据机密性划分安全级别，按安全级别强制访问控制。

参考答案：（54）A

● "在某个系统或某个部件中设置了'机关'，使得当提供特定的输入数据时，允许违反安全策略。"是属于哪一种安全威胁？ __（55）__

（55）A．特洛伊木马　　B．陷阱门　　C．窃取　　D．非法使用

试题解析　陷阱门是在某个系统或某个部件中设置了"机关"，使得当提供特定的输入数据时，允许违反安全策略。

参考答案：（55）B

● 软件脆弱性是软件中存在的弱点（或缺陷），利用它可以危害系统安全策略，导致信息丢失、系统价值和可用性降低。嵌入式系统软件架构通常采用分层架构，它可以将问题分解为一系列相对独立的子问题，局部化在每一层中，从而有效地降低单个问题的规模和复杂性，实现复杂系统的分解。但是，分层架构仍然存在脆弱性。常见的分层架构的脆弱性包括 __（56）__ 等两方面。

（56）A．底层发生错误会导致整个系统无法正常运行、层与层之间功能引用可能导致功能失效

　　　　B．底层发生错误会导致整个系统无法正常运行、层与层之间引入通信机制势必造成性

能下降

C. 上层发生错误会导致整个系统无法正常运行、层与层之间引入通信机制势必造成性能下降

D. 上层发生错误会导致整个系统无法正常运行、层与层之间的功能引用可能导致功能失效

🐚**试题解析**　层次式架构的软件脆弱性主要表现在层间脆弱性和层间通信脆弱性两个方面，层间脆弱性体现在某个底层的错误会导致整个系统都无法正常工作，层间通信脆弱性表现在层次间引入通信机制会造成大量消息交互，从而造成系统性能下降。

参考答案：（56）B

● 局域网网络架构有 4 种类型，以下说法错误的是　（57）　。

（57）A. 单核心架构使用单台核心二层或三层交换设备作为网络核心

B. 单核心架构的优点是结构简单，设备投资节约，接入方便

C. 双核心架构采用两台核心三层及以上交换机作为网络核心

D. 环型架构的缺点是投资较单核心高，核心端口密度要求较高

🐚**试题解析**　双核心架构的缺点是投资较单核心高，核心端口密度要求较高。

参考答案：（57）D

● 以下不属于网络安全协议的是　（58）　。

（58）A. FTP　　　　B. SSL　　　　C. HTTPS　　　　D. SET

🐚**试题解析**　文件传输协议（File Transport Protocol，FTP）是网络上两台计算机传送文件的协议，运行在 TCP 之上，是通过 Internet 将文件从一台计算机传输到另一台计算机的一种途径。

参考答案：（58）A

● 以下关于层次化网络设计原则的叙述中，错误的是　（59）　。

（59）A. 一般将网络划分为核心层、汇聚层、接入层三个层次

B. 应当首先设计核心层，再根据必要的分析完成其他层次的设计

C. 为了保证网络的层次性，不能在设计中随意加入额外连接

D. 除去接入层，其他层次应尽量采用模块化方式，模块间边界应非常清晰

🐚**试题解析**　按照层次式网络设计原则，首先要控制网络层次，一般将网络划分为核心层、汇聚层、接入层三个层次；其次从接入层开始向上分析规划；再次尽量采用模块化设计，除去接入层，其他层次应尽量采用模块化方式；还要严格控制网络结构，模块间边界应非常清晰；最后严格控制层次化结构，为了保证网络的层次性，不能在设计中随意加入额外连接。

参考答案：（59）B

● 以下关于大数据的说法中，错误的是　（60）　。

（60）A. 大数据拥有体量大、构造单调、时效性强等特点

B. 处理大数据需要采用新式计算架构和智能算法等新技术

C. 大数据的应用着重相关剖析，而不是因果剖析

D．大数据的目的在于发现新的知识，洞悉并进行科学决策

试题解析 大数据具有体量大、时效性强的特征，并非构造单调，而是类型多样；处理大数据时，传统数据处理系统因数据过载、来源复杂、类型多样等诸多原因性能低下，需要采用以新式计算架构和智能算法为代表的新技术；大数据的应用重在发掘数据间的相关性，而非传统逻辑上的因果关系。因此，大数据的目的和价值就在于发现新的知识，洞悉并进行科学决策。

参考答案：（60）A

- Lambda 架构分为三层： （61） 的核心功能是存储主数据集。 （62） 的核心功能是处理增量实时数据、生成实时视图、快速执行即席查询。 （63） 的核心功能是响应应用户请求，合并批视图和实时视图中的结果数据集得到最终数据集。

（61）A．批处理层　　　B．流处理层　　　C．加速层　　　D．存储层
（62）A．批处理层　　　B．服务层　　　C．加速层　　　D．视图层
（63）A．视图层　　　B．流处理层　　　C．服务层　　　D．存储层

试题解析 Lambda 架构分为三层：

1）批处理层。该层核心功能是存储主数据集，主数据集数据具有原始、不可变、真实的特征。批处理层周期性将增量数据转储至主数据集，并在主数据集上执行批处理，生成批视图。架构实现方面可以使用 Hadoop HDFS 或 HBase 存储主数据集，再利用 Spark 或 Map/Reduce 执行周期批处理，之后使用 Map/Reduce 创建批视图。

2）加速层。该层的核心功能是处理增量实时数据、生成实时视图、快速执行即席查询。架构实现方面可以使用 Hadoop HDFS 或 HBase 存储实时数据，利用 Spark 或 Storm 实现实时数据处理和实时视图。

3）服务层。该层的核心功能是响应用户请求，合并批视图和实时视图中的结果数据集得到最终数据集。具体来说就是接收用户请求，通过索引加速访问批视图，直接访问实时视图，然后合并两个视图的结果数据集生成最终数据集，响应用户请求。架构实现方面可以使用 HBase 或 Cassandra 作为服务层，通过 Hive 创建可查询的视图。

参考答案：（61）A　（62）C　（63）C

- 微服务架构将一个大型的单个应用或服务拆分成多个微服务，可扩展单个组件而不是整个应用程序堆栈，从而满足服务等级协议。微服务架构围绕业务领域将服务进行拆分，每个服务可以 （64） ，彼此之间使用统一接口进行交流，实现了在分散组件中的部署、管理与服务功能，使产品交付变得更加简单，从而达到有效拆分应用，实现敏捷开发与部署的目的。

（64）A．独立进行开发、管理、迭代　　　B．独立进行部署、运维、升级
　　　C．独立进行测试、交付、验收　　　D．独立进行发布、发现、访问

试题解析 微服务架构围绕业务领域将服务进行拆分，每个服务可以独立进行开发、管理和迭代，彼此之间使用统一接口进行交流，实现了在分散组件中的部署、管理与服务功能。

参考答案：（64）A

● MD5 是一种 <u>（65）</u> 算法。

（65）A．共享密钥 B．公开密钥 C．报文摘要 D．访问控制

🖋试题解析 MD5 的全称是 Message-Digest Algorithm5，是计算机安全领域广泛使用的一种散列函数，用以提供消息的完整性保护。

参考答案：（65）C

● SQL 是一种数据库结构化查询语言，SQL 注入攻击的首要目标是 <u>（66）</u>。

（66）A．破坏 Web 服务 B．窃取用户口令等机密信息
C．攻击用户浏览器，以获得访问权限 D．获得数据库的权限

🖋试题解析 所谓 SQL 注入，就是通过把 SQL 命令插入到 Web 表单递交或输入域名或页面请求的查询字符串，最终欺骗服务器执行恶意的 SQL 命令，目标就是为了获得数据库的权限，从而非法获得数据。

参考答案：（66）D

● 在数据库的安全机制中，通过提交 <u>（67）</u> 供第三方开发人员使用进行数据更新，从而保证数据库的关系模式不被第三方所获取。

（67）A．索引 B．视图 C．触发器 D．存储过程

🖋试题解析 存储过程提供类似函数的编程接口，可以屏蔽数据库的关系模式，不被第三方所获取。

参考答案：（67）D

● 根据历史统计情况，某超市某种面包的日销量为 100、110、120、130、140 个的概率相同，每个面包的进价为 4 元，销售价为 5 元，但如果当天没有卖完，剩余的面包次日将以每个 3 元处理。为取得最大利润，该超市每天应进货这种面包 <u>（68）</u> 个。

（68）A．110 B．120 C．130 D．140

🖋试题解析 每种面包进货和销售情况如下表所示。可以得出超市每天进货面包 120 个时，利润最大。

销售量/个	100	110	120	130	140	平均收益
概率/%	20	20	20	20	20	
进 110 个	90	110	110	110	110	106
进 120 个	80	100	120	120	120	108
进 130 个	70	90	110	130	130	106
进 140 个	60	80	100	120	140	100

参考答案：（68）B

● 下表记录了六个节点：A、B、C、D、E、F 之间的路径方向和距离，从 A 到 F 的最短距离是 <u>（69）</u>。

从\到	B	C	D	E	F
A	11	16	24	36	54
B		13	16	21	29
C			14	17	22
D				14	17
E					15

（69）A. 38 　　B. 40 　　C. 44 　　D. 46

🕮**试题解析** 此题不建议根据表格画出各节点的网络图，而建议采用试算+穷举法。

试算 A→F 路径的下列路径：

①A→B→F：11+29=40；

②A→C→F：16+22=38；

③A→D→F：24+17=41；

④A→E→F：36+15=51。

不难看出 A→C→F 是最短距离。

参考答案：（69）A

● 某项目的双代号网络图如下所示，该项目的工期为 （70） 。

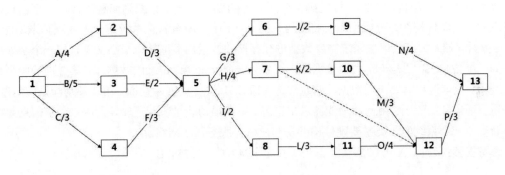

（70）A. 17 　　B. 18 　　C. 19 　　D. 20

🕮**试题解析** 双代号网络图亦称"箭线图法"。关键路径即持续时间最长的线路，网络图中至少有一条关键路径。项目的工期就是找图中的关键路径，本题中关键路径有多条，例如：ADHKMP、ADILOP、BEHKMP、BEILOP，它们的工期都是 19，因此本项目的工期为 19。

参考答案：（70）C

● The objective of （71） is to determine what parts of the application software will be assigned to what hardware. The major software components of the system being developed have to be identified and then allocated to the various hardware components on which the system will operate. All software systems can be divided into four basic functions. The first is ___(72)___. Most information systems require data to be stored and retrieved, whether a small file, such as a memo produced by a word processor, or a large database, such as one that stores an organization's accounting records. The second function is the ___(73)___, the processing required to access data, which often means database queries in Structured Query Language. The third function is the ___(74)___, which is the logic documented in the DFDs, use cases, and functional requirements. The fourth function is the presentation logic, the display of information to the user and the acceptance of the user's commands. The three primary hardware components of a system are ___(75)___.

(71) A. architecture design
C. physical design
B. modular design
D. distribution design

(72) A. data access components
C. data storage
B. database management system
D. data entities

(73) A. data persistence
C. database connection
B. data access objects
D. data access logic

(74) A. system requirements
C. application logic
B. system architecture
D. application program

(75) A. computers,cables and network
C. CPUs,memories and I/O devices
B. clients,servers,and network
D. CPUs,hard disks and I/O devices

🖋**试题解析**　架构设计的目标是确定应用软件的哪些部分将分配到何种硬件，识别出正在开发系统的主要软件构件并分配到系统将要运行的硬件构件。所有软件系统可分为 4 项基本功能，第 1 项是数据存储。大多数信息系统需要数据进行存储并检索，不论是一个小文件，如一个字处理器产生的一个备忘录，还是一个大型数据库，如存储一个企业会计记录的数据库；第 2 项功能是数据接口逻辑，处理过程需要访问数据，这通常是指用 SQL 进行数据库查询；第 3 项功能是应用逻辑，这些逻辑通过数据流图，用例和功能需求来记录；第 4 项功能是表示逻辑，为用户显示信息并接收用户命令。一个系统的 3 类主要硬件构件是客户机、服务器、网络。

参考答案:（71）A　（72）C　（73）D　（74）C　（75）B

模拟试题 I（下午案例分析）

试题一（25分）

请详细阅读有关数据架构方面的描述，回答问题。

【说明】某互联网公司拟开发用户通信软件系统，向用户提供即时通信服务。公司主要人员经过讨论之后，一致认为该项目的核心功能是：必须要做好识别消息内容，做好内容防护工作，要防止恶意用户利用该软件进行非法内容传输的工作。对于正常的消息，则采用消息封装、正常转发等处理，对于一般有害的辱骂、恐吓消息内容进行改写处理，对国家、社会有重大危害的消息内容做过滤处理，并对用户进行封号处理。在需求分析与架构设计阶段，公司提出的需求和质量属性描述如下：

（a）管理员能够在后台对用户进行封号和解封，设置后即可生效。

（b）系统应该具备完整的安全防护措施，支持对恶意攻击行为进行检测与报警。

（c）在正常负载情况下，系统应在 0.3 秒内对用户的发送消息请求进行响应。

（d）消息体以汉字、英文字母、数字以及普通的标点符号为主，不超过 1024 字节。

（e）在正常负载情况下，用户发送新消息后，对方应在 1 秒内收到该消息。

（f）系统主服务异常中断后，应在 5 秒内将用户请求重定向到备用服务。

（g）系统支持横向用户及消息的存储扩展，要求在 2 人•天内完成所有的扩展与测试工作。

（h）系统宕机后，需要在 10 秒内感知错误，并自动启动热备份系统服务。

（i）系统需要对内提供接口函数，支持开发团队进行信息收集、功能调试与系统诊断。

（j）系统需要为所有的用户发送的消息进行备份至少 7 天，便于后期查阅与审计。

（k）支持对聊天软件的外观进行调整和配置，调整工作需要在 4 人•天内完成。

在对系统需求、质量属性描述和架构特性进行分析的基础上，系统架构师给出了两种候选的架构设计方案，公司目前正在组织相关专家对系统架构进行评估。

【问题 1】（12 分）

在架构评估过程中，质量属性效用树（Utility Tree）是对系统质量属性进行识别和优先级排序的重要工具。请将合适的质量属性名称填入图 1.1 中（1）、（2）空白处，并选择题干描述的（a）～（k）填入（3）～（6）空白处，完成该系统的效用树。

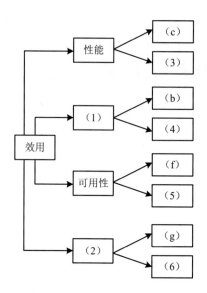

图 1.1　通信软件系统效用树

参考答案：

（1）安全性　　（2）可修改性　　（3）（e）　　（4）（j）　　（5）（h）　　（6）（k）

【问题 2】（13 分）

针对该系统的有害信息过滤功能，李工建议采用黑板系统风格，将客户端发来的消息作为共享数据，内容信息识别、处理消息的各构件则视为知识源，分别对共享数据进行响应，以便决定是否改写、屏蔽、封号还是消息封装、正常转发。王工认为李工的方案存在问题，即负责消息封装、正常转发的构件需要等待其他有害消息处理构件处理之后，才能开始自己的工作，所以提出采用管道-过滤器风格，将新消息作为数据流，依次通过有害消息处理构件、普通消息封装、转发构件，对消息进行变换或处理。经公司讨论之后，决定综合采用李工和王工的方案，来取长补短。

请针对王工和李工的方案，分析和对比黑板系统风格和管道-过滤器风格的各自优缺点，并说明如何综合两种风格，来更好地实现软件功能。

参考答案：

（1）黑板风格。优点：可用于非确定性问题求解，启发式解决过程，可维护性，可重用。

缺点：不能确保期望结果，效率低下，回退，不支持并行，共享空间的访问需要同步。

（2）管道-过滤器风格。优点：简单性、支持复用、系统具有可扩展性、系统并发性（每个过滤器可以独立运行，不同子任务可以并行执行，提高效率）。

缺点：不适合用来设计交互式应用系统。

在内容识别、有害信息处理的构件之间采用黑板风格；对于可转发的消息可以采用管道-过滤器风格，交给后续的消息封装、正常转发的构件。

试题二（25分）

阅读以下关于系统架构设计的叙述，回答问题。

【说明】某互联网公司欲建设一套面向互联网的商品交易平台，该平台可以方便用户和商户之间的咨询和交易。参考目前的电子商务模式，该平台的主要性能需求描述如下：

（1）平台会邀请大牌商户入驻，所以后期该平台要承担比较大的全国用户请求流量，以及较高的并发用户数，被认为是最重要的性能需求。

（2）重要节日会有商户进行秒杀促销活动，所以平台需要承担流量尖峰，且保证较低的访问延时。

（3）平台需要达到一定的可用性。

（4）由于平台涉及金融支付领域，所以对用户的订单及支付数据存储有较高的安全性、可靠性要求。

目前公司正在组织技术部进行方案调研，讨论该平台的实现方案。在技术讨论时，王工给出了方案：接入层采用工作在七层的 Nginx 来作为负载均衡器，并在应用层采用 SOA 来整合公司目前可复用的网络服务程序，集成在一起来处理该平台的业务功能，可以达到很高的复用并快速上线争取市场，存储层则采用传统的 Oracle 来承担数据存储。李工给出了不同的意见，认为应该采用工作在四层的 LVS 来作为接入层的负载均衡器，应用层应采用微服务来实现每个子功能，通过微服务之间的协作来完成整体功能，存储层则应采用 MySQL 开源组件，实行主从模式、分库分表来组成分布式数据库，并进行读写分离的设计，来更好地达到性能和可用性的提升。之后张工补充了方案，根据平台即将面对的全国流量，应该在全国设立 4 个机房，分别部署一套平台服务，来平摊用户流量。

【问题 1】（10分）

请用 200 字以内的文字简述王工的 SOA 方案和李工的微服务方案的不同点，根据该项目应该选择哪个方案？

参考答案：

SOA 方案与微服务方案的不同点如下所述：

（1）SOA 的设计思路是把一些组件和服务，通过服务总线组装，形成更大的应用系统（从小到大）；而微服务的设计思路是把应用拆分成独立自治的小的服务（从大到小）。

（2）SOA 很大程度上依赖于基于 XML 的消息格式和基于 SOAP 的通信协议，微服务架构大量地依赖于 REST 和 JSON。

（3）SOA 架构中需要存在 ESB 总线，负责服务之间的通信转发和接口适配。在微服务架构中，强调更轻量级、更迅速、去中心化的技术。

（4）SOA 设计架构强调分层，通常会分为展现层、业务层、总线层和数据层。微服务架构中的服务更松散，更容易扩展。

（5）SOA 中的服务不强调业务领域的自治性，微服务架构强调基于领域的服务自治性。

由于该平台业务规模体量会比较大，而考虑到微服务的伸缩性、去中心化和自治性，采用李工的方案更容易提升性能，并能更好地适应研发团队的解耦。

【问题 2】（10 分）

经深入讨论公司支持了李工的方案，请阐述针对存储层采用 MySQL 来进行分库分表、主从结构的设计的原因。

参考答案：

采用 MySQL 开源组件本身是可以降低成本的。将两个 MySQL 设计成主从模式，可以提高平台要求的可用性，主节点有异常，从节点可及时代替主节点继续提供服务。以主从模式为基础，设计多套 MySQL 主从，实现分库分表，每一个节点都能平摊数据存储量，进一步提升总体性能和系统容量。

【问题 3】（5 分）

公司也同时认可了张工补充的开设多个机房方案，但该方案需要依赖其他技术，请简述其中一种关键性技术，并说明其作用。

参考答案：

DNS 解析，根据用户的 IP 解析到该用户距离最近的机房，减少该用户访问平台的时延和拥挤程度。

试题三（25 分）

请详细阅读有关嵌入式软件架构设计方面的描述，回答问题。

【说明】服务型智能扫地机器人因其低廉的价格和高效的工作能力，越来越受到消费者的认可，目前已逐渐进入家庭生活代替人们的清洁工作，具有广阔的市场。

服务型智能扫地机器人需要具有自主运动规划和导航功能，在其工作过程中，需要通过对环境信息的融合感知进行行为决策。扫地机器人一般具备的主要功能包括：

（1）紧急状态感知：包括碰撞检测、跌落检测和离地检测等功能，防止与障碍物碰撞、前方台阶跌落危险以及扫地机器人离地等，实现扫地机器人运动中的自我保护。

（2）姿态感知：包括运动里程计数和航向测量等功能，需要获取扫地机器人的运动速度、行走距离、航向角度等信息。

（3）视觉感知：包括单目视觉避障系统和单目视觉定位系统等，需要通过视觉信息探测障碍物，视觉信息来自两个单目摄像头系统。在某些设计中，也可结合红外测距传感器进行障碍物探测。

（4）自动充电：在工作过程中，需要实时监控扫地机器人的电量，且在电量少于一定阈值时自动返回电源处进行充电。

（5）扫地及吸尘单元：使用电机控制刷子实现清扫，使用抽灰电机实现吸尘。

（6）运动执行：对机器人的运动进行控制。

（7）监控系统：通过无线网络传递扫地机器人的状态数据及视频图像等信息到远程客户端，客户端参与到扫地机器人的运动监视及控制中，实现信息交互，监控扫地机器人的实时状态。客户端包括 PC 客户端和手机客户端两种。

（8）信息处理中心：用于接收各种传感器信息和视觉信息，通过分析处理进行扫地机器人的运动控制，且负责和后台监控中心通信。

服务型智能扫地机器人选用 ARM+STM32 双核架构模式，分别处理数据量较大的图像信息和短促型的非图像信息。STM32 选用 STM32F103VET6 芯片，用于实现非图像以外的众多传感器的驱动以及数据采集，并控制车轮电机的运动；ARM 选用 S5PV210 处理器实现摄像头图片的采集、在监控系统中接入无线网络、对 STM32 串口传过来的传感器数据以及图像定位和避障信息做综合处理，生成运动决策，发送给 STM32，执行扫地机的前进、后退、转弯等。

【问题 1】（15 分）

图 3.1 是本题的服务型智能扫地机器人典型的功能结构图，请根据说明的描述，完成该功能结构图，将（1）～（5）的内容填在答题纸上相应的位置中。

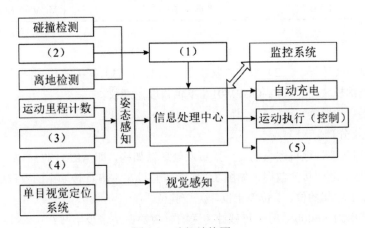

图 3.1　功能结构图

参考答案：

（1）紧急状态感知　　（2）跌落检测　　（3）航向测量

（4）单目视觉避障系统　　（5）扫地及吸尘单元

【问题 2】（6 分）

为了实现服务型智能扫地机器人的功能，就需要多种传感器来感知工作环境信息。王工在对传感器进行选型时，选择了如下类型的传感器：

（1）USB 摄像头。

（2）开关式传感器。

（3）槽型光耦模块。

（4）数字式防跌落传感器。

（5）GGPM01A 单轴角度陀螺仪（传感器）。

（6）红外测距传感器。

（7）霍尔码盘传感器。

请根据传感器的功能完成表 3.1，将（1）～（6）的内容填在答题纸上相应的位置中。

表 3.1　传感器的类别功能及参数

序号	传感器类别	功能	参数
1	（1）	用于障碍物规避	输出模拟电压量
2	（2）	平台防跌落	输出数字量
3	（3）	车身离地检测	输出数字量
4	（4）	碰撞检测	输出数字量
5	（5）	检测航向角度	检测角度+180°
6	（6）	测速和计里程	脉冲输出
7	USB 摄像头	采集环境图像信息	YUV 和 MJPG 格式

参考答案：

（1）红外测距传感器　　（2）数字式防跌落传感器　　（3）开关式传感器

（4）槽型光耦模块　　（5）GGPM01A 单轴角度陀螺仪

（6）霍尔码盘传感器

【问题 3】（4 分）

由于该服务型智能扫地机器人的硬件采用双处理器架构，即 ARM+STM32 双核架构模式，选用串口方式在处理器之间传递数据，如图 3.2 所示。假设在本串行传输中的数据格式为：

8 位数据位、1 位起始位、1 位停止位，无校验位。

（1）当波特率为 9600b/s 时，每秒钟传送的有效数据是多少字节？

（2）为保证数据收发正确（每个字节数据传输中的累计误差不大于 1/4 bit），试分析发送方和接收方时钟允许的误差范围，并以百分比形式给出最大误差。请将答案填写在答题纸的对应栏中。

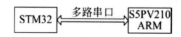

图 3.2　ARM+STM32 双核架构模式

参考答案：

（1）9600÷(8+1+1)=960 字节。

（2）根据题意，每个字节数据传输的累计误差最大为 1/4bit，而每个字节数据含有 8+1+1=

10 个 bit，因此，每个 bit 的最大误差为 $(1/4) \div 10 = 0.025$，所以最大误差为 $0.025 \times 100\% = 2.5\%$。

试题四（25 分）

阅读以下关于分布式技术的叙述，回答问题。

【说明】某软件企业开发了一套新闻社交类软件，提供常见的新闻发布、用户关注、用户推荐、新闻点评、新闻推荐、热点新闻等功能，项目采用 MySQL 数据库来存储业务数据。系统上线后，随着用户数量的增加，数据库服务器的压力不断加大。

为此，该企业设立了专门的工作组来解决此问题。张工提出对 MySQL 数据库进行扩展，采用读写分离，主从复制的策略，好处是程序改动比较小，可以较快完成，后续也可以扩展到 MySQL 集群，其方案如图 4.1 所示。李工认为该系统的诸多功能，并不需要采用关系数据库，甚至关系数据库限制了功能的实现，应该采用 NoSQL 数据库来替代 MySQL，重新构造系统的数据层。而刘工认为张工的方案过于保守，对该系统的某些功能，如关注列表、推荐列表、热搜榜单等实现困难，且性能提升不大；而李工的方案又太激进，工作量太大，短期无法完成，应尽量综合二者的优点，采用 Key-Value 数据库+MySQL 数据库的混合方案。

经过组内多次讨论，该企业最终决定采用刘工提出的方案。

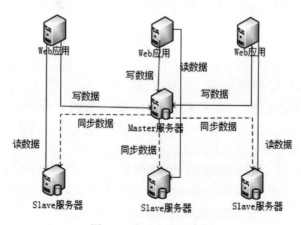

图 4.1　张工方案示意图

【问题 1】（8 分）
张工方案中采用了读写分离，主从复制策略。简述主从复制给系统带来的好处。
参考答案：
（1）避免数据库单点故障：主服务器实时、异步复制数据到从服务器，当主数据库宕机时，可在从数据库中选择一个升级为主服务器，从而防止数据库单点故障。
（2）提高查询效率：根据系统数据库访问特点，可以使用主数据库进行数据的插入、删除及更新等写操作，而从数据库则专门用来进行数据查询操作，从而将查询操作分担到不同的从服务器以提高数据库访问效率。

【问题 2】（8 分）

MySQL 数据库中，主从复制通过 binary log 来实现主从服务器的数据同步。请简述主从复制的过程。

参考答案：当在从库上启动复制时，首先创建 I/O 线程连接主库，主库随后创建 Binlog Dump 线程读取数据库事件并发送给 I/O 线程，I/O 线程获取到事件数据后更新到从库的中继日志 Relay Log 中去，之后从库上的 SQL 线程读取中继日志 Relay Log 中更新的数据库事件并应用。

【问题 3】（9 分）

主从复制可以采用同步、异步、半同步复制。请简述每种复制技术的特点。

（1）同步复制：主数据库需要等待所有备数据库均操作成功才可以响应用户，影响用户体验。这种方式保证了系统的一致性，但牺牲了数据的可用性。

（2）异步复制：当用户请求更新数据时，主数据库处理完请求后可直接给用户响应，而不必等待备数据库完成同步，备数据库会异步进行数据的同步，用户的更新操作不会因为备数据库未完成数据同步而导致阻塞。这种方式保证了系统的可用性，但牺牲了数据的一致性。

（3）半同步复制：用户发出写请求后，主数据库会执行写操作，并给备数据库发送同步请求，但主数据库不用等待所有备数据库回复数据同步成功便可响应用户，也就是说主数据库可以等待一部分备数据库同步完成后响应用户写操作执行成功。

试题五（25 分）

阅读以下关于 Web 架构设计的叙述，回答问题。

【说明】某互联网金融集团依托微服务技术研发互联网金融交易信息系统，全面整合原分布于各省地方分公司的区域系统，实现统一的用户账户管理、转账汇款、理财投资、贷款管理、网上交易、网上支付、财务共享、财务统计分析等业务功能。

在讨论过程中，王工建议采用面向服务的体系结构（SOA），可以通过 ESB 充分整合各地现有业务，并可支持 Web、智能手机等多种前端应用形式接入相同的后端服务；而张工提出采用分布式微服务体系结构，整合业务的同时，可以利用云服务提高体系结构的性能、可用性和可扩展性，又可以提高整体的可变性和可维护性，且有利于适应当下和未来技术的高速发展和快速变更。

经过综合分析和讨论，集团领导最终决定同时采纳两位架构师的建议，结合使用，制定基于分布式微服务的前后端分离体系结构。

【问题 1】（8 分）

请简要叙述微服务架构的含义和关键原则。

参考答案：微服务是一种软件开发技术，是面向服务的体系结构（SOA）架构风格的一种变体。微服务将应用程序构造为一组松散耦合的服务，微服务中单个应用程序由许多松散耦合且可独立部署的较小组件或服务组成。

微服务风格的关键原则如下：

（1）每一个 URI 代表 1 种资源。

（2）客户端使用 HTTP Verb 表示操作方式的动词对服务端资源进行操作。

（3）通过操作资源的表现形式来操作资源。

（4）资源的表现形式是 XML 或者 HTML。

（5）客户端与服务端之间的交互是无状态的，客户端每个请求必须包含理解请求所必需的所有信息。

【问题 2】（8 分）

根据该信息系统整合的实际需求，项目组完成了微服务风格的金融交易信息系统体系结构设计方案，该体系结构设计图如图 5.1 所示。

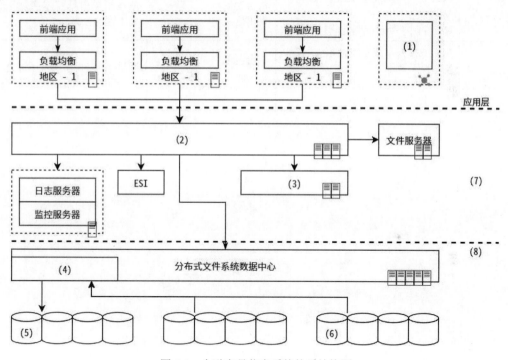

图 5.1 金融交易信息系统体系结构图

请从（a）～（n）中选择合适的内容填入图 5.1 的（1）～（8）中，补充完善体系结构设计图。

（a）页面缓存　　　　（b）网关层　　　　（c）数据层　　　　（d）主数据库

（e）Web 服务器　　　（f）反向代理服务器　（g）事务中心　　　（h）服务层

（i）数据访问组件　　（j）CDN　　　　　　（k）展示层　　　　（l）数据中心

（m）从数据库　　　　（n）分布式数据缓存

参考答案：（1）（j）　　（2）（e）　　（3）（n）　　（4）（l）　　（5）（d）

（6）（m）　　（7）（h）　　（8）（c）

【问题 3】（9 分）

项目组在进行需求调研时，发现用户界面部分的变动可能会比较频繁，因此需要降低系统界面与业务逻辑之间的耦合度。MVVM 模式是由 MVC 模式派生出的一种设计模式，请从组件耦合度、组件分工及对开发工程化支持等 3 个方面说明 MVVM 模式与 MVC 模式的主要区别。

参考答案：

MVVM 模式与 MVC 模式的主要区别见表 5.1。

表 5.1　MVVM 模式与 MVC 模式的主要区别

项目	组件分工	组件耦合度	对开发工程化支持
MVC	M：数据模型或仓库抽象 V：视图抽象 C：控制，处理控制逻辑	耦合度低 重用度高	通过模板引擎技术实现了代码工程的分离
MVVM	M：数据模型或仓库抽象 V：视图抽象 VM：视图模型，双向绑定 事件传递，逻辑下沉	耦合度低 Binder 双向绑定 提高可重用度	通过 Ajax 技术实现了静态工程与动态工程的分离

模拟试题 I（下午论文）

试题一　论软件系统架构评估

对于软件系统，尤其是大规模的复杂软件系统来说，软件的系统架构对于确保最终系统的质量具有十分重要的意义，不恰当的系统架构将给项目开发带来高昂的代价和难以避免的灾难。对一个系统架构进行评估，是为了：分析现有架构存在的潜在风险，检验设计中提出的质量需求，在系统被构建之前分析现有系统架构对于系统质量的影响，提出系统架构的改进方案。架构评估是软件开发过程中的重要环节。请围绕"论软件系统架构评估"论题，依次从以下三个方面进行论述。

（1）概要叙述你所参与的架构评估软件系统，以及在评估过程中所担任的主要工作。

（2）分析软件系统架构评估中所普遍关注的质量属性有哪些？详细阐述每种质量属性的具体含义。

（3）详细说明你所参与的软件系统架构评估中，采用了哪种评估方法，具体实施过程和效果如何。

解析：架构所关注的质量属性主要包括：性能、可用性、安全性、可修改性。

（1）性能。性能（Performance）是指系统的响应能力，即要经过多长时间才能对某个事件做出响应，或者在某段时间内系统所能处理的事件的个数。

（2）可用性。可用性（Availability）是系统能够正常运行的时间比例。经常用两次故障之间的时间长度或在出现故障时系统能够恢复正常的速度来表示。

（3）安全性。安全性（Security）是指系统在向合法用户提供服务的同时能够阻止非授权用户使用的企图或拒绝服务的能力。安全性又可划分为机密性、完整性、不可否认性及可控性等特性。

（4）可修改性。可修改性（Modifiability）是指能够快速地以较高的性能价格比对系统进行变更的能力。通常以某些具体的变更为基准，通过考察这些变更的代价衡量可修改性。

架构评估方法主要从 SAAM 与 ATAM 中选择。

（1）SAAM 评估方法（Scenario-Based Architecture Analysis Method）：目的是验证基本的体系结构假设和原则，评估体系结构固有的风险。SAAM 指导对体系结构的检查，使其主要关注潜在的问题点，如需求冲突。SAAM 不仅能够评估体系结构对于特定系统需求的使用能力，也能被用来比较不同的体系结构。这种评估方法的评估参与者有风险承担者、记录人员、软件体系结构设计师。SAAM 分析评估体系结构的过程包括 6 个步骤，即形成场景、描述体系结构、场景的分类和优先级确定、间接场景的单个评估、场景相互作用的评估、总体评估。

（2）ATAM 评估方法（Architecture Tradeoff Analysis Method）：即构架权衡分析方法的评估目的是依据系统质量属性和商业需求评估设计决策的结果。ATAM 希望揭示出构架满足特定质量目标的情况，使我们更清楚地认识到质量目标之间的联系，即如何权衡多个质量目标。

评估参与者有：

1）评估小组。该小组是所评估构架项目外部的小组，通常由 3～5 人组成。ATAM 小组的每个成员都要扮演大量的特定角色。他们可能是开发组织内部的，也可能是外部的。

2）项目决策者，对开发项目具有发言权，并有权要求进行某些改变，他们包括项目管理人员，重要的客户代表，构架设计师等。

3）构架涉众。包括关键模块开发人员、测试人员、用户等。

现代的 ATAM 评估过程包括 9 个步骤，按其编号顺序分别是描述 ATAM 方法、描述商业动机、描述体系结构、确定体系结构方法、生成质量属性效用树、分析体系结构方法、讨论和分级场景、描述评估结果。

试题二　论软件架构的复用

软件复用是系统化的软件开发过程即开发一组基本的软件构件模块，以覆盖不同的需求/体系结构之间的相似性，提高系统开发的效率、质量和性能。软件架构复用可以减少开发工作、减少开发事件、降低开发成本、提高生产力、提高产品质量，有更好的互操作性。请围绕"论软件架构的复用"论题，依次从以下三个方面进行论述。

（1）概要叙述你参与分析和开发的软件系统，以及你在项目中所担任的主要工作。

（2）阐述软件架构复用的基本过程。

（3）详细说明你所参与的软件系统开发项目中，是如何进行软件复用工作的。

解析： 软件架构复用的基本过程如下：

（1）构建/获取可复用的软件资产是复用前提。首先需要构造恰当的、可复用的资产，并且这些资产必须是可靠的、可被广泛使用的、易于理解和修改的。

（2）管理可复用资产。用构件库对可复用的构件进行存储与管理。构件库应提供的主要功能包括构件的存储、管理、检索以及库的浏览与维护等，以及支持使用者有效地、准确地发现所需的可复用构件。构件库中的构件来源有：

1）从现有构件中获得符合要求的构件，直接使用或作适应性修改，得到可复用的构件。

2）通过遗留工程（Legacy Engineering），将具有潜在复用价值的构件提取出来，得到可复用的构件。

3）从市场上购买现成的商业构件。

4）开发新的符合要求的构件。

构件分类与检索的方法有：关键字分类法、刻面分类法、超文本方法。

（3）使用可复用资产。通过获取需求，检索复用资产库，获取可复用资产，并定制这些可复用资产进行修改、扩展、配置等，最后将它们组装与集成，形成最终系统。

试题三　论分布式存储系统架构设计

分布式存储系统（Distributed Storage System）通常将数据分散存储在多台独立的设备上。传统的网络存储系统采用集中的存储服务器存放所有数据，存储服务器成为系统性能的瓶颈，也是可靠性和安全性的焦点，不能满足大规模存储应用的需要。分布式存储系统采用可扩展的系统结构，利用多台存储服务器分担存储负荷，利用位置服务器定位存储信息，它不但提高了系统的可靠性、可用性和存取效率，还易于扩展。请围绕"分布式存储系统架构设计"论题，依次从以下三个方面进行论述。

（1）概要叙述你参与分析和开发的分布式存储系统项目以及你所承担的主要工作。

（2）简要说明在分布式存储系统架构设计中所使用的分布式存储技术及其实现机制，详细叙述你在具体项目中选用了哪种分布式存储技术，说明其原因和实施效果。

（3）冗余是提高分布式存储系统可靠性的主要方法，通常在分布式存储系统设计中可采用哪些冗余技术来提升系统的可靠性？你在具体项目中选用了哪种冗余技术？说明其原因和实施效果。

解析：在分布式存储系统架构设计中所使用的分布式存储技术主要包括 4 类：

（1）集群存储技术。集群存储系统是指架构在一个可扩充服务器集群中的文件系统，用户不需要考虑文件是存储在集群中什么位置，仅仅需要使用统一的界面就可以访问文件资源。当负载增加时，只需在服务器集群中增加新的服务器就可以提高文件系统的性能。集群存储系统能够保留传统的文件存储系统的语义，增加了集群存储系统必须的机制，可以向用户提供高可靠性、高性能、可扩充的文件存储服务。

（2）分布式文件系统。分布式文件系统是指文件系统管理的物理存储资源不一定直接连接在本地节点上，而是通过计算机网络与节点相连。分布式文件系统的设计基于客户机/服务器模式。一个典型的网络可能包括多个供多用户访问的服务器。另外，对等特性允许一些系统扮演客户机和服务器的双重角色。分布式文件系统以透明方式链接文件服务器和共享文件夹，然后将其映射到单个层次结构，以便可以从一个位置对其进行访问，而实际上数据却分布在不同的位置。用户不必再转至网络上的多个位置以查找所需的信息。

（3）网络存储技术。网络存储系统就是将"存储"和"网络"结合起来，通过网络连接各存储设备，实现存储设备之间、存储设备和服务器之间的数据在网络上的高性能传输。为了充分利用资源，减少投资，存储作为构成计算机系统的主要架构之一，就不再仅仅担负附加设备的角色，逐步成为独立的系统。利用网络将此独立的系统和传统的用户设备连接，使其以高速、稳定的数据存储单元存在。用户可以方便地使用浏览器等客户端进行访问和管理。

（4）P2P 网络存储技术。P2P 网络存储技术的应用使得内容不是存在几个主要的服务器上，而是存在所有用户的个人电脑上。这就为网络存储提供了可能性，可以将网络中的剩余存储空间利用起来，实现网络存储。人们对存储容量的需求是无止境的，提高存储能力的方法有更换能力更强的存储器，或把多个存储器用某种方式连接在一起，实现网络并行存储。相对于现有的网络存储系统而言，应用 P2P 技术将会有更大的优势。P2P 技术的主体就是网络中的 Peer，也就是各个客户机，数量是很大的，这些客户机的空闲存储空间是很多的，把这些空间利用起来实现网络存储。

冗余是提高分布式存储系统可靠性的主要方法，冗余的存储结构可以保证部分服务器失效时，数据服务仍可正常访问。常用的冗余技术包括：数据备份、数据分割、门限方案、纠错编码和纠删编码等。考生可根据所参与的实际项目，指出采用了何种冗余技术，并说明其原因和实施效果。

试题四　论微服务架构及其应用

近年来，随着互联网行业的迅猛发展，公司或组织业务的不断扩张，需求的快速变化以及用户量的不断增加，传统的单块（Monolithic）软件架构面临着越来越多的挑战，已逐渐无法适应互联网时代对软件的要求。在这一背景下，微服务架构模式（Microservice Architecture Pattern）逐渐流行，它强调将单一业务功能开发成微服务的形式，每个微服务运行在一个进程中；采用 HTTP 等通用协议和轻量级 API 实现微服务之间的协作与通信。这些微服务可以使用不同的开发语言以及不同的数据存储技术，能够通过自动化部署工具独立发布，并保持最低限制的集中式管理。请围绕"论微服务架构及其应用"论题，依次从以下三个方面进行论述。

（1）概要叙述你参与管理和开发的、采用微服务架构的软件开发项目及在其中所担任的主要工作。

（2）微服务架构有哪些优势与挑战？请列举并进行说明。

（3）结合你参与管理和开发的软件开发项目，描述该软件的架构，说明该架构是如何采用微服务架构模式的，并说明在采用微服务架构后，在软件开发过程中遇到的实际问题和解决方案。

解析：微服务有以下优势：

（1）通过分解巨大单体式应用为多个服务方法解决了复杂性问题。它把庞大的单一模块应用分解为一系列的服务，同时保持总体功能不变，但整体并发却得到极大提升。

（2）让每个服务能够独立开发，开发者能够自由选择可行的技术，提供 API 服务。

（3）微服务架构模式是每个微服务独立的部署。开发者不再需要协调其他服务部署对本服务的影响。这种改变可以加快部署速度。

（4）微服务使得每个服务独立扩展。开发者可以根据每个服务的规模来部署满足需求的规模。甚至可以使用更适合于服务资源需求的硬件。

微服务架构带来的挑战如下：

（1）并非所有的系统都能转成微服务。

（2）部署较以往架构更加复杂：系统由众多微服务搭建，每个微服务需要单独部署，从而增加部署的复杂度，容器技术能够解决这一问题。

（3）性能问题：由于微服务注重独立性，互相通信时只能通过标准接口，可能产生延迟或调用出错。

（4）数据一致性问题：作为分布式部署的微服务，在保持数据一致性方面需要比传统架构更加困难。

● 数据库系统与文件系统的区别不包括 （1） 。

（1）A. 对应用程序的高度独立性　　　B. 数据的充分共享性

　　　C. 文件组织形式的多样化　　　　　D. 操作方便性

试题解析　数据库对数据的存储是按照同一种数据结构进行的，不同的应用程序都可以直接操作这些数据（即对应用程序的高度独立性）。数据库系统对数据的完整性、一致性和安全性都提供了一套有效的管理手段（数据的充分共享性）。数据库系统还提供管理和控制数据的各种简单操作命令，容易掌握，使用户编写程序简单（即操作方便性）。

参考答案：（1）C

● 　（2） 描述的是DBMS向用户提供数据操纵语言，实现对数据库中数据的基本操作，如检索、插入、修改和删除。

（2）A. 数据定义　　　　　　　　　　B. 数据库操作

　　　C. 数据库运行管理　　　　　　　D. 数据组织、存储与管理

试题解析　DBMS的功能主要包括数据定义、数据库操作、数据库运行管理、数据组织、存储和管理、数据库的建立和维护。其中数据库操作是DBMS向用户提供数据操纵语言，实现对数据库中数据的基本操作，如检索、插入、修改和删除。

参考答案：（2）B

● 给定关系模式 R(U,F)，其中：属性集 U={A1,A2,A3,A4,A5,A6}；函数依赖集 F={A1→A2，A1→A3，A3→A4，A1A5→A6}。关系模式 R 的候选码为 （3） ，由于 R 存在非主属性对码的部分函数依赖，所以 R 属于 （4） 。

（3）A. A1A3　　　B. A1A4　　　C. A1A5　　　D. A1A6

（4）A. 1NF　　　B. 2NF　　　C. 3NF　　　D. BCNF

试题解析　判断候选码有一种比较快速的方式，就是看哪个属性只在依赖集 F 中"→"的

左边出现过，那么该关系的候选码就必定包含那个属性。很显然选项 C 中 A1 和 A5 都是满足要求的，所以题干给定关系模式的候选码就是 A1A5。对于__(4)__，"R 存在非主属性对码的部分函数依赖"说明不满足 2NF 的要求，那么该关系模式只能是 1NF。

参考答案：（3）C （4）A

● 下列选项__(5)__不是关于 SOA 的服务架构。

（5）A．业务逻辑服务　　　　　　　　　　B．中间件服务

　　　C．连接服务　　　　　　　　　　　　D．控制服务

🖱试题解析　SOA 的参考架构中包括业务逻辑服务（Business Logic Service）、控制服务（Control Service）、连接服务（Connectivity Service）、业务创新和优化服务（Business Innovation and Optimization Service）、开发服务（Development Service）、IT 服务管理（IT Service Management）。

参考答案：（5）B

● Web 服务描述语言（Web Services Description Language，WSDL），是一个用来描述 Web 服务和说明如何与 Web 服务通信的 XML 语言。描述了 Web 服务的三个基本属性，分别为__(6)__。

　　a．服务做些什么　　b．如何访问服务　　c．服务位于何处　　d．服务是否可用

（6）A．abc　　　　　B．acd　　　　　　C．bcd　　　　　　D．abd

🖱试题解析　服务做些什么：服务所提供的操作（方法）。如何访问服务：和服务交互的数据格式以及必要协议。服务位于何处：协议相关的地址，如 URL。

参考答案：（6）A

● SOA 的设计原则为无状态、单一实例、明确定义的接口、__(7)__、粗粒度、服务之间的松耦合性、重用能力、互操作性。

（7）A．复用性和构件化　　　　　　　　　B．自包含和模块化

　　　C．独立性和构件化　　　　　　　　　D．隔离性和归一化

🖱试题解析　SOA 的设计原则为无状态、单一实例、明确定义的接口、自包含和模块化、粗粒度、服务之间的松耦合性、重用能力、互操作性。

参考答案：（7）B

● 微服务架构将一个大型的单个应用或服务拆分成多个微服务，可扩展单个组件而不是整个应用程序堆栈，从而满足服务等级协议。微服务架构围绕业务领域将服务进行拆分，每个服务可以__(8)__，彼此之间使用统一接口进行交流，实现了在分散组件中的部署、管理与服务功能，使产品交付变得更加简单，从而达到有效拆分应用，实现敏捷开发与部署的目的。

（8）A．独立进行开发、管理、迭代　　　　B．独立进行部署、运维、升级

　　　C．独立进行测试、交付、验收　　　　D．独立进行发布、发现、访问

🖱试题解析　微服务架构围绕业务领域将服务进行拆分，每个服务可以独立进行开发、管理和迭代，彼此之间使用统一接口进行交流，实现了在分散组件中的部署、管理与服务功能。

参考答案：（8）A

● 在软件系统的生命周期里，软件的演化速率趋于稳定，如相邻版本的更新率相对稳定。此描

述是软件架构演化的　（9）　原则。

（9）A．主体维持原则 　　　　　　　　B．系统总体结构优化原则

　　　C．平滑演化原则 　　　　　　　　D．目标一致原则

试题解析　主体维持原则：软件演化的平均增量的增长须保持平稳，保证软件系统主体行为稳定。系统总体结构优化原则：使演化后的软件系统整体结构（布局）更加合理。平滑演化原则：软件的演化速率趋于稳定。目标一致原则：架构演化的阶段目标和最终目标要一致。

参考答案：（9）C

● 软件架构维护过程不包括　（10）　。

（10）A．架构知识管理 　　　　　　　　B．架构修改管理

　　　C．架构版本管理 　　　　　　　　D．架构构件管理

试题解析　软件架构维护过程包括架构知识管理、架构修改管理、架构版本管理等。

参考答案：（10）D

● 下列软件架构演化时期，　（11）　是在系统设计时规定了演化的具体条件，将系统置于"安全"模式下，演化只发生在某些特定约束满足时，可以进行一些规定好的演化操作。

（11）A．设计时演化 　　　　　　　　B．运行前演化

　　　C．有限制运行时演化 　　　　　　D．运行时演化

试题解析　设计时演化：发生在体系结构模型与之相关的代码编译之前；运行前演化：发生在执行之前、编译之后；有限制运行时演化：只发生在某些特定约束满足时；运行时演化：发生在运行时不能满足要求时。

答案：（11）C

● 根据所修改的内容不同，软件的动态演化不包括　（12）　。

（12）A．属性改名 　　　　　　　　B．行为变化

　　　C．拓扑结构改变 　　　　　　　D．格式变化

试题解析　动态演化的内容：属性改名、行为变化、拓扑结构改变、风格变化。

参考答案：（12）D

● 采用检错设计技术要着重考虑 4 个要素：检测对象、　（13）　、实现方法和处理方式。

（13）A．检测延时　　　B．测试结果　　　C．性能测试　　　D．功能测试

试题解析　该题目是对软件可靠性管理的检错技术的考查。采用检错设计技术要着重考虑 4 个要素：检测对象、检测延时、实现方法和处理方式。

参考答案：（13）A

● 　（14）　是通常所说的 Active/Standby 方式，Active 服务器处于工作状态，Standby 服务器处于监控准备状态，服务器数据包括数据库数据同时往两台或多台服务器写入，保证数据的即时同步。

（14）A．双机热备　　　B．双机互备　　　C．双机双工　　　D．服务器集群

试题解析　该题目是对软件可靠性管理的检错技术的考查。一台服务器处于工作状态，另

一台处于后备状态，是双机热备模式。

参考答案：（14）A

● 识别风险、非风险、敏感点和权衡点是进行软件架构评估的重要过程。"改变业务数据编码方式会对系统的性能和安全性产生影响"是对 __(15)__ 的描述，"假设用户请求的频率为每秒 1 个，业务处理时间小于 30 毫秒，则将请求响应时间设定为 1 秒钟是可以接受的"是对 __(16)__ 的描述。

（15）A．风险　　　　B．非风险　　　　C．敏感点　　　　D．权衡点

（16）A．风险　　　　B．非风险　　　　C．敏感点　　　　D．权衡点

🔖试题解析　风险是某个存在问题的架构设计决策，可能会导致问题；非风险与风险相对，是良好的架构设计决策；敏感点是一个或多个构件的特性；权衡点是影响多个质量属性的特性，是多个质量属性的敏感点。根据上述定义，可以看出"改变业务数据编码方式会对系统的性能和安全性产生影响"是对权衡点的描述，"假设用户请求的频率为每秒 1 个，业务处理时间小于 30 毫秒，则将请求响应时间设定为 1 秒钟是可以接受的"是对非风险的描述。

参考答案：（15）D　　（16）B

● 特定领域软件架构（Domain Specific Software Achitecture，DSSA）是在一个特定应用领域中，为一组应用提供组织结构参考的标准软件体系结构。DSSA 通常是一个具有三个层次的系统模型，包括 __(17)__ 环境、领域特定应用开发环境和应用执行环境，其中 __(18)__ 主要在领域特定应用开发环境中工作。

（17）A．领域需求　　B．领域开发　　　C．领域执行　　　D．领域应用

（18）A．操作员　　　B．领域架构师　　C．应用工程师　　D．程序员

🔖试题解析　本题主要考查特定领域软件架构的基础知识。特定领域软件架构是在一个特定应用领域中，为一组应用提供组织结构参考的标准软件体系结构。DSSA 通常是一个具有 3 个层次的系统模型，包括领域开发环境、领域特定应用开发环境和应用执行环境，其中应用工程师主要在领域特定应用开发环境中工作。

答案：（17）B　　（18）C

● 某公司拟开发一个 VIP 管理系统，系统需要根据不同的商场活动，不定期更新 VIP 会员的审核标准和 VIP 折扣标准。针对上述需求，采用 __(19)__ 架构风格最为合适。

（19）A．规则系统　　B．过程控制　　　　C．分层　　　　D．管道-过滤器

🔖试题解析　根据题目中的描述，VIP 管理系统会根据不同的商场活动，不定期更新 VIP 会员的审核标准和折扣标准，属于典型的规则系统应用场景。

参考答案：（19）A

● 以下叙述中，__(20)__ 不是软件架构的主要作用。

（20）A．在设计变更相对容易的阶段，考虑系统结构的可选方案

　　　B．便于技术人员与非技术人员就软件设计进行交互

　　　C．展现软件的结构、属性与内部交互关系

D．表达系统是否满足用户的功能性需求

🔖**试题解析**　本题主要考查软件架构基础知识。软件架构能够在设计变更相对容易的阶段，考虑系统结构的可选方案，便于技术人员与非技术人员就软件设计进行交互，能够展现软件的结构、属性与内部交互关系。但是软件架构与用户对系统的功能性需求没有直接的对应关系。

参考答案：（20）D

● 软件架构风格描述某一特定领域中的系统组织方式和惯用模式，反映了领域中众多系统所共有的 __(21)__ 特征。对于语音识别、知识推理等问题复杂、解空间很大、求解过程不确定的这一类软件系统，通常会采用 __(22)__ 架构风格。对于因数据输入某个构件，经过内部处理，产生数据输出的系统，通常会采用 __(23)__ 架构风格。

（21）A．语法和语义　　B．结构和语义　　C．静态和动态　　D．行为和约束
（22）A．管道-过滤器　　B．解释器　　C．黑板　　D．过程控制
（23）A．事件驱动系统　　B．黑板　　C．管道-过滤器　　D．分层系统

🔖**试题解析**　体系结构风格反映了领域中众多系统所共有的结构和语义特性，并指导如何将各个模块和子系统有效地组织成一个完整的系统。对软件体系结构风格的研究和实践促进对设计的重用，一些经过实践证实的解决方案也可以可靠地用于解决新的问题。例如，如果某人把系统描述为客户/服务器模式，则不必给出设计细节，我们立刻就会明白系统是如何组织和工作的。

语音识别是黑板风格的经典应用场景。

输入某个构件，经过内部处理，产生数据输出的系统，正是管道-过滤器中过滤器的职能，把多个过滤器使用管道相联的风格为管道-过滤器风格。

参考答案：（21）B　（22）C　（23）C

● 事务必须服从 ISO/IEC 所制定的 ACID 原则。关于 ACID 以下说法有错误的是 __(24)__ 。

（24）A．事务的原子性表示事务执行过程中的任何失败都将导致事务所做的任何修改失效
　　　B．一致性表示当事务执行失败时，所有被该事务影响的数据都应该恢复到事务执行前的状态
　　　C．隔离性表示在事务执行过程中对数据的修改，在事务提交之后对其他事务不可见
　　　D．持久性表示已提交的数据在事务执行失败时，数据的状态都应该正确

🔖**试题解析**　隔离性表示在事务执行过程中对数据的修改，在事务提交之"前"对其他事务不可见。

参考答案：（24）C

● 物联网的感知层用于识别物体、采集信息。下列 __(25)__ 不属于感知层设备。

（25）A．摄像头　　B．GPS　　C．扫描仪　　D．指纹

🔖**试题解析**　感知层的主要功能是识别对象、采集信息，与人体结构中皮肤和五官的作用类似。但指纹是人的特征属性，不是感知层设备。

参考答案：（25）D

● 软件著作权的保护对象不包括　(26)　。

(26) A．源程序　　　　B．目标程序　　　　C．软件文档　　　　D．软件开发思想

🖋**试题解析**　软件著作权的保护对象是指受著作权法保护的计算机软件，包括计算机程序及其相关文档。计算机程序通常包括源程序和目标程序。同一程序的源程序文本和目标程序文本视为同一程序，无论是用源程序形式还是目标程序形式体现，都可能得到著作权法保护。软件文档是指用自然语言或者形式化语言所编写的文字资料和图表，以用来描述程序的内容、组成、设计、功能、开发情况、测试结果及使用方法等。 我国《计算机软件保护条例》第六条规定："本条例对软件著作权的保护不延及开发软件所用的思想、处理过程、操作方法或者数学概念等。"思想和思想表现形式（表现形式、表现）分别属于主客观两个范畴。思想属于主观范畴，是无形的，本身不受法律的保护。软件开发者的开发活动可以明确地分为两个部分：一部分是存在开发者大脑中的思想，即在软件开发过程中对软件功能、结构等的构思；另一部分是开发者的思想表现形式，即软件完成的最终形态（程序和相关文档）。著作权法只保护作品的表达，不保护作品的思想、原理、概念、方法、公式、算法等，因此对计算机软件来说，只有程序和软件文档得到著作权法的保护，而程序设计构思、程序设计技巧等不能得到著作权法的保护。

参考答案：(26) D

● 以下关于软件著作权产生时间的叙述中，正确的是　(27)　。

(27) A．软件著作权产生自软件首次公开发表时

　　　 B．软件著作权产生自开发者有开发意图时

　　　 C．软件著作权产生自软件开发完成之日起

　　　 D．软件著作权产生自软件著作权登记时

🖋**试题解析**　根据《计算机软件保护条例》第十四条规定，软件著作权自软件开发完成之日起产生。

参考答案：(27) C

● 无服务器技术的特点之一是全托管的计算服务：客户只需要编写代码构建应用，无须关注同质化的、负担繁重的基于服务器等基础设施的　(28)　等工作。

(28) A．开发、测试、发布、交付

　　　 B．开发、运维、安全、高可用

　　　 C．机房建设、服务器装机、操作系统安装、软件安装

　　　 D．资源调度、性能压测、负载均衡、数据统计

🖋**试题解析**　无服务器技术的特点如下：全托管的计算服务——客户只需要编写代码构建应用，无须关注同质化的、负担繁重的基于服务器等基础设施的开发、运维、安全、高可用等工作；通用性——结合云 BaaS API 的能力，能够支撑云上所有重要类型的应用；自动弹性伸缩——让用户无须为资源使用提前进行容量规划；按量计费——让企业使用成本有效降低，无须为闲置资源付费。

参考答案：(28) B

● 容器作为标准化软件单元，它将应用及其所有依赖项打包，使应用不再受 ___(29)___ 限制，在不同计算环境间快速、可靠地运行。

（29）A．环境　　　　　B．操作系统　　　　　C．硬件　　　　　D．网络

🔖**试题解析**　在容器的帮助下，应用程序无须关注操作系统及更加低层的硬件、网络、存储的限制，因此选项 B、C、D 的说法有局限性，选项 A 更贴切。

参考答案：（29）A

● 假设员工关系 EMP（员工号，姓名，性别，部门，部门电话，部门负责人，家庭住址，家庭成员，成员关系）如下表所示。如果一个部门只能有一部电话和一位负责人，一个员工可以有多个家庭成员，那么关系 EMP 属于 ___(30)___，且 ___(31)___ 问题；为了解决这一问题，应该将员工关系 EMP 分解为 ___(32)___。

员工号	姓名	性别	部门	部门电话	部门负责人	家庭住址	家庭成员	成员关系
0011	张晓明	男	开发部	808356	0012	北京海淀区 1 号	张大军	父亲
0011	张晓明	男	开发部	808356	0012	北京海淀区 1 号	胡敏铮	母亲
0011	张晓明	男	开发部	808356	0012	北京海淀区 1 号	张晓丽	妹妹
0012	吴俊	男	开发部	808356	0012	上海昆明路 15 号	吴胜利	父亲
0012	吴俊	男	开发部	808356	0012	上海昆明路 15 号	王若垚	母亲
0021	李立丽	女	市场部	808358	0021	西安雁塔路 8 号	李国庆	父亲
0021	李立丽	女	市场部	808358	0021	西安雁塔路 8 号	罗明	母亲
0022	王学强	男	市场部	808358	0021	西安太白路 2 号	王国钧	父亲
0031	吴俊	女	财务部	808360	0031	西安科技路 18 号	吴鸿翔	父亲

（30）A．1NF　　　　　B．2NF　　　　　C．3NF　　　　　D．BCNF

（31）A．无冗余、无插入异常和删除异常

　　　B．无冗余，但存在插入异常和删除异常

　　　C．存在冗余，但不存在修改操作的不一致

　　　D．存在冗余、修改操作的不一致，以及插入异常和删除异常

（32）A．EMP1（员工号，姓名，性别，家庭住址）

　　　EMP2（部门，部门电话，部门负责人）

　　　EMP3（员工号，家庭成员，成员关系）

　　　B．EMP1（员工号，姓名，性别，部门，家庭住址）

　　　EMP2（部门，部门电话，部门负责人）

　　　EMP3（员工号，家庭成员，成员关系）

　　　C．EMP1（员工号，姓名，性别，家庭住址）

　　　EMP2（部门，部门电话，部门负责人，家庭成员，成员关系）

D．EMP1（员工号，姓名，性别，部门，部门电话，部门负责人，家庭住址）

　　EMP2（员工号，家庭住址，家庭成员，成员关系）

试题解析　（30）空主键是（员工号、家庭成员），部门名等非主属性对其存在部分依赖，不符合 2NF。

（31）空存在冗余、修改操作的不一致，以及插入异常和删除异常。

（32）空因为对一个给定的关系模式进行分解，使得分解后的模式是否与原来的模式等价有如下 3 种情况：①分解具有无损连接性；②分解要保持函数依赖；③分解既要无损连接性，又要保持函数依赖。

选项 A 是错误的，因为将原关系模式分解成 EMP1（员工号，姓名，家庭住址）、EMP2（部门，部门电话，部门负责人）和 EMP3（员工号，家庭成员，成员关系）3 个关系模式，分解后的关系模式既具有有损连接，又不能保持函数依赖。因为此时给定员工号已无法查找所在的部门。

选项 B 是正确的，因为将原关系模式分解成 EMP1（员工号，姓名，部门，家庭住址）、EMP2（部门，部门电话，部门负责人）和 EMP3（员工号，家庭成员，成员关系）既具有无损连接性，又保持了函数依赖。

选项 C 是错误的，因为将原关系模式分解成 EMP1（员工号，姓名，家庭住址）和 EMP2（部门，部门电话，部门负责人，家庭成员，成员关系）两个关系模式，分解后的关系模式既具有有损连接，又不能保持函数依赖。例如，给定员工号无法查找所在的部门，无法查找其家庭成员等信息。

选项 D 是错误的，因为将原关系模式分解成 EMP1（员工号，姓名，部门，部门电话，部门负责人，家庭住址）和 EMP2（员工号，家庭住址，家庭成员，成员关系）两个关系模式后，所得的关系模式存在冗余和修改操作的不一致性。例如，EMP1 中某员工的家庭住址从"西安太白路 2 号"修改为"西安雁塔路 18 号"，而 EMP2 中该员工的家庭住址未修改，导致修改操作的不一致性。又如，EMP2 中某员工的家庭成员有 5 个，那么其家庭住址就要重复出现 5 次，导致数据的冗余。

参考答案：（30）A　（31）D　（32）B

● 螺旋模型在＿＿（33）＿＿的基础上扩展而成。

（33）A．瀑布模型　　B．原型模型　　　C．快速模型　　　D．面向对象模型

试题解析　螺旋模型是在原型模型的基础上扩展而成的。

参考答案：（33）B

● 关于微服务的描述，错误的是＿＿（34）＿＿。

（34）A．微服务是将后端单体应用拆分为松耦合的多个子应用，每个子应用负责一组子功能

B．微服务相对独立，通过解耦研发、测试与部署流程，提高整体迭代效率

C．微服务与数据层之间的纵向约束的含义是：在合理划分好微服务间的边界后，主要从微服务的可发现性和可交互性处理服务间的关系

D．驾驭微服务的前提是：高效运维整个系统，从技术上要准备全自动化的 CI/CD 流水线满足对开发效率的诉求，并在这个基础上支持蓝绿、金丝雀等不同发布策略

📌**试题解析** 选项 C "在合理划分好微服务间的边界后，主要从微服务的可发现性和可交互性处理服务间的关系"属于微服务之间的横向关系。正确的纵向约束是：对于微服务的私有数据的访问都必须通过当前微服务提供的 API 来进行。

参考答案：（34）C

● 下列关于云原生架构原则的选项，有错误的是___（35）___。

（35）A. 服务化原则、弹性原则、韧性原则　　B. 可观测原则、所有过程自动化原则

　　　　C. 零信任原则、接口隔离原则　　　　D. 架构持续演进原则

📌**试题解析** 接口隔离原则是面向对象设计原则，其含义是使用多个专门的接口比使用单一的总接口好。它不是云原生架构原则。

参考答案：（35）C

● 云的时代需要新的技术架构，来帮助企业应用能够更好地利用云计算优势，充分释放云计算的技术红利。云计算无法为企业带来的改进是___（36）___。

（36）A. 通过 DevSecOps 应用开发模式，业务功能开发更加敏捷，提升迭代速度，成本更低

　　　　B. 企业软件架构可以获得强大的可伸缩性和高可用性

　　　　C. 结合云平台全方位企业级安全服务和安全合规能力，保障企业应用在云上安全构建，业务安全运行

　　　　D. 企业的开发人员只需关注业务代码部分的开发，非业务功能可以完全委托给云原生架构来解决

📌**试题解析** 云原生架构旨在将云应用中的非业务代码部分进行最大化地剥离，从而让云设施接管应用中原有的大量非功能特性（如弹性、韧性、安全、可观测性、灰度等），但无法接管所有的非功能特性。

参考答案：（36）D

● 在软件需求工程中，需求管理贯穿整个过程。需求管理最基本的任务是明确需求，并使项目团队和用户达成共识，即建立___（37）___。

（37）A. 需求跟踪说明　　　　　　　　　　B. 需求变更管理文档

　　　　C. 需求分析计划　　　　　　　　　　D. 需求基线

📌**试题解析** 需求是软件项目成功的核心所在，它为其他许多技术和管理活动奠定了基础。在软件需求工程中，需求管理贯穿整个过程。需求管理最基本的任务是明确需求，并使项目团队和用户达成共识，即建立需求基线。

参考答案：（37）D

● 某服务器软件系统能够正确运行并得出计算结果，但存在"系统出错后不能在要求的时间内恢复到正常状态"和"对系统进行二次开发时总要超过半年的时间"两个问题，上述问题依次与质量属性中的___（38）___相关。

（38）A. 可用性和性能　　　　　　　　　　B. 性能和可修改性

　　　　C. 性能和可测试性　　　　　　　　　D. 可用性和可修改性

📖**试题解析**　"系统出错后不能在要求的时间内恢复到正常状态"，这是对系统错误恢复能力的描述，属于系统可用性的范畴。"对系统进行二次开发时总要超过半年的时间"，这是对系统进行调整和维护方面能力的描述，属于系统可修改性的范畴。

参考答案：（38）D

● 在 Cache—主存层次结构中，主存单元到 Cache 单元的地址转换由___（39）___完成。

（39）A．硬件　　　　　　　　　　　　B．寻址方式

C．软件和少量的辅助硬件　　　　D．微程序

📖**试题解析**　在由 Cache—主存构成的层次式存储系统中，为了提高地址转换速度，主存单元到 Cache 单元的地址转换采用硬件完成。

参考答案：（39）A

● 如果要清除上网痕迹，必须___（40）___。

（40）A．禁用 ActiveX 控件　　　　　B．查杀病毒

C．清除 Cookie　　　　　　　　D．禁用脚本

📖**试题解析**　ActiveX 是微软对于一系列策略性面向对象程序技术和工具的统称，其中主要的技术是组件对象模型。ActiveX 是微软为抗衡 Sun Microsystems 的 Java 技术而提出的，其功能和 Java Applet 功能类似。ActiveX 控件的使用并不保留上网痕迹。

参考答案：（40）C

● 下列关于交换机的说法中，正确的是___（41）___。

（41）A．以太网交换机可以连接运行不同网络层协议的网络

B．从工作原理上讲，以太网交换机是一种多端口网桥

C．集线器是一种特殊的交换机

D．通过交换机连接的一组工作站形成一个冲突域

📖**试题解析**　三层交换机（具有路由功能的交换机）可以连接不同网络层的网络。而以太网交换机属于二层交换机，因此 A 错误。集线器只有信号放大功能。实质上相当于一个中继器，没有数据交换功能，因此 C 错误。只有通过二层交换机连接的一组工作站才形成一个冲突域，因此 D 错误。

参考答案：（41）B

● 以下关于复杂指令集计算机（Complex Instruction Set Computer，CISC）和精简指令集计算机（Reduced Instruction Set Computer，RISC）的叙述中，错误的是___（42）___。

（42）A．在 CISC 中，复杂指令都采用硬布线逻辑来执行

B．一般而言，采用 CISC 技术的 CPU，其芯片设计复杂度更高

C．在 RISC 中，更适合采用硬布线逻辑执行指令

D．采用 RISC 技术，指令系统中的指令种类和寻址方式更少

📖**试题解析**　复杂指令集计算机（Complex Instruction Set Computer，CISC）的基本思想是进一步增强原有指令的功能，用更为复杂的新指令取代原先由软件子程序完成的功能，实现软件功能的硬件化，导致机器的指令系统越来越庞大而复杂。CISC 计算机一般所含的指令数目至少 300 条

以上，有的甚至超过 500 条。

CISC 的主要缺点如下：①微程序技术是 CISC 的重要支柱，每条复杂指令都要通过执行一段解释性微程序才能完成，这就需要多个 CPU 周期，从而降低了机器的处理速度；②指令系统过分庞大，从而使高级语言编译程序选择目标指令的范围很大，并使编译程序本身冗长而复杂，从而难以优化编译使之生成真正高效的目标代码；③CISC 强调完善的中断控制，势必导致动作繁多，设计复杂，研制周期长；④CISC 给芯片设计带来很多困难，使芯片种类增多，出错几率增大，成本提高而成品率降低。

精简指令集计算机（Reduced Instruction Set Computer，RISC）的基本思想是通过减少指令总数和简化指令功能，降低硬件设计的复杂度，使指令能单周期执行，并通过优化编译，提高指令的执行速度，采用硬线控制逻辑，优化编译程序。

实现 RISC 的关键技术有：①重叠寄存器窗口（Overlapping Register Windows）技术，首先应用在伯克利的 RISC 项目中；②优化编译技术，RISC 使用了大量的寄存器，合理分配寄存器、提高寄存器的使用效率，减少访存次数等，都应通过编译技术的优化来实现；③超流水及超标量技术是 RISC 为了进一步提高流水线速度而采用的新技术；④硬线逻辑与微程序相结合在微程序技术中。

参考答案：（42）A

● 基于 SOA 和 Web Services 技术的企业应用集成（EAI）模式是　(43)　。

（43）A．面向信息的集成技术　　　　　　B．面向过程的集成技术
　　　 C．面向计划的集成技术　　　　　　D．面向服务的集成技术

试题解析　面向信息的集成技术采用的主要数据处理技术有数据复制、数据聚合和接口集成等。其中，接口集成仍然是一种主流技术。它通过一种集成代理的方式实现集成，即为应用系统创建适配器作为自己的代理，适配器通过其开放或私有接口将信息从应用系统中提取出来，并通过开放接口与外界系统实现信息交互，而假如适配器的结构支持一定的标准，则将极大地简化集成的复杂度，并有助于标准化，这也是面向接口集成方法的主要优势来源。标准化的适配器技术可以使企业从第三方供应商获取适配器，从而使集成技术简单化。

面向过程的集成技术其实是一种过程流集成的思想，它不需要处理用户界面开发、数据库逻辑、事务逻辑等，而只是处理系统之间的过程逻辑和核心业务逻辑相分离。在结构上，面向过程的集成方法在面向接口的集成方案之上，定义了另外的过程逻辑层；而在该结构的底层，应用服务器、消息中间件提供了支持数据传输和跨过程协调的基础服务。对于提供集成代理、消息中间件及应用服务器的厂商来说，提供用于业务过程集成是对其产品的重要拓展，也是目前应用集成市场的重要需求。

基于 SOA（面向服务的架构）和 Web Services 技术的面向服务的集成技术是业务集成技术上的一次重要的变化，被认为是新一代的应用集成技术。集成的对象是一个个的 Web 服务或者是封装成 Web 服务的业务处理。Web Services 技术由于是基于最广为接受的、开放的技术标准（如 HTTP、XML 等），支持服务接口描述和服务处理的分离、服务描述的集中化存储和发布、服务的自动查找和动态绑定及服务的组合，成为新一代面向服务的应用系统的构建和应用系统集成的基础设施。

参考答案：（43）D

● ___（44）___ 是互联网时代信息基础设施与应用服务模式的重要形态，是新一代信息技术集约化发展的必然趋势。它以资源聚合和虚拟化、应用服务和专业化、按需供给和灵便使用的服务模式，提供高效能、低成本、低功耗的计算与数据服务，支撑各类信息化的应用。

（44）A．物联网　　　　　　B．云计算　　　　　　C．智慧城市　　　　　D．商业智能

🖊试题解析　云计算是互联网时代信息基础设施与应用服务模式的重要形态，是新一代信息技术集约化发展的必然趋势。它以资源聚合和虚拟化、应用服务和专业化、按需供给和灵便使用的服务模式，提供高效能、低成本、低功耗的计算与数据服务，支撑各类信息化的应用。

云计算具有重要特征：资源、平台和应用专业服务，使用户摆脱对具体设备的依赖，专注于创造和体验业务价值；资源聚集与集中管理，实现规模效应与可控质量保障；按需扩展与弹性租赁，降低信息化成本等特征。

参考答案：（44）B

● 用户界面设计的"黄金规则"不包含 ___（45）___。

（45）A．为用户提供更多的信息和功能　　　　B．减少用户的记忆负担

　　　C．保持界面一致性　　　　　　　　　　D．置用户于控制之下

🖊试题解析　Theo Mandel 在关于界面设计的著作中，提出了 3 条"黄金规则"：①置用户于控制之下；②减少用户的记忆负担；③保持界面一致性。这些"黄金规则"实际上形成了用于指导人机界面设计活动的一组设计原则的基础。

参考答案：（45）A

● 软件架构需求是指用户对目标软件系统在功能、行为、性能和设计约束等方面的期望。以下活动中，不属于软件架构需求过程中标识构件范畴的是 ___（46）___。

（46）A．生成类图　　　　　　　　　　　B．对类图进行分组

　　　C．对类图进行测试　　　　　　　　D．将类合并打包

🖊试题解析　软件架构需求过程主要是获取用户需求，标识系统中所要用到的构件，并进行架构需求评审。其中，标识构件又详细地分为生成类图、对类图进行分组和将类合并打包成构件 3 个步骤。

参考答案：（46）C

● 下列协议中，属于安全远程登录协议的是 ___（47）___。

（47）A．TLS　　　　　　B．TCP　　　　　　C．SSH　　　　　　D．TFTP

🖊试题解析　TLS 用于在两个通信应用程序之间提供保密性和数据完整性。TCP 是传输层的通信协议，TFTP 是文件传输协议，只有 SSH 是安全远程登录协议。

参考答案：（47）C

● 通常可以将计算机系统中执行一条指令的过程分为取指令，分析和执行指令 3 步。若取指令时间为 $4\Delta t$，分析时间为 $2\Delta t$。执行时间为 $3\Delta t$，按顺序方式从头到尾执行完 600 条指令所需时间为 ___（48）___ Δt；若按照执行第 i 条，分析第 $i+1$ 条，读取第 $i+2$ 条重叠的流水线方式执行

指令，则从头到尾执行完 600 条指令所需时间为 __(49)__ Δt。

（48）A. 2400　　　　B. 3000　　　　C. 3600　　　　D. 5400

（49）A. 2400　　　　B. 2405　　　　C. 3000　　　　D. 3009

🖢**试题解析**　按顺序方式需要执行完一条指令之后再执行下一条指令，执行 1 条指令所需的时间为 $4\Delta t + 2\Delta t + 3\Delta t = 9\Delta t$，执行 600 条指令所需的时间为 $9\Delta t \times 600 = 5400\Delta t$。

若采用流水线方式，执行完 600 条指令所需要的时间为 $4\Delta t \times 600 + 2\Delta t + 3\Delta t = 2405\Delta t$。

参考答案：（48）D　　（49）B

● 软件开发团队欲开发一套管理信息系统，在项目初期，用户提出了软件的一些基本功能，但是没有详细定义输入、处理和输出需求。在这种情况下，该团队在开发过程应采用 __(50)__ 。

（50）A. 瀑布模型　　　　　　　　　B. 增量模型

　　　C. 原型开发模型　　　　　　　D. 快速应用程序开发（RAD）

🖢**试题解析**　在软件开发过程中，如果用户仅仅提出软件的一些基本功能，但是没有详细定义输入、处理和输出需求，则该软件开发团队采取原型开发方法最为合适。因此本题应该选 C。

参考答案：（50）C

● 在客户关系管理（Customer Relationship Management，CRM）中，管理的对象是客户与企业之间的双向关系，那么在开发过程中，__(51)__ 是开发的主要目标。

（51）A. 客户关系的生命周期管理

　　　B. 客户有关系的培育和维护

　　　C. 最大程度地帮助企业实现其经营目标

　　　D. 为客户扮演积极的角色，树立企业形象

🖢**试题解析**　CRM 是一种以客户为中心的商业策略，注重的是与客户的交流，企业的经营是以客户为中心，而不是传统的以产品或以市场为中心。在注重提高客户的满意度的同时，一定要把帮助企业提高获取利润的能力作为重要指标。CRM 的实施要求企业对其业务功能进行重新设计，并对工作流程进行重组，将业务的中心转移到客户，同时要针对不同的客户群体有重点地采取不同的策略。

参考答案：（51）C

● 某服务器软件系统能够正确运行并得出计算结果，但存在"系统出错后不能在要求的时间内恢复到正常状态"和"对系统进行二次开发时总要超过半年的时间"两个问题，上述问题依次与质量属性中的 __(52)__ 相关。

（52）A. 可用性和性能　　　　　　　B. 性能和可修改性

　　　C. 性能和可测试性　　　　　　D. 可用性和可修改性

🖢**试题解析**　"系统出错后不能在要求的时间内恢复到正常状态"，这是对系统错误恢复能力的描述，属于系统可用性的范畴。"对系统进行二次开发时总要超过半年的时间"，这是对系统进行调整和维护方面能力的描述，属于系统可修改性的范畴。

参考答案：（52）D

- 管道-过滤器模式属于 __(53)__ 。

（53）A. 数据为中心的体系结构　　　B. 数据流体系结构

　　　C. 调用和返回体系结构　　　　D. 层次式体系结构

🔖**试题解析**　体系结构风格有：

1）数据流系统：包括顺序批处理、管道和过滤器。

2）调用和返回系统：包括主程序和子程序、面向对象系统、层次结构。

3）独立部件：包括通信进程、事件隐式调用。

4）虚拟机：包括解释器、基于规则的系统。

5）以数据为中心的系统：包括数据库、超文本系统、黑板系统。

参考答案：（53）B

- CPU 中的数据总线宽度会影响 __(54)__ 。

（54）A. 内存容量的大小　　　　　B. 系统的运算速度

　　　C. 指令系统的指令数量　　　D. 寄存器的宽度

🔖**试题解析**　CPU 与其他部件交换数据时，用数据总线传输数据。数据总线宽度指同时传送的二进制位数，内存容量、指令系统中的指令数量和寄存器的位数与数据总线的宽度无关。数据总线宽度越大，单位时间内能进出 CPU 的数据就越多，系统的运算速度越快。

参考答案：（54）B

- __(55)__ 是一种信息分析工具，能自动地找出数据仓库中的模式及关系。

（55）A. 数据集市　　B. 数据挖掘　　C. 预测分析　　D. 数据统计

🔖**试题解析**　自动地找出数据仓库中的模式及关系是数据挖掘的基本概念。

参考答案：（55）B

- 某公司欲开发一套窗体图形界面类库。该类库需要包含若干预定义的窗格（Pane）对象，例如 TextPane、ListPane 等，窗格之间不允许直接引用。基于该类库的应用由一个包含一组窗格的窗口组成，并需要协调窗格之间的行为。基于该类库，在不引用窗格的前提下实现窗格之间的协作，应用开发者应采用 __(56)__ 最为合适。

（56）A. 备忘录模式　B. 中介者模式　　　C. 访问者模式　　D. 迭代器模式

🔖**试题解析**　根据题干描述，应用系统需要使用某公司开发的类库，该应用系统由一组窗格组成，应用需要协调窗格之间的行为，并且不能引用窗格自身，在这种要求下，对比 4 个候选项，其中中介者模式用一个中介对象封装一系列的对象交互。中介者使用的各对象不需要显式地相互调用，从而使其耦合松散。可以看出该模式最符合需求。

参考答案：（56）B

- 网络故障需按照协议层次进行分层诊断，找出故障原因并进行相应处理。查看端口状态、协议建立状态和 EIA 状态属于 __(57)__ 诊断。

（57）A. 物理层　　　B. 数据链路层　　C. 网络层　　　D. 应用层

🔖**试题解析**　网络故障需按照协议层次进行分层诊断，找出故障原因并进行相应处理。物理层是 OSI 分层结构体系中最基础的一层，它建立在通信媒体的基础上，实现系统和通信媒体的物理接口，为数据链路实体之间进行透明传输，为建立、保持和拆除计算机和网络之间的物理连接提供服务。物理层的故障主要表现在设备的物理连接方式是否恰当；连接电缆是否正确。确定路由器端口物理连接是否完好的最佳方法是使用 show interface 命令，检查每个端口的状态，解释屏幕输出信息，查看端口状态、协议建立状态和 EIA 状态。

参考答案：（57）A

● 假设磁盘块与缓冲区大小相同，每个盘块读入缓冲区的时间为 16μs，由缓冲送至用户区的时间是 5μs，在用户区内系统对每块数据的处理时间为 1μs。若用户需要将大小为 10 个磁盘块的 Doc1 文件逐块从磁盘读入缓冲区，并送至用户区进行处理，那么采用单缓冲区需要花费的时间为　（58）　μs；采用双缓冲区需要花费的时间为　（59）　μs。

（58）A．160　　　　B．161　　　　C．166　　　　D．211
（59）A．160　　　　B．161　　　　C．166　　　　D．211

试题解析　本题可视为对流水线题型的考查。

当采用单缓冲区时，由于将盘块读入缓冲区与将数据从缓冲区转到用户区，都要用到同一个缓冲区，所以只能把这两步作为流水线的一个段。所以计算方式为：16+5+1+(10-1)×(16+5)=211μs。

当采用双缓冲区时，读入缓冲区与将数据从缓冲区转到用户区可以作为流水线的两个段，所以计算方式为：16+5+1+(10-1)×16=166μs。

参考答案：（58）D　　（59）C

● 网络系统设计过程中，逻辑网络设计阶段的任务是　（60）　。
（60）A．依据逻辑网络设计的要求，确定设备的物理分布和运行环境
　　　B．分析现有网络和新网络的资源分布，掌握网络的运行状态
　　　C．根据用户需求，描述网络行为和性能
　　　D．理解网络应该具有的功能和性能，设计出符合用户需求的网络

试题解析　在逻辑网络设计阶段，需要描述满足用户需求的网络行为以及性能，详细说明数据是如何在网络上阐述的，此阶段不涉及网络元素的具体物理位置。

此阶段最后应该得到一份逻辑网络设计文档。

参考答案：（60）C

● 嵌入式系统中采用中断方式实现输入/输出的主要原因是　（61）　。在中断时，CPU 断点信息一般保存到　（62）　中。
（61）A．速度最快　　　　　　　　　B．CPU 不参与操作
　　　C．实现起来比较容易　　　　　D．能对突发事件做出快速响应
（62）A．通用寄存器　　　B．堆　　　C．栈　　　　D．I/O 接口

试题解析　CPU 利用中断方式完成数据的 I/O，当 I/O 系统与外设交换数据时，CPU 无须等待也不必去查询 I/O 的状态，当 I/O 系统完成了数据传输后则以中断信号通知 CPU。然后 CPU 通过栈保存正在执行程序的现场，转入 I/O 中断服务程序完成与 I/O 系统的数据交换。再返回原主程

序继续执行。与程序控制方式相比，中断方式因为 CPU 无须等待而提高了效率。

参考答案：（61）D　（62）C

● 成本是信息系统生命周期内各阶段的所有投入之和，按照成本性态分类，可以分为固定成本、变动成本和混合成本。其中　(63)　属于固定成本，　(64)　属于变动成本。

（63）A. 固定资产折旧费　　　　B. 直接材料费

　　　C. 产品包装费　　　　　　D. 开发奖金

（64）A. 员工培训费　　　　　　B. 房屋租金

　　　C. 技术开发经费　　　　　D. 外包费用

试题解析　1）固定成本。固定成本是指其总额在一定期间和一定业务量范围内，不受业务量变动的影响而保持固定不变的成本。例如，管理人员的工资、办公费、固定资产折旧费、员工培训费等。固定成本又可分为酌量性固定成本和约束性固定成本。酌量性固定成本是指管理层的决策可以影响其数额的固定成本，例如，广告费、员工培训费、技术开发经费等；约束性固定成本是指管理层无法决定其数额的固定成本，即必须开支的成本，例如，办公场地及机器设备的折旧费、房屋及设备租金、管理人员的工资等。

2）变动成本。变动成本也称为可变成本，是指在一定时期和一定业务量范围内其总额随着业务量的变动而成正比例变动的成本。例如，直接材料费、产品包装费、外包费用、开发奖金等。变动成本也可以分为酌量性变动成本和约束性变动成本。开发奖金、外包费用等可看作是酌量性变动成本；约束性变动成本通常表现为系统建设的直接物耗成本，以直接材料成本最为典型。

参考答案：（63）A　（64）D

● 软件过程是制作软件产品的一组活动以及结果，这些活动主要由软件人员来完成，主要包括　(65)　。软件过程模型是软件开发实际过程的抽象与概括，它应该包括构成软件过程的各种活动。软件过程有各种各样的模型，其中　(66)　的活动之间存在因果关系，前一阶段工作的结果是后一段阶段工作的输入描述。

（65）A. 软件描述、软件开发和软件测试

　　　B. 软件开发、软件有效性验证和软件测试

　　　C. 软件描述、软件设计、软件实现和软件测试

　　　D. 软件描述、软件开发、软件有效性验证和软件进化

（66）A. 瀑布模型　　B. 原型模式　　C. 螺旋模型　　　D. 基于构建的模型

试题解析　软件过程是制作软件产品的一组活动以及结果，这些活动主要由软件人员来完成，软件活动主要包括如下内容。

1）软件描述：定义软件功能，以及使用的限制。

2）软件开发：软件的设计和实现，软件工程人员制作出能满足描述的软件。

3）软件有效性验证：软件必须经过严格的验证，以保证能够满足客户的需求。

4）软件进化：软件随着客户需求的变化不断地改进。

瀑布模型的特点是因果关系紧密相连，前一个阶段工作的结果是后一个阶段工作的输入。或者

说每一个阶段都建立在前一个阶段的正确结果之上，前一个阶段的错漏会隐蔽地带到后一个阶段，这种错误有时甚至是灾难性的。因此每一个阶段工作完成后都要进行审查和确认，这是非常重要的。历史上，瀑布模型起到了重要作用，它的出现有利于人员的组织管理，以及软件开发方法和工具的研究。

参考答案：（65）D　　（66）A

● 面向对象的分析模型主要由顶层架构图、用例与用例图和 ＿＿（67）＿＿ 构成，设计模型则包含以 ＿＿（68）＿＿ 表示的软件体系结构图、以交互图表示的用例实现图、完整精确的类图、描述复杂对象的 ＿＿（69）＿＿ 和用于描述流程化处理过程的活动图等。

（67）A．数据流模型　　B．领域概念模型　　　C．功能分解图　　D．功能需求模型

（68）A．模型视图控制器　　　　　　　　B．组件图

　　　 C．包图　　　　　　　　　　　　D．2 层、3 层或 N 层

（69）A．序列图　　　B．协作图　　　　　C．流程图　　　D．状态图

试题解析　面向对象的分析模型主要由顶层架构图、用例与用例图和领域概念模型构成。设计模型则包含以包图表示的软件体系结构图、以交互图表示的用例实现图、完整精确的类图、描述复杂对象的状态图和用于描述流程化处理过程的活动图等。

参考答案：（67）B　　（68）C　　（69）D

● 载重量限 24 吨的某架货运飞机执行将一批金属原料运往某地的任务。待运输的各箱原料的重量、运输利润如下表所示。

箱号	1	2	3	4	5	6
重量/吨	8	13	6	9	5	7
利润/元	3000	5000	2000	4000	2000	3000

经优化安排，该飞机本次运输可以获得的最大利润为 ＿＿（70）＿＿ 元。

（70）A．11000　　　B．10000　　　　　C．9000　　　　D．8000

试题解析　在重量有限制的条件下，为取得最大的利润，显然应优先选择装载"利润重量比"大的货物。先列出每箱货物的利润/重量比，见下表。

箱号	1	2	3	4	5	6
重量/吨	8	13	6	9	5	7
利润/元	3000	5000	2000	4000	2000	3000
利润/重量/元每吨	375	385	333	444	400	429

根据利润重量比优先原则，应先装第 4 箱、第 6 箱货物。重量已达到 16 吨，离最大载重量还差 8 吨，只能再装第 1 箱，或第 3 箱，或第 5 箱。为取得最大利润，再装第 1 箱更好。

所以最优方案是装运箱号为 1、4、6 的三箱，总利润为 3000+4000+3000=10000 元。

参考答案：（70）B

- System analysis is traditionally done top-down using structured analysis based on ___（71）___. Object-oriented analysis focuses on creation of models. The three types of the analysis model are ___（72）___. There are two substages of object-oriented analysis. ___（73）___ focuses on real-world things whose semantics the application captures. The object constructed in the requirement analysis shows the ___（74）___ of the real-world system and organizes it into workable pieces. ___（75）___ addresses the computer aspects of the application that are visible to users. The objects are those which can be expected to vary from time to time quite rapidly.

（71）A．functional decomposition　　　　B．object abstraction

　　　C．data inheritance　　　　　　　　D．information generalization

（72）A．function model，class model and state model

　　　B．class model，interaction model and state model

　　　C．class model，interaction model and sequence model

　　　D．function model，interaction model and state model

（73）A．Static analysis　　　　　　　　B．Semantic analysis

　　　C．Scope analysis　　　　　　　　D．Domain analysis

（74）A．static structure　　　　　　　　B．system components

　　　C．data flows　　　　　　　　　　D．program procedures

（75）A．Program analysis　　　　　　　B．Function requirement

　　　C．Application analysis　　　　　　D．Physical model

试题解析　系统分析传统上以功能分解为基础，利用结构化分析自顶向下完成。面向对象分析关注于模型的创建。该分析模型有 3 种类型：类模型、交互模型和状态模型。面向对象分析有两个子阶段。领域分析侧重于现实世界中那些语义被应用程序获取的事物。在需求分析中所构造的对象说明了现实世界系统的静态结构并将其组织为可用的片段。应用分析处理应用系统中用户可见的计算机问题。所分析的对象预计可能会时不时地发生较快的变化。

参考答案：（71）A　　（72）B　　（73）D　　（74）A　　（75）C

试题一（25分）

阅读以下关于软件体系结构方面的叙述，根据要求回答下列问题。

【说明】某大中型企业在全国各城市共有15个左右的分支机构，这些机构已经建设了相关的关系型数据库管理系统，每天负责独立地处理本区域内的业务并实时存储业务数据。PH软件公司承接了该大中型企业信息管理系统的升级改造开发任务。该软件公司的领域专家对需求进行深入分析后，得到的部分系统需求如下。

（1）开发一个网络财务程序，使各地员工能在Internet上通过VPN技术进行财务单据报销和处理。

（2）为了加强管理，实现对下属分支机构业务数据的异地存储备份，保证数据的安全及恢复，同时对全国业务数据进行挖掘分析，拟在该企业总部建设数据中心。

（3）PH公司在设计该财务程序的体系结构时，开发项目组产生了以下分歧：

架构师许工认为应该采用客户机/服务器（C/S）架构风格，各分支机构财务部要安装一个软件客户端，通过这个客户端连接到总公司财务部主机。如果员工在外地出差，需要报销账务的，也需要安装这个客户端才能进行。

架构师郭工认为应该采用浏览器/服务器（B/S）架构风格，各分支机构及出差员工直接通过Windows操作系统自带的IE浏览器就可以连接到总公司的财务部主机。

在架构评估会议上，专家对这两种方案进行综合评价，最终采用了C/S和B/S相结合的混合架构风格。

【问题1】（8分）

结合你的系统架构经验，请用400字以内的文字简要讨论C/S和B/S两种架构风格各自的优点和缺点。

参考答案：（包括但不限于以下答案）。

C/S 架构风格的优点：①客户机应用程序与服务器程序分离，二者的开发既可以分开进行，也可以同时进行；②技术成熟，允许网络分布操作，交互性强，具有安全的存取模式；③网络压力小，响应速度快，有利于处理大量数据；④模型思想简单，易于人们理解和接受等。

C/S 架构风格的缺点：①客户机与服务器的通信依赖于网络，服务器的负荷过重；②无法实现快速部署和安装，维护工作量大，升级困难；③开发成本较高，客户端程序设计复杂，灵活性差；④用户界面风格不一，软件移植和数据集成困难；⑤数据库的安全性因客户机程序直接访问而降低等。

B/S 架构风格的优点：①易于部署、维护和升级；②具有良好的开放性和可扩充性，可以应用在广域网上，方便了信息的全球传输、查询和发布；③可跨平台操作，无须开发客户端软件；④通过 JDBC 等数据库连接接口，提高了动态交互性、服务器的通用性与可移植性等。

B/S 架构风格的缺点：①数据的动态交互性不强，不利于在线事务处理（OnLine Transaction Processing，OLTP）应用；②数据查询等响应速度较慢；③系统的安全性较难以控制等。

【问题 2】（8 分）

结合你的系统架构经验，请用 600 字以内的文字简要说明该工程项目采用 C/S 和 B/S 相结合的混合架构风格的设计要点及其优点。

参考答案：（包含但不限于以下内容）。

在该企业总部局域网上部署财务 Web 服务器及其相关的数据库服务器，两种服务器之间采用 C/S 架构：总部局域网上提供 C/S 和 B/S 两种并存的架构风格，根据不同的应用需求和客户需求进行灵活地选择。

若项目资金充裕，可在各分支机构局域网中也采用类似于企业总部的部署风格；若项目资金不足，则在各分支机构财务部门局域网中采 C/S 架构，部署应用服务器及相关的数据库服务器，然后将集中处理的后期财务数据通过 VPN 技术上传至总部局域网的相应服务器中。

在外出差的员工和各分支机构的普通员工可通过 VPN 技术访问企业总部局域网上的 Web 服务器，查看相关的信息。

采用 C/S 和 B/S 混合架构的优点如下（包含但不限于以下内容）：①充分发挥了 B/S 与 C/S 体系结构的优势，弥补了二者的不足；②客户请求和信息发布采用 B/S 架构，保持了瘦客户端的优点，客户机只利用浏览器即可完成所有的应用需求；③数据库的请求和响应操作采用 C/S 架构，通过在 Web 应用程序和数据库之间建立 ODBC/JDBC 连接来完成数据库的连接和请求响应，能完成大量数据的批量录入请求；④系统的部署、维护及数据更新方便，不存在完全采用 C/S 结构带来的客户端维护工作量大等缺点；⑤将服务器端划分为 Web 服务器和 Web 应用程序两部分。Web 应用程序采用组件技术实现三层体系结构中的商业逻辑部分，达到封装源代码、保护知识产权的目的；⑥对原基于 C/S 架构的应用，只需开发用于发布的 Web 界面，就能升级到这种混合架构系统中，从而最大限度地保护了原有投资。

【问题 3】（9 分）

为保证各分支机构可靠、高效地向数据中心汇总业务数据，避免单点故障，对该企业总部数据中心架构进行设计时，应该采用哪些相关的技术？

参考答案： 包含但不限于以下内容：

1）采用双链路连接 Internet 的备份方式。

2）对数据中心的数据库服务器采用双机冗余热备方式（或多机集群 Cluster 和数据库并行处理技术等）。

3）对存储设备采用 RAID10 级别（或全冗余的 SAN 结构，或全冗余的存储结构）等。

试题二（25 分）

阅读以下关于系统架构设计的叙述，在答题纸上回答问题 1 至问题 3。

【说明】 某公司拟开发一套基于边缘计算的智能门禁系统，用于如园区、新零售、工业现场等存在来访、被访业务的场景。来访者在来访前，可以通过线上提前预约的方式将自己的个人信息记录在后台，被访者在系统中通过此请求后，来访者在到访时可以直接通过"刷脸"的方式通过门禁，无须做其他验证。此外，系统的管理员可对正在运行的门禁设备进行管理。

基于项目需求，该公司组建项目组，召开了项目讨论会。会上，张工根据业务需求并结合边缘计算的思想，提出本系统可由访客注册模块、模型训练模块、端侧识别模块与设备调度平台模块等 4 项功能组成，李工从技术层面提出该系统可使用 Flask 框架与 SSM 框架为基础来开发后台服务器，将开发好的系统通过 Docker 进行部署，并使用 MQTT 协议对 Docker 进行管理。

【问题 1】（8 分）

请简述边缘计算的特点有哪些。

参考答案：

（1）连接性：所连接物理对象的多样性及应用场景的多样性，需要边缘计算具备丰富的连接功能，如各种网络接口、网络协议等。

（2）数据第一入口：边缘计算拥有大量、实时、完整的数据，可基于数据全生命周期进行管理与价值创造，将更好地支持预测性维护、资产效率与管理等创新应用。

（3）约束性：边缘计算产品需适配工业现场相对恶劣的工作条件与运行环境。在工业互联场景下，对边缘计算设备的功耗、成本、空间也有较高的要求。边缘计算产品需要考虑通过软硬件集成与优化，以适配各种条件约束，支撑行业数字化多样性场景。

（4）分布性：边缘计算实际部署天然具备分布式特征。这要求边缘计算支持分布式计算与存储、实现分布式资源的动态调度与统一管理、支撑分布式智能、具备分布式安全等能力。

【问题 2】（5 分）

边缘计算与云计算的区别与联系是什么？

参考答案：

区别：边缘计算与云计算各有所长，云计算擅长全局性、非实时、长周期的大数据处理与分析，能够在长周期维护、业务决策支撑等领域发挥优势；边缘计算更适用局部性、实时、短周期数据的处理与分析，能更好地支撑本地业务的实时智能化决策与执行。

联系：边缘计算与云计算之间不是替代关系，而是互补协同关系，边云协同将放大边缘计算与云计算的应用价值，边缘计算既靠近执行单元，也是云端所需高价值数据的采集和初步处理单元，可以更好地支撑云端应用；反之，云计算通过大数据分析优化输出的业务规则或模型可以下发到边缘侧，边缘计算基于新的业务规则或模型运行。

【问题 3】（12 分）

简述边缘计算与云计算的协同能力有哪些。

参考答案：

（1）资源协同：边缘节点提供计算、存储、网络、虚拟化等基础设施资源、具有本地资源调度管理能力，同时可与云端协同，接受并执行云端资源调度管理策略，包括边缘节点的设备管理、资源管理以及网络连接管理。

（2）数据协同：边缘节点主要负责现场/终端数据的采集，按照规则或数据模型对数据进行初步处理与分析，并将处理结果以及相关数据上传给云端；云端提供海量数据的存储、分析与价值挖掘。边缘与云的数据协同，支持数据在边缘与云之间可控地有序流动，形成完整的数据流转路径，高效低成本地对数据进行生命周期管理与价值挖掘。

（3）智能协同：边缘节点执行推理，实现分布式智能；云端开展模型训练，并将模型下发边缘节点。

（4）应用管理协同：边缘节点提供应用部署与运行环境，并对本节点多个应用的生命周期进行管理调度；云端主要提供应用开发、测试环境，以及应用的生命周期管理能力。

（5）业务管理协同：边缘节点提供模块化、微服务化的应用/数字孪生/网络等应用实例；云端主要提供按照客户需求实现应用/数字孪生/网络等的业务编排能力。

（6）服务协同：边缘节点按照云端策略实现部分 ECSaaS 服务，通过 ECSaaS 与云端 SaaS 的协同实现面向客户的按需 SaaS 服务；云端主要提供 SaaS 服务在云端和边缘节点的服务分布策略，以及云端承担的 SaaS 服务能力。

试题三（25 分）

【说明】 阅读以下关于嵌入式软件体系架构的叙述，在答题纸上回答问题 1 至问题 3。

某公司承担了一项宇航嵌入式设备的研制任务。本项目除对硬件设备环境有很高的要求外，还要求支持以下功能：

（1）设备由多个处理机模块组成，需要时外场可快速更换（即 LRM 结构）。

（2）应用软件应与硬件无关，便于软硬件的升级。

（3）由于宇航嵌入式设备中要支持不同功能，系统应支持完成不同功能任务间的数据隔离。

（4）宇航设备可靠性要求高，系统要有故障处理能力。

公司在接到此项任务后，进行了反复论证，提出三层栈（TLS）软件总体架构，如图 3.1 所示，并将软件设计工作交给了李工，要求其在三周内完成软件总体设计工作，给出总体设计方案。

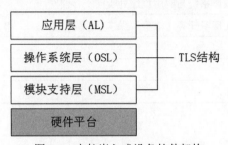

图 3.1　宇航嵌入式设备软件架构

【问题 1】（8 分）

用 150 字以内的文字，说明公司制订的 TLS 软件架构的层次特点，并针对上述功能需求（1）～（4），说明架构中各层的内涵。

参考答案：

TLS 结构框架的主要特点：

（1）应用软件仅与操作系统服务相关，不直接操作硬件。

（2）操作系统通过模块支持原软件访问硬件，可与具体硬件无关。

（3）模块支持层将硬件抽象成标准操作。

（4）通过三层栈的划分可实现硬件的快速更改与升级，应用软件的升级不会引起硬件的变更。

TLS 结构框架各层的内涵是：

（1）应用层主要完成宇航设备的具体工作，由多个功能任务组成，各功能任务间的隔离由操作系统层实现。

（2）操作系统层实现应用软件与硬件的隔离，为应用软件提供更加丰富的计算机资源服务。操作系统为应用软件提供标准的 API 接口（如 POSIX），确保了应用软件的可升级性。

（3）模块支持层为操作系统管理硬件资源提供统一的管理方法，用一种抽象的标准接口实现软件与硬件的无关性，达到硬件的升级要求，便于硬件的外场快速更换。

【问题 2】（10 分）

在 TLS 软件架构的基础上，关于选择哪种类型的嵌入式操作系统问题，李工与总工程师发生了严重分歧。李工认为，宇航系统是实时系统，操作系统的处理时间越快越好，隔离意味着以时间为代价，没有必要，建议选择类似于 VxWorks5.5 的操作系统；总工程师认为，应用软件间隔离是宇航系统的安全性要求，宇航系统在选择操作系统时必须考虑这一点，建议选择类似于 Linux 的操作系统。

请说明两种操作系统的主要差异，完成表 3.1 中的空（1）～（5），并针对本任务要求，用 200

字以内的文字说明你选择操作系统的类型和理由。

表 3.1　两种操作系统的主要差异

比较类型	VxWorks5.5	Linux
工作方式	操作系统与应用程序处于同一存储空间	（1）
多任务支持	支持多任务（线程）操作	（2）
实时性	（3）	实时系统
安全性	（4）	（5）
标准 API	支持	支持

参考答案：

两种操作系统的主要差异见下表。

比较类型	VxWorks5.5	Linux
工作方式	操作系统与应用程序处于同一存储空间	（1）操作系统与应用程序处于不同的存储空间
多任务支持	支持多任务（线程）操作	（2）支持多进程、多线程操作
实时性	（3）硬实时系统	实时系统
安全性	（4）任务间无隔离保护	（5）支持进程间隔离保护
标准 API	支持	支持

我选择类似于 Linux 的嵌入式操作系统的理由如下：

（1）Linux 操作系统是一种安全性较强的操作系统。内核工作在系统态，应用软件工作在用户态，可以有效防止应用软件对操作系统的破坏。

（2）Linux 操作系统调度的最小单位是线程，线程归属于进程，进程具有自己独立的资源。进程通过存储器管理部件（MMU）实现多功能应用间隔离。

（3）嵌入式 Linux 操作系统支持硬件抽象，可有效实现 TLS 结构，并将硬件抽象与操作系统分离，可方便地实现硬件的外场快速更换。

【问题 3】（7 分）

故障处理是宇航系统软件设计中极为重要的组成部分。故障处理主要包括故障监视、故障定位、故障隔离和系统容错（重组）。用 150 字以内的文字说明嵌入式系统中的故障主要分哪几类？并分别给出两种常用的故障滤波算法和容错算法。

参考答案：

（1）嵌入式系统中的故障主要分为：①硬件故障：如 CPU、存储器和定时器等；②应用软件故障：如数值越界、异常和超时等；③操作系统故障：如越权访问、死锁和资源枯竭等。

（2）滤波算法：①门限算法；②递减算法；③递增算法；④周期滤波算法。

（3）容错算法：①N+1 备份；②冷备；③温备；④热备。

试题四（25 分）

【说明】阅读以下关于数据库的叙述，在答题纸上回答问题 1 至问题 2。

某大中型企业采用 Oracle 数据库建立一个经济信息统计方面的大型数据库应用系统。尽管配置了比较良好的硬件和网络环境，但该数据库应用系统实施后的整体性能表现较差。特别是随着业务量与信息量的迅速扩大，数据库系统的存取速度显著减慢，存储效率也明显下降。

该企业通过反复实践与摸索，并邀请数据库专家一起讨论，认为可以从以下 4 个方面进一步优化数据库应用系统。

（1）由于数据库应用中最主要的查询与修改数据操作大多需通过 I/O 来完成，因此需要通过调整服务器配置（即对硬件设备进行升级）、操作系统配置与数据库管理系统的有关参数，优化系统的 I/O 性能，尤其是改进磁盘 I/O 的效率与性能。

（2）优化"索引"的建立与使用机制，尽可能提高数据查询的速度或效率。

（3）合理使用聚类（Cluster），改进查询响应时间和系统的综合性能。其中，"聚类"是指把单独组织的，但在逻辑上经常需要连接的，较为稳定的几个基本表聚集在一起（在物理上实现邻近存放），可以显著减少数据的搜索时间，从而提高性能。

（4）对应用系统中使用的 SQL 语句进行调优，针对每条 SQL 语句都建立对应的索引等。

【问题 1】（13 分）

在该企业所邀请的数据库专家讨论意见中，针对每条 SQL 语句都建立索引的建议是否合适？请简要说明理由。

参考答案：不适当，理由如下。

（1）如果建立索引不当，数据库管理系统将不利用已经建立的索引，而采取全表扫描。

（2）当更新操作成为系统瓶颈，因为每次更新操作会重建表的索引，则需要考虑删除某些索引。

（3）应该针对不同应用情况选择适当的索引类型。例如，如果经常使用范围查询，则 B 树索引比散列索引更加高效。

（4）应该将有利于大多数数据查询和更新的索引设为聚类索引。

（5）需要对建立的索引进行实际的测试，因为索引的使用是由数据库管理系统（数据库优化器）决定的。

【问题 2】（12 分）

结合你的经验，请列举出 4 条 SQL 语句优化的基本策略。

参考答案：SQL 语句优化的常见策略如下（包含但不限于以下内容，列举出其中 5 个小点即可，每小点 1 分）。

（1）建立物化视图或尽可能减少多表查询。

（2）以不相干子查询替代相干子查询。

（3）只检索需要的列。

（4）用带 IN 的条件子句等价替换带 OR 的子句。

（5）经常提交 COMMIT，以尽早释放锁。

（6）避免嵌套的游标（Cursor）和多重循环等。

试题五（25 分）

阅读以下关于 Web 系统架构设计的叙述，在答题纸上回答问题 1 至问题 3。

【说明】E-Mall 是一家电子商务公司，其主要业务是在线购物，包括书籍、服装、家电和日用品等。随着公司业务规模不断增大，公司决策层决定重新设计并实现其网上交易系统，公司负责系统开发的王工和李工分别给出了两种不同的设计方案，如图 5.1 和图 5.2 所示。

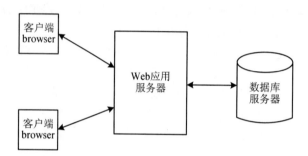

图 5.1　王工的设计方案

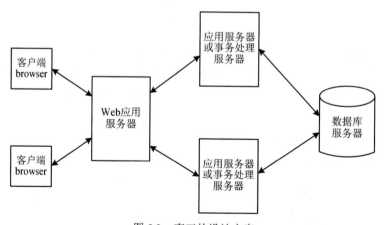

图 5.2　李工的设计方案

公司的架构师和开发者针对这两种设计方案，从服务器负载情况、业务逻辑的分离性、系统可靠性、实现简单性等方面进行讨论与评估，综合考虑最终采用了李工给出的方案。

【问题 1】（8 分）

请分析比较王工、李工两种方案的优点和不足，完成下表中的空白部分。

评价因素 \ 方案体系结构	王工建议的体系结构方案	李工建议的体系结构方案
服务器负载	Web 服务器需要同时处理业务逻辑与数据库访问，负担较重	（1）
业务逻辑的分离性	（2）	采用多个应用服务器专门进行业务逻辑处理，做到业务逻辑与其他代码分离
系统可靠性	多处采用单台 Web 服务器，整个系统的可靠性较差	（3）
实现简单性	主要采用 JSP、ASP 等脚本语言实现系统，比较简单	（4）

参考答案：

评价因素 \ 方案体系结构	王工建议的体系结构方案	李工建议的体系结构方案
服务器负载	Web 服务器需要同时处理业务逻辑与数据库访问，负担较重	（1）Web 服务器处理用户请求，应用服务器处理业务逻辑与数据库访问，负载较为均衡
业务逻辑的分离性	（2）业务逻辑与数据库访问都位于 Web 服务器中，业务与逻辑没有分离	采用多个应用服务器专门进行业务逻辑处理，做到业务逻辑与其他代码分离
系统可靠性	多处采用单台 Web 服务器，整个系统的可靠性较差	（3）采用多台应用服务器，系统的可靠性较高
实现简单性	主要采用 JSP、ASP 等脚本语言实现系统，比较简单	（4）需要将脚本语言与面向对象编程语言相结合，相对复杂

【问题 2】（9 分）

对数据库的访问是该系统开发中需要特别注意的一个问题，O/R 映射是一种常用的数据库访问编程技术。请用 200 字以内的文字说明 O/R 映射的含义，并指出采用 O/R 映射的 3 个主要好处。

参考答案：

O/R 映射指的是对象/关系映射，是一种编程技术，将关系数据库中的关系型数据与面向对象编程语言中类型系统定义的数据进行格式转换。采用对象/关系映射主要有 3 点好处：

（1）可以将业务逻辑与数据逻辑分离。

（2）可以使得开发人员采用面向对象的方式访问底层关系型数据库。

（3）能够做到上层应用与底层的具体数据库无关，两者解耦合。

【问题 3】（8 分）

性能是 Web 应用系统的一个重要质量属性。请用 200 字以内的文字说明 3 个主要影响 Web 应用系统性能的因素，针对每个因素提出解决方案以提高系统性能。

参考答案：

影响 Web 应用系统性能的 3 个主要因素分别是：

（1）数据库的连接与销毁。可以采用数据池的方式缓存数据库连接，实现数据库连接复用，提高系统的数据访问效率。

（2）构件或中间件的加载与卸载。可以采用分布式对象池的方式缓存创建开销大的对象，实现对象复用，用以提高效率。

（3）线程的创建与销毁。可以采用线程池的方式缓存已经创建的线程，提高系统的反应速度。

第**32**小时

模拟试题Ⅱ（下午论文）

试题一　论软件架构风格

软件体系结构风格是描述某一特定应用领域中系统组织方式的惯用模式。体系结构风格定义一个系统家族，即一个体系结构定义一个词汇表和一组约束。词汇表中包含一些构件和连接件类型，而这组约束指出系统是如何将这些构件和连接件组合起来的。体系结构风格反映了领域中众多系统所共有的结构和语义特性，并指导如何将各个模块和子系统有效地组织成一个完整的系统。

请围绕"论软件架构风格"论题，依次从以下三个方面进行论述。

（1）概要叙述你参与分析和设计的软件系统开发项目以及你所担任的主要工作。

（2）软件系统开发中常用的软件架构风格有哪些?详细阐述每种风格的具体含义。

（3）详细说明你所参与分析和设计的软件系统是采用什么软件架构风格的，并分析采用该架构风格设计的原因。

解析：常见的、经典的架构风格有：

（1）数据流风格：包括批处理体系结构风格、管道-过滤器风格。

（2）管道-过滤器风格：包括主程序/子程序风格、面向对象风格、层次型风格（C/S 架构、B/S 架构）。

（3）以数据为中心的风格：包括仓库体系结构风格、黑板体系结构风格。

（4）虚拟机风格：包括解释器风格、规则系统风格。

（5）独立构件架构风格：进程通信风格、事件系统风格。

（6）C2 风格：C2 风格也被认为是层次风格的一种。

此外，一些现代的体系结构风格如微服务、SOA 等也可以写在论文中。

试题二　论企业应用系统的层次式架构风格

层次式架构是软件体系结构设计中最为常用的一种架构形式，它为软件系统提供了一种在结构、行为和属性方面的高级抽象，其核心思想是将系统组成为一种层次结构，每一层为上层服务，并作为下层客户。在一些层次系统中，除了一些精心挑选的输出函数外，内部的层接口只对相邻的层可见。层次式架构风格的每一层最多只影响两层，同时只要给相邻层提供相同的接口，也允许每层用不同的方法实现，这种方式也为软件重用提供了强大的支持。

大部分的应用会分成表现层（或称为展示层）、中间层（或称为业务层）、数据访问层（或称为持久层）和数据层。

请围绕"企业应用系统的层次式架构风格"论题，依次从以下三个方面进行论述。

（1）概要叙述你参与管理和开发的企业应用系统建设项目以及你在其中所承担的主要工作。

（2）请结合项目实际情况，指出你参与开发的应用系统都有哪些层次以及每个层次的主要功能。

（3）请结合项目实际情况，说明你的项目是如何使用层次式架构进行架构设计的。

解析：

（1）表现层。表现层主要负责接收用户的请求，对用户的输入、输出进行检查与控制，处理客户端的一些动作，包括控制页面跳转等，并向用户呈现最终的结果信息。可以使用 MVC 模式来设计表现层。

（2）中间层。中间层负责实现系统的业务功能，主要包括业务逻辑层组件、业务逻辑层工作流、业务逻辑层实体和业务逻辑层框架四个方面。业务逻辑层组件分为接口和实现类两个部分，接口用于定义业务逻辑组件，定义业务逻辑组件必须实现的方法。通常按模块来设计业务逻辑组件，每个模块设计为一个业务逻辑组件，并且每个业务逻辑组件以多个 DAO 组件作为基础，从而实现对外提供系统的业务逻辑服务。业务逻辑层工作流能够实现在多个参与者之间按照某种预定义的规则传递文档、信息或任务的过程自动进行，从而实现某个预期的业务目标，或者促进此目标的实现。业务逻辑层实体提供对业务数据及相关功能的状态编程访问，业务逻辑层实体数据可以使用具有复杂架构的数据来构建，这种数据通常来自数据库中的多个相关表。业务逻辑层实体数据可以作为业务过程的部分 I/O 参数传递，业务逻辑层的实体是可序列化的，以保持它们的当前状态。业务逻辑层是实现系统功能的核心组件，采用容器的形式，便于系统功能的开发、代码重用和管理。

（3）持久层。持久层主要负责数据的持久化存储，主要负责将业务数据存储在文件、数据库等持久化存储介质中。持久层可以使用在线访问、Data Access Object、Data Transfer Object、离线数据模式、对象/关系映射（Object/Relation Mapping）5 种数据访问方式。

试题三 论面向服务的架构设计

在面向服务的架构（Service-Oriented Architecture，SOA）中，服务的概念有了延伸，泛指系统对外提供的功能集。例如，在一个大型企业内部，可能存在进销存、人事档案和财务等多个系统，在实施 SOA 后，每个系统用于提供相应的服务，财务系统作为资金运作的重要环节，也向整个企业信息化系统提供财务处理的服务，那么财务系统的开放接口可以看成是一个服务。

请围绕"面向服务的架构设计"论题，依次从以下三方面进行论述。

（1）概要叙述你参与分析和开发的软件系统开发项目以及你所担任的主要工作。

（2）说明面向服务架构的主要协议和规范、标准，详细阐述每种协议和规范、标准的具体内容。

（3）说明面向服务架构的设计原则，详细阐述每种设计原则的具体内容。

解析：

（1）UDDI 协议：统一描述、发现和集成协议。包含了服务描述与发现的标准规范，它使得商业实体能够彼此发现；定义它们怎样在 Internet 上互相作用，并在一个全球的注册体系架构中共享信息。

（2）Web 服务描述语言（Web Services Description Language，WSDL）：是一个用来描述 Web 服务和说明如何与 Web 服务通信的 XML 语言。

（3）SOAP 协议：SOAP 是在分散或分布式的环境中交换信息的简单的协议，是一个基于 XML 的协议。

（4）REST 规范：为了让不同的软件或者应用程序在任何网络环境下都可以进行信息的互相传递。微服务对外就是以 REST API 的形式暴露给调用者。RESTful 即 REST 形式的，是对遵循 REST 设计思想同时满足设计约束的一类架构设计或应用程序的统称，这一类都可称为 RESTful，可以理解为资源表述性状态转移。

（5）通信协议标准：SOA 服务用消息进行通信，该消息通常使用 XML Schema 来定义（也称作 XML Schema Definition，XSD）。

SOA 的设计原则主要有：

（1）无状态。以避免服务请求者依赖于服务提供者的状态。

（2）单一实例。以高内聚的实现方法，来避免功能冗余。

（3）明确定义的接口。服务的接口由 WSDL 定义，用于指明服务的公共接口与其内部专用实现之间的界线。

（4）自包含和模块化。服务封装了那些在业务上稳定、重复出现的活动和组件，实现服务的功能实体是完全独立自主的，独立进行部署、版本控制、自我管理和恢复。

（5）粗粒度。服务数量不应该太大，依靠消息交互而不是远程过程调用（RPC），通常消息量较大，但是服务之间的交互频度较低。

（6）服务之间的松耦合性。服务使用者看到的是服务的接口，其位置、实现技术和当前状态等对使用者是不可见的，服务私有数据对服务使用者是不可见的。

（7）重用能力。服务应该是可以复用的。

（8）互操作性、兼容和策略声明。为了确保服务规约的全面和明确，利用策略来定义可配置的互操作语义，来描述特定服务的期望、控制其行为。利用策略声明确保服务期望和语义兼容性方面的完整和明确。

试题四   论基于架构的软件设计方法及应用

基于架构的软件设计（Architecture-Based Software Design，ABSD）方法以构成软件架构的商

业、质量和功能需求等要素来驱动整个软件开发过程。ABSD 是一个自顶向下，递归细化的软件开发方法，它以软件系统功能的分解为基础，通过选择架构风格实现质量和商业需求，并强调在架构设计过程中使用软件架构模板。采用 ABSD 方法，设计活动可以从项目总体功能框架明确后就开始，因此该方法特别适用于开发一些不能预先决定所有需求的软件系统，如软件产品线系统或长生命周期系统等，也可为需求不能在短时间内明确的软件项目提供指导。

请围绕"基于架构的软件开发方法及应用"论题，依次从以下三个方面进行论述。

（1）概要叙述你参与开发的、采用 ABSD 方法的软件项目以及你在其中所承担的主要工作。

（2）结合项目实际，详细说明采用 ABSD 方法进行软件开发时，需要经历哪些开发阶段?每个阶段包括哪些主要活动?

（3）阐述你在软件开发的过程中都遇到了哪些实际问题及解决方法。

解析：

采用 ABSD 方法进行软件开发时，需要经历架构需求、架构设计、架构文档化、架构复审、架构实现和架构演化 6 个阶段：

（1）架构需求。架构需求阶段需要明确用户对目标软件系统在功能、行为、性能、设计约束等方面的期望。其主要活动包括需求获取、标识构件和架构需求评审。需求获取活动需要定义开发人员必须实现的软件功能，使得用户能够完成他们的任务，从而满足功能需求。与此同时，还要获得软件质量属性，满足一些非功能性需求。标识构件活动首先需要获得系统的基本结构，然后对基本结构进行分组，最后将基本结构进行打包成构件。架构需求评审活动组织一个由系统涉众（用户、系统分析师、架构师、设计实现人员等）组成的小组，对架构需求及相关构件进行审查。审查的主要内容包括所获取的需求是否真实反映了用户需求，构件合并是否合理等。

（2）架构设计。这个阶段是一个迭代过程，利用架构需求生成并调整架构决策。主要活动包括提出架构模型、将已标识的构件映射到架构中、分析构件之间的相互作用、产生系统架构和架构设计评审。

（3）架构文档化。主要活动是对架构设计进行分析与整理，生成架构规格说明书和测试架构需求的质量设计说明书。

（4）架构复审。在一个主版本的软件架构分析之后，需要安排一次由外部人员（客户代表和领域专家）参加的架构复审。架构复审需要评价架构是否能够满足需求，质量属性需求是否在架构中得以体现，层次是否清晰，构件划分是否合理等。从而标识潜在的风险，及早发现架构设计中的缺陷和错误。

（5）架构实现。主要是对架构进行实现的过程，主要活动包括架构分析与设计、构件实现、构件组装和系统测试。

（6）架构演化。这个阶段主要解决用户在系统开发过程中发生的需求变更问题。主要活动包括架构演化计划、构件变动、更新构件的相互作用、构件的组装与测试和技术评审。

在软件开发的过程中可能遇到的问题主要包括：在架构需求获取过程中如何对捕获的架构需求进行筛选和优先级排序；在架构复审过程中如何解决评审人员意见不一致的问题；在架构实现过程中如何根据项目组实际情况选择开发语言与开发平台；在架构演化过程中如何筛选并处理用户的需求变更等。